KB077333

기적의 아낫 바니엘 치유법

- 일러두기
  본문에서 각주로 처리된 부분은 옮긴이 주이며, 저자 주는 미주로 처리했습니다.

*Anat Baniel Method*

30년 동안 자폐, ADHD, 발달장애 아이
수천 명의 삶을 바꾸다

# 기적의
# 아낫 바니엘
# 치유법

아낫 바니엘 지음 · 김윤희 옮김 · 백성이 감수

센시오

# Contents

**Part 1**

## 아낫 바니엘 치유법, 어떤 장애도 뛰어넘을 수 있다

**Part 2**

## 아이들 수천 명의 삶을 바꾼 아홉 가지 원칙

# 아이들의 뇌가 만들어낸
# 기적 같은 변화

나는 특별한 아이들을 돕는 일을 하고 있다. 태어난 지 몇 주밖에 되지 않은 아기부터 청소년에 이르기까지, 다양한 장애를 안고 있는 아이들이 레슨을 통해 놀라운 변화를 이뤄냈고 그것이 바로 이 책을 쓰게 된 이유였다. 아이들은 스스로 움직여 한계를 뛰어넘었다. 내가 만나보지 못한 수천, 수만 명의 아이들에게도 내가 아는 것을 전해주고 싶다는 강렬한 소망과 책임감에 이 책을 쓰게 되었다.

열네 살 소년을 처음 만났던 날이 생생히 기억난다. 젖먹이 아기일 때 심한 뇌 손상을 입은 소년은 이후 앞을 볼 수 없었고 스스로 말할 수도, 자발적으로 움직일 수도 없었다. 내 동료들과 며칠 동안 수업을 진행하고 이어서 나와 한 차례 수업을 진행한 후 이 아이는 처음으로 목소리를 내고 다리를 움직이기 시작했으며 팔 또한 더 자유롭게 움직일 수 있게 되었다. 심지어 나의 지시에 따라 몇 가지 간단한 동작을 하기도 했다. 소년은 스스로 움직임을 만들어내는 과정에 참여했으며 그 과정을 분명히 즐기고 있었다. 아이는 스스로 자각하며 깨어나고 있었다.

이 아들을 위해 삶을 통째로 바쳤던 엄마는 수업의 마지막 순간에 나를 지긋이 바라보았다. 깊은 공감을 나누던 우리 두 사람의 눈에 눈물이 고였다. 비록 작지만 그처럼 멋진 변화가 일어났다는 사실에 더없이 감사했기 때문이다. 또 한 가지 이유는, 차마 소리 내어 말하지 못한 생각 때문이었다.

'만약 13년 전에 이런 기회가 있었다면 오늘 이 아이의 삶은 얼마나 달라졌을까?'

나는 다른 수많은 부모에게서 비슷한 말을 듣곤 한다.

"선생님을 통해 알게 된 이 방법을 좀 더 일찍 알았더라면 얼마나 좋았을까요."

이 아이의 사례가 결코 특별한 것은 아니다. 내가 수많은 아이들과 함께했던 수천 번의 수업 중 하나의 사례에 지나지 않는다. 나는 특수아동의 부모들이 특별한 자녀가 가진 가능성을 직접 보고 느낄 수 있도록 진심을 다해 지원했다.

약 30여 년 전 내가 처음 이 일을 시작했을 때, 한 부모가 아이의 변화를 보고서는 "기적이에요"라고 말했던 순간을 기억한다. 시간이 지남에 따라 나는 우리가 목격한 그 결과들이 요행이 아님을 한층 확신하게 되었다. 정형외과 의사라면 환자에게 이론적으로 설명하기 힘든 일이 일어났을 때 저절로 치유되었다거나 처음부터 오진이었다고 말할 테지만, 나와 함께했던 아이들의 경우를 그런 식으로 치부할 수는 없었다. 다양한 증상을 지닌 서로 다른 아이들에게서 계속해서 이런 놀라운 결과가 이어졌기 때문이다.

수년 동안 수천 번의 놀라운 변화 사례를 목격했지만, 나는 결코 나 자신을 기적의 치유자라고 생각해본 적이 없다. 그저 이러한 변화가 항상 아이들의 뇌 안에서 일어난다는 사실을 이해하고, 아이들에게 일어난 변화가 뇌의 역량에 달려 있음을 알았을 뿐이다.

자폐든, 감각통합 장애나 뇌성마비든, 혹은 주의력결핍 과잉행동장애ADHD, Attention Deficit Hyperactivity Disorder든 아이들의 변화를 끌어낸 그 방법을, 그 지식과 실용적 도구를 가능한 많은 아이들에게 전해주고 싶은 마음이 간절했다. 아이들의 뇌는 아직 깨어나지 않았을 뿐 놀라운 능력과 잠재력을 지니고 있다. 그 잠재된 능력을 깨우고 발휘할 수 있도록 돕는 것이 바로 이 책에서 말하는 방법이다.

이 책이 제시하는 방법은 패러다임의 변화이자, 게임 체인저Game Changer라 할 수 있다. 이 방법으로 당신의 아이는, 이것이 아닌 다른 방법으로는 결코 만들어내지 못할 변화를 경험하게 될 것이다.

이 책은 내가 스승인 모세 펠덴크라이스Dr. Moshe Feldenkrais 박사님에게 배운 것과 수천 명의 아이들과 함께하며 경험으로 배운 것, 그리고 뇌신경과학의 연구를 통해 배운 내용을 기반으로 한다. 과학은 해마다 우리 뇌의 잠재력에 대해 더 많은 지식을 알려주며, 오래된 패러다임을 깨고 새로운 가능성의 지평을 열어 보이고 있다. 건강한 뇌든 손상을 입은 뇌든, 우리 뇌가 그 역할을 더 잘할 수 있게 해줄 새로운 가능성을 밝혀내고 있다.

이 책에서 설명하는 대로 아이들의 엄청난 잠재력이 발현되도록 하기 위해서는 먼저 한 가지를 기억해야 한다. 그러니까, 아이의 뇌가 올바른 조건하에서 스스로 변할 수 있는 엄청난 능력을 지니고 있다는 사실, 즉 뇌 가소성Brain Plasticity에 대한 공감과 이해가 선행되어야 한다. 그런 다음에는 아이의 진단명이나 지금까지 아이가 겪은 특수 상황과 상관없이, 당신의 자녀에게 적용할 수 있는 실용적이면서도 쉽고 구체적인 방법이 필요하다. 이것이 지금 당신의 손에 쥐어진 이 책을 쓰고 있는 나의 의도이자 목적이다.

이 책의 1부에서는 먼저 아이들의 뇌가 어떤 방식으로 변화하는지를 설명한다. 그리고 이에 따라 아이의 상태가 개선되고 삶이 완전히 바뀌게 되는 과정을 담았다. 2부의 아홉 개 장에서는 내가 '아홉 가지 핵심 원칙the Nine Essentials'이라고 이름 붙인 방법들을 하나하나 설명한다. 이 아홉 가지 원칙은 뇌를 깨우고 아이가 가진 잠재력 그 이상을 이뤄내기 위해 반드시 필요하다. 장의 끝부분에는 각각의 원칙을 일상에 적용하고 연습하기 위한 구체적인 방법을 실었다. 이 방법들을 지금 당신 곁에 있는 자녀에게 이 순간부터 쉽고 명확하게 적용할 수 있을 것이다.

아낫 바니엘 메서드의 특별한 측면을 이해하기 위해 1부의 배경지식을 먼저 읽어보았으면 한다. 다음으로는 1장의 첫 번째 핵심 원칙을 읽어보길 바란다. '자신의 움직임에 주의를 기울인다Movement with Attention'는 첫 번째 원칙이 나머지 여덟 가지 원칙의 밑바탕이 되기 때문이다. 이후부터는 순서대로 이어가도 좋고, 관심이 가는 장 먼저 읽어도 좋다.

　다만, 하나의 핵심 원칙을 충분히 소화하고 그에 해당하는 팁과 도구들에 익숙해지기까지 며칠을 할애했으면 한다. 그래야 필요한 기술을 완전히 익히고 그 원칙들을 더 깊이 이해할 수 있기 때문이다. 나의 홈페이지(www.anatbanielmethod.com)에서 수업과 관련된 짧은 영상이나 아이들과 작업한 샘플 레슨을 참고하는 것도 도움이 될 것이다.

　이 책은 장애를 가진 아이들과 그 아이를 돌보는 모든 이들에게 보내는 초대장이다. 이 책에서 제안하는 강력하고도 새로운 방법을 통해 아이들은 일상에서 자신의 한계를 기꺼이 넘어설 수 있으리라 믿는다.

　아이들의 뇌는 스스로 변할 수 있다. 그 엄청난 능력을 발견하고 마음껏 발휘할 수 있기를 진심으로 소망한다.

아낫 바니엘

　　　　　　　　　　　　　　　　　　　　　　　　머리말

## 한국의 독자들에게

《기적의 아낫 바니엘 치유법》을 통해 한국의 독자들과 직접 소통할 수 있게 되어 무척 감격스럽습니다. 무엇보다 이 책에 관심을 보여주신 독자들에게 감사합니다.

이 책이 처음 미국에서 출간된 이후, 책이 전하는 메시지는 점차 더 굳건한 뿌리를 얻게 되었습니다. 새로운 뇌과학 연구들이 아낫 바니엘 메서드의 전제를 뒷받침하기 때문입니다. 더욱 중요한 것은, 점점 더 많은 부모님과 전문가들이 이 접근법에서 실마리를 찾고 있다는 사실입니다.

아낫 바니엘 메서드에서는 레슨 도중에 아이가 안전하고 편안하게 느끼는 것을 매우 중요하게 여깁니다. 또한 아이의 증상이 무엇이고 상태가 어떠하든, 모든 아이들의 뇌가 깨어나 그 능력이 발현되기를 기다리는 데 중점을 둡니다. 그렇기 때문에 이 책을 읽은 독자들은 아마도 가장 먼저 안도감을 느낄 것입니다.

하지만 이 방법을 아이들에게 적용하기란 결코 쉽지 않습니다. 기존에 우리가 알고 있던 상식을 훌쩍 뛰어넘는 새로운 개념이기 때문입니다. 내가 제안하는 내용 상당수는 낯설 것이고 어떤 경우에는 기존에 알았던 치료법과 상반될 수도 있습니다. 지금껏 내 아이에게 효과가 있다고 믿어온 방법에서 벗어나 새로운 길로 들어서는 것이 위험하게 느껴질지 모릅니다.

하지만 아주 조금이라도 '고치는' 접근법에서 벗어날 마음을 먹어보았으면 좋겠습니다. 그리고 아주 짧은 기간 동안이라도 이 책에서 말하는 아홉 가지 핵심 원칙을 자신과 아이에게 적용해보시길 바랍니다. 그런 다음 아이의 반응을 관찰해보세요.

아이가 좀 더 행복해졌나요? 아이가 배움에 좀 더 열린 태도를 보이나요? 이전에 할 수 없었던 것을 아이가 갑자기 할 수 있게 되었나요?

부모님은, 여러분은 좀 더 행복해지셨나요? 아이와 좀 더 가깝게, 더 잘 연결되었나요?

이 질문에 적어도 몇 번 "그렇다"라고 답했다면, 새로운 선택지를 갖게 된 셈입니다. 이 책을 읽는 시간이 경이와 발견으로 가득한 여정이 되길 기원합니다.

사랑을 담아
아낫 바니엘

한국의 독자들에게

# 이 책을 손에 든 오늘,
# 당신과 아이의 삶에 새로운 장이 시작된다

남편이 시아버지에게 전화를 해서는 우리 아이의 병명을 알리며 눈물 흘리던 모습이 생생하다. 남편은 미국 해군사관학교를 졸업하고 헌병대 장교까지 지냈기에, 남자답기로는 누구 못지않은 사람이다. 그런 남편에게도 아이가 유전자 이상으로 평생 장애를 가진 채 살아야 한다는 사실은 하늘이 무너지는 슬픔이었다.

우리 부부는 태어난 지 4개월도 채 되지 않은 어린 아기에게 물리치료, 작업치료, 언어치료 등 기존 재활의학이 해줄 수 있는 최대한의 치료를 시작했다. 이후로도 이어진 기나긴 과정에서 현대의학이 할 수 있는 일에는 한계가 있다는 사실에 직면했고, 특별한 도움이 필요한 우리 아이를 위해 새로운 방법을 찾던 중 아낫 바니엘 메서드를 알게 되었다.

아이가 열두 살이 되었을 때 처음으로 캘리포니아에 있는 아낫 바니엘 센터를 찾았다. 그곳에서 5일 동안 하루 두 번씩 총 열 번의 레슨을 받은 후 우리 아이에게는 정말 기적 같은 변화가 일어났다. 그중 하나가 가지런하게 글씨를 쓸 수 있게 된 것이다. 그전까지 아이의 글씨는 늘 제멋대로였다. 글씨가 너무 크거나 작았고, 줄에 맞지 않게 위아래로 들쭉날쭉했으며 같은 글자를 여러 번 겹쳐 쓰기도 했다. 그런데 단 몇 번의 레슨으로 아이는 난생처음 가지런하고 질서정연하게 글씨를 쓰기 시작했다.

아이의 변화를 보고, 몇 년 동안 수많은 방법으로 아이를 치료하려 노력했던 작업치료사는 물론이고 특수반 선생님도 깜짝 놀랐다. 도대체 캘리포니아에서 뭘 했는지 궁금해했다.

아낫 바니엘 센터에서 아이에게 글씨를 바르게 쓰는 법을 가르친 것이 아니었다. 다만 아이의 뇌가 체계를 더 잘 갖출 수 있도록 도와주었고, 그 결과 예상 밖의 변화가 찾아왔을 뿐이다. 아낫 바니엘 메서드는 기존의 치료나 교육 방식과 달리 특정 증상을 결코 직접 고치려 하지 않는다. 그래서 기존의 방식에 익숙한 사람들은 처음 아낫 바니엘의 방법을 받아들이기가 힘들지도 모른다.

아이의 놀라운 변화를 경험한 후 나는 아낫 바니엘 센터의 임상전문가가 되기로 마음먹었다. 교육을 받고 정식 임상전문가가 된 후로 수많은 아이들을 만났다. 함께 수업하면서, 내 아이가 그랬던 것처럼 아이들이 놀랍게 변화하는 순간을 직접 경험할 수 있었다.

감수자의 글

네 살 반의 나이에 센터를 찾아왔던 한 아이를 기억한다. 유치원에 다녀야 할 나이였지만 아이는 스스로 일어나 앉지 못했다. 움직이는 방법은 앉은 채로 엉덩이를 조금씩 밀며 앞으로 나가는 것이 전부였다. 이 아이는 나에게 몇 차례 레슨을 받은 후 스스로 계단을 기어 올라가기 시작했다.

소뇌형성부전으로 굽은 한쪽 팔을 가슴에 붙이고 절뚝이며 걷던 여덟 살 아이는 레슨 하루 만에 거의 똑바로 걷게 되었다. 식탁에 앉을 때 보조 시트가 필요했던 아이가 레슨을 받고 집에 돌아간 날부터 꼿꼿하게 혼자 앉아서 식사를 하게 된 경우도 있었다. 자폐스펙트럼장애로 툭하면 까치발을 들고 온몸을 활처럼 뒤로 젖힌 채 고함을 질러 부모를 난감하게 했던 세 살배기 아이도 있다. 이 아이는 레슨을 받고 나서 고함 지르는 것을 멈추었다.

나는 이 아이들에게 계단을 기어 올라가는 법이나 똑바로 걷는 법, 꼿꼿하게 앉기나 고함지르지 않는 법을 가르치지 않았다. 다만 아이들의 뇌를 깨워 연결하고자 했을 뿐이다.

고함을 지르던 아이에게는 고함을 지르지 말라고 하는 대신 오히려 더 크게, 혹은 더 작게, 또는 더 높거나 낮은 목소리로 소리를 질러보라고 했다. 이 과정은 총 30분의 레슨 중 약 5분 정도에 불과했다. 아이의 엄마는 의아함이 가득한 얼굴로 수업을 지켜보았다.

'아니, 고함질러서 문제인 아이에게 왜 더 고함을 지르라는 거야?'

엄마가 속으로 무슨 생각을 하는지 표정으로 고스란히 전해졌다. 하지만 내가 판단하기에 이 아이의 뇌는 자신이 고함을 지른다는 사실을 모르는 듯했다. 내가 더 크게 소리치라고 하자 아이는 '내가 언제 고함을 질렀나?' 하는 듯한 표정으로 나를 바라보았다. 아이가 더 크게, 또는 더 높게 고함을 지르지 못할 때는 내가 아이 대신 크게 고함을 지르기도 했다. 그러고는 아이에게는 아주 작게 소리를 내보라고 했다. 그러자 아이는 잠깐 생각하는 듯하더니, 속삭이듯 작고 긴 소리를 냈다.

그 반응을 본 순간, 나는 아이의 뇌가 깨어났음을 느꼈고 기적이 일어날지도 모른다는 느낌이 들었다. 이는 단순한 자동적 반응이 아니라 아이가 자신의 의도와 행동을 연결한 결과였기 때문이다.

배움이란, 원하는 결과를 얻을 때까지 무언가를 반복하게끔 시키며 잘못된 행동을 직접 '고치려' 시도하는 과정이 아니다. 배움은 뇌가 연결되는 과정에서 일어난다. 아낫 바니엘 메서드는 이렇듯 연결을 만들어내며 그 연결 과정에서 뇌가 스스로 체계를 더 잘 잡을 수 있도록 도와준다.

우리 사회, 특히 한국 사회는 치열한 경쟁 속에서 누가 무엇을 더 잘하는지를 늘 눈에 보이는 결과를 가지고서 판단하며 그에 따라 저마다의 가치를 매기며 살아가는 듯하다. 하지만 '고치기에서 연결하기로'라는 아낫 바니엘 메서드의 패러다임을 통해 나 역시 그런 사고방식을 바꾸게 되었다. 이 새로운 패러다임은 지금도 나의 하루하루에 영향을 미친다. 결과만 보고 판단하는 것이 아니라, 과정에서 나타나는 작은 변화에 감사하고 그것을 받아들이며 좀 더 너그러운 사람이 되어가는 일을 나는 매일 배우고 있다.

우리 아이가 태어났을 때 유전자 이상으로 지적장애인이 되리라는 참담한 이야기를 듣고 차라리 나의 지능을 아이에게 나눠줄 수 있게 해달라며 기도한 적도 있다. 그러나 지금 우리 아이는 오히려 나의 스승이 되어 나에게 너무나 많은 것을 가르쳐주고 있다.

우리는 어떻게 보면 모두 장애인이라는 것, 다만 장애의 영역이 다를 뿐이라는 사실을 나는 아이를 통해 배웠다. 또한 내가 만난 많은 아이들과 그 가족은 나의 삶과 사고방식, 그리고 나의 한계를 시험하며 끊임없이 나를 일깨우고 있다.

아낫 바니엘 메서드를 통해서 나는 장애로 인한 한계에 집착하지 않고, 아이들이 저마다 이뤄내는 멋진 삶을 자세히 들여다볼 수 있는 눈과 마음을 얻었다. 또한 우리 한 사람 한 사람 모두가 무無에서 느닷없이 태어난 존재가 아니라 하느님이 극도의 섬세함으로 만들어낸 작품임을 깨닫는다. 따라서 지극히 제한된 지식을 가지고 원하는 결과만을 고집하며 고치려 하기보다, 뇌가 필요한 정보를 제공할 때 뇌가 스스로 알아서 예상을 뛰어넘는 결과를 가져올 수 있다는 것을 알게 되었다.


아낫 바니엘 메서드를 처음 접했을 때 말할 수 없이 기뻤다. 그러나 마음 한구석에는 왜 이렇게 좋은 방법을 진작 발견하지 못했을까 하는 안타까움도 있었다. 그 때문에 한동안 마음이 괴롭기도 했다. 나를 찾아오는 부모님들에게서도 같은 괴로움과 안타까움을 보곤 한다. '좀 더 일찍 이 방법을 알았더라면…' 부질없는 후회와 괴로움이지만 한편으론 아이에게 더 좋은 것을 주고 싶은 부모의 마음이라 다독여본다.

좀 더 많은 부모들이 그렇게 후회하며 괴로워하지 않고, 오늘 이 놀라운 방법을 찾았다는 사실에 온전히 기뻐할 수 있기를 바란다. 눈앞에 닥친 하루하루를 살아갈 때는 하느님의 뜻이 어디에 있는지 알기 어렵다. 그러나 삶을 돌아보면 나에게 일어난 모든 일들의 타이밍에서 하느님의 손길을 느낀다.

이 책을 통해 더 많은 사람들이 아낫 바니엘 메서드를 '오늘' 알게 된 것이 후회가 아닌 기쁨이 되기를 소망한다. 오늘 이 책을 선택한 모든 이들에게 축하를 전하고 싶다.

한국의 부모들에게 이 책의 메시지를 전할 수 없어 늘 안타까웠는데, 마침내 출간된다는 소식을 들으니 너무도 기쁘다. 직장생활과 육아를 병행하면서 새벽까지 졸린 눈을 비비며 열심히 번역해준 김윤희 선생님께 진심으로 감사하다. 아낫 바니엘 메서드를 하루라도 빨리 한국의 부모들과 나누고 싶어 했던 옮긴이의 열정과 진심 덕분에 이 책이 출간될 수 있었다고 생각한다. 또한 이 책을 선택한 센시오 출판사 대표님과 편집팀에 깊은 감사를 전한다. 덕분에 더 많은 이들이 한국에서 아낫 바니엘 메서드에 대해 알게 될 수 있음에 다시 한 번 용기와 희망을 품는다.

아낫 바니엘 메서드를 통해 배운 지식과 경험에 대해 간단히 적었지만, 이 과정은 끝없는 배움의 여정이다. 어쩌면 이 책을 접한 여러분의 삶에도 새로운 장이 열린 것일지 모른다. 이 새로운 여정을 시작하는 모든 이들에게 축복이 있기를 기원한다.

백성이 박사
(전前 신시네티대학 의과대학 교수)

# 특별한 아이를 위한 특별한 접근법, 아낫 바니엘 메서드

이 책 원서를 재활병원에서 외로이 읽었던 나날이 떠오른다. 그때는 이 책을 번역하게 될 줄은 몰랐다. 다만 아들 시현이가 조금이라도 나아질 방법을 찾고자 하는 간절함으로 책장을 넘겼다. 이 책에 나오는 방법이 아니면 희망을 품고 기댈 곳이 없었기 때문이다. 힘든 재활치료를 받는 어린 시현이를 기다리던 그 병실에서, 나는 이 책을 붙들고 이해가 가지 않는 부분은 읽고 또 읽고를 반복했다. 왜 내가 이 책에 그토록 집착했을까?

## 상세불명의 병을 진단받다

아들 시현이가 태어나고 얼마 후 나는 시현이가 왼손을 쓰지 않는다는 사실을 알게 되었다. 이상하다고 여기긴 했지만 일반 병원이나 정형외과에서는 문제가 없다고 했다. 그러다 돌 즈음 찾은 아산병원에서 받은 진단명은 '상세불명의 편마비'였다.

아산병원 교수님은 최악의 경우에 대해 이야기했다. 지금은 왼쪽만 잘 못 쓰지만 나중에는 오른쪽도 못 쓰게 될 수 있고, 학습장애와 퇴행이 올 수도 있다고 했다. 이처럼 무시무시한 말을 "감기입니다"라고 말하듯 무심히 내뱉었다. 당시에 무슨 정신으로 버티고 앉아서 그 말을 다 듣고 있었는지 모르겠다.

교수님의 서늘한 말이 가슴을 후벼팠지만 그대로 받아들일 수는 없었다. 엄마의 직감으로 봤을 때 1년 동안 키운 시현이는 그렇게 될 아이는 아니었다. 의사들의 반응으로 추측해보건대, 뇌 MRI 결과만 보면 시현이는 지금보다 훨씬 더 상태가 안 좋아야 마땅한 듯했다. 의사들은 시현이를 보고는 말귀를 알아듣는지, 말은 하는지, 눈 맞춤은 하는지, 잠은 잘 자는지 등을 물었는데 시현이에게는 너무 당연한 일들이었다.

나는 시현이가 정말 왼손만 안 쓸 뿐이라고 답했다. 당시 시현이는 아직 서거나 걷지 못했기 때문에 다리에도 강직이 있는 줄은 몰랐기 때문이다. 시현이는 똘망똘망한 아기였다. 그랬기에 왼손의 문제가 뇌와 연관된 것이라고는 상상도 해본 적이 없었다. 하지만 아산병원에서 말하는 시현이의 예후는 무참하기 그지없었다. 이후 퇴행 증상을 보이며 침대 생활만 하다 단명하게 되는, 백질이영양증까지 의심해봐야 한다니 기가 막힐 노릇이었다.

서울에서 창원의 집으로 돌아와 시현이와 둘만 남게 되자 걱정과 두려움이 몰려들어 마음을 짓눌렀다. 이 상황을 어떻게 헤쳐나가야 할지 도무지 알 수 없었다. 사실 병원에 다녀오기 전이나 후나, 시현이는 달라진 것이 없었다. 그러나 그때부터 내 눈에는 시현이의 증상만 두드러져 들어오기 시작했다. 시현이가 사용하지 못하는 왼손과 뻣뻣한 왼쪽 발목에만 눈이 갔다.

시현이가 습관대로 오른손만 쓰면 나는 애가 타는 심정으로 왼손도 쓰라고 지적했다. 흐느껴 울면서 밥을 먹이는 엄마를 보며 시현이가 크고 예쁜 눈으로 "엄마, 나 괜찮아. 나는 똑같은 시현이야"라고 말하는 듯했다.

## 재활치료를 시작하다

마음을 가다듬고 지역의 창원 삼성병원을 찾았다. 이곳에서 '백질연화증'이라는 새로운 진단을 받은 뒤 재활치료를 시작하기로 마음먹었다. 재활만 받으면 금세 아이가 나아질 것 같았다. 하지만 웬만큼 큰 병원들은 대기 인원이 엄청나서 1년을 기다려도 자리가 날지 알 수 없다고 했다. 여러 병원의 대기 명단에 이름을 올려두었지만, 무작정 기다릴 순 없었기에 사설 재활센터부터 다니기 시작했다.

재활병원이나 재활센터에는 몸이 불편한 아이들만 온다. 나는 장애를 가진 아이들이 그렇게 많은 줄 처음 알았다. 내가 교사로 재직 중인 학교에도 특수학급이 있지만 나와는 상관없는 사람들의 일이라고 생각했다. 그런데 이제 나의 아이도 장애를 가진 다른 아이들처럼 재활센터에 다니게 된 것이다. 그 사실을 부정하려 무던히 애썼고 "왼쪽만 안

쓰는 거예요. 다른 건 다 잘해요"라는 말을 입에 달고 다녔다.

　재활의 원리는 정말 단순하다. 왼손을 안 쓴다고 하니까 몸의 왼쪽을 집중적으로 풀어주었다. 왼쪽에 강직이 있었기 때문에 시현이는 돌이 지나서도 왼손 엄지를 말고 주먹을 꽉 쥐고 있었다. 이것은 왼손에 대한 뇌 지도가 만들어지지 않았기 때문임을 그때 알게 되었다. 우뇌백질에 손상이 있어서 다른 아이들처럼 자연스럽게 왼쪽의 뇌 지도가 형성되지 못한 것이다.

　따라서 재활치료는 왼쪽 손과 왼쪽 다리에 집중되었다. 늘리고 스트레칭을 하며 계속 왼손을 주지시키고 왼손 쓰는 법을 가르쳤다. 1년 동안 쓰지 않던 부분을 만지니 시현이는 고통스럽게 울어댔다. 나는 우는 아이를 달래며 "이걸 견뎌야 네가 걸을 수 있고 왼손을 쓸 수 있어"라고 타일렀다.

　아이는 배밀이도 하지 못하는 상태였지만, 재활병원에서는 당시 13개월이었던 시현이의 개월 수를 고려해 배밀이를 뛰어넘고 두 팔과 두 다리를 이용해 기는 것을 가르쳤다. 아낫 바니엘 메서드에서는 있을 수 없는 일이다. 아직 두 팔과 두 다리를 이용해서 기어 다닐 마음이 없는 아이에게 병원에서든 집에서든 열심히 기는 연습을 시키기 시작했다.


　재활을 시작하고 얼마 안 되어 인터넷 검색창에 '뇌'라는 단어로 검색을 하다가 노먼 도이지 박사의 《스스로 치유하는 뇌The Brain's Way Of Healing》라는 책을 알게 되었다. 단번에 그 책을 읽어나갔다. 책에서 소개한 펠덴크라이스 박사는, 기존의 재활치료와 비슷하지만 완전히 다른 접근법을 사용하고 있었다. 혼란이 오기 시작했다. 기존의 재활치료에서는 아이를 울리면서까지 강하게 스트레칭을 시킨다. 또한 보조기를 이용해서 발이 변형되지 않고 아킬레스건이 짧아지지 않도록 한다. 그런데 이 책에서는 그런 방법은 일시적이며 효과가 없다고 단언했다. 나는 《스스로 치유하는 뇌》에 함께 소개된 아낫 바니엘의 홈페이지에도 들어가 보고, 그녀가 쓴 원서를 구매해 읽기 시작했다.

그때 든 생각은 '지금 당장 아이를 아낫 바니엘에게 데려가면 다 나을 것 같다'는 것이었다. 하지만 선뜻 용기가 나지 않았다. 기존 재활치료로도 어느 정도 차도를 보이고 있었고, 주변에 펠덴크라이스 요법이나 '아낫 바니엘 메서드'에 대해 아는 사람은 아무도 없었다. 주변 사람들에게 아낫 바니엘 메서드의 개념을 설명해주고 책에 소개된 놀라운 사례를 알려주었지만, 다들 '가끔 한 번씩 일어나는 기적'으로 치부하며 그런 방식에 현혹되어 기존의 재활치료를 멈추면 손해라고 말할 뿐이었다. 남편도 책 한 권을 읽고 무리수를 두는 건 아닌지 걱정했다.

나는 재활병원의 낮 병동에 다니면서 아이가 작업치료를 받는 동안 아낫 바니엘의 책을 읽었다. 작업치료가 한번 시작되면 여섯 시간 동안 입원해서 집중 재활치료를 받는데, 손의 기능을 향상시키기 위한 치료를 중점적으로 했다.

병원에 앉아 이 책을 읽으며 나는 혼란에 빠졌다. 주변의 모든 치료사들이 아낫의 말과는 반대로 하고 있었다. 병원을 가득 메운 수많은 사람들 속에서 나는 덩그러니 앉아 아낫 바니엘의 책을 읽고 또 읽었다.

## 혼돈과 갈등의 시간을 보내다

그러던 중 시현이에게 정체기가 찾아왔다. 편마비라도 보통 두 돌 전에는 걷기 마련인데 시현이는 걸을 기미가 보이지 않았다. 모순된 행동이었지만 나는 물리치료를 받으면서도 아낫 바니엘의 영향으로 "애를 울리지는 않았으면 좋겠다", "빨리 걷는 게 중요한 것이 아니니 더 늦게 걸어도 예쁘게 걸었으면 좋겠다", "기능적으로 진도를 빨리 나가기 위해 아이가 하지 못하는 것을 억지로 시키지 않았으면 좋겠다"라고 말했다.

다른 엄마들은 치료사의 베드에 아이를 두고 낮 병동 대기실로 돌아갔지만, 나는 치료사가 혹시나 아이를 울리면 중재할 요량으로 내내 아이 옆을 지켰다. 그러면서도 혼란은 계속되었다. 시현이가 걷질 않으니 주변 모든 아이들의 다리밖에 보이지 않았다. 계획상으로는 시현이를 어린이집에 보내고 학교에 복직할 시기였지만 나는 여전히 매일 병원으로 출퇴근했다. 아이가 걸어야 나도 마음 편하게 복직할 수 있을 것 같았다.

마침내 2019년도 말 캘리포니아에 있는 아낫 바니엘 센터에 문의해 레슨 일정을 잡았다. 근처 호텔을 예약하고 비행기표도 예약하려던 참에 코로나19가 전 세계적으로 확산되고 있다는 뉴스가 흘러나왔다. 아쉽게도 아낫 바니엘 센터의 모든 일정은 중단되었다.

미국행 계획이 무산된 후 나는 방향을 틀어 부산의 한 재활병원을 택했다. 말 그대로 재활사관학교 같은 곳이었는데 시현이가 조금만 더 노력하면 걸을 수 있을지도 모른다는 희망으로 선택한 곳이었다. 이 병원의 1인실에서 3개월간의 치료가 시작되었다.

시현이는 처음으로 나와 분리되어 물리치료와 작업치료를 받았다. 그제야 아이에게 언어 지연도 생겼음을 알게 되었다. 왼손과 왼쪽 다리에만 집중하다 보니 시현이와 옛날처럼 상호작용하지 않아서였을까? 그렇게 걱정거리가 또 하나 늘었다. 13개월에 베일리 검사(아동의 발달 및 지적 능력과 운동 능력의 지연 정도를 측정하는 검사)를 했을 때, 언어만큼은 다른 아이들보다 6개월 정도 빠르다는 결과를 받았었기에 더 안타까웠다.

부산의 재활병원에서는 정말이지 하루 종일 재활치료를 받았다. 거기에는 아이가 로봇의 움직임에 따라 걷는 동작을 할 수 있도록 유도하는 로봇 기계도 있었다. 지금 생각해보면 그것은 로봇의 움직임이지 아이가 자신의 의지대로 만들어낸 움직임이 아니었다.

이 병원은 1인실에 입원하면 치료사를 선택할 수 있었기 때문에 가장 인기 많은 치료사를 선택해 치료를 받았다. 좀처럼 울지 않던 시현이도 이때는 물리치료를 받으면서 울음을 터뜨렸다. 이전 병원에서는 내가 함께 있으면서 그런 상황을 자제하도록 했지만 이번에는 그럴 수 없었다. 나도 아이가 걷기를 바라는 심정으로 독하게 마음먹고 눈을 딱 감았다.

아낫 바니엘의 책을 다시 집어든 것이 그 무렵이었다. 책을 읽을수록 나는 더욱 혼란스러웠다. 시현이는 재활치료를 받으며 어느 정도 호전되던 상황인데, 이 책에서는 시현이가 받는 재활치료와는 상반되는 말만 하고 있었다. 하지만 책을 읽을수록 맞는 말임을 부인할 수 없었다.

"아이가 못하는 것을 반복적으로 시키면 아이는 실패를 학습한다."

"무섭고 괴로운 상황에서는 학습이 일어나지 않는다."

주위를 둘러보니 재활을 받는 아이들 상당수가 재활 베드에서 스트레칭을 받으며 울고 있었다. 더 가슴 아픈 것은 엄마들도 이 고통을 견뎌야 좋아진다고 믿으며 자신과 아이를 설득한다는 사실이었다.

부모들은 '조금이라도 좋아지겠지' 하는 마음에 고통스러운 재활 일정을 견디며 매일같이 아이를 안고 이 병원 저 병원으로 쫓아다니는 과정을 반복하고 있었다. 나 또한 마찬가지였다. 처음에는 몇 개월만 치료를 받으면 아이가 걸어서 병원을 나와 일상생활로 돌아갈 수 있을 거라고 생각했다. 하지만 시간이 지나도 원하는 결과는 나오지 않았다. 증상이 경미한 몇몇 아이들은 병원을 '졸업'했지만, 정말 특별한 도움이 필요한 아이들은 여전히 병원에 계속 남아 있었다. 처음 나의 판단과 달리, 시현이도 매우 특별한 도움이 필요하다는 게 확실해지고 있었다.

멀리 10년 뒤, 20년 뒤를 내다보면 우리 아이는 분명 괜찮을 것 같았다. 하지만 병원에만 오면 다른 아이들과 비교되지 않을 수 없었다. 다른 아이들이 해내는 것을 시현이는 아직도 하지 못한다거나, 개월 수에 비해 발달이 더디다거나 하는 부분이 눈에 밟혀 마음이 점점 조급해졌다. 무엇보다 감기로 고열이 나서 힘들어하는 아이의 모습을 보면서도 하루라도 치료를 빠지면 걷는 것이 늦어질까 노심초사하는 나의 모습에 진절머리가 났다.

그런 상황에서 벗어나고 싶었다. 아이를 위해서라도, 어제와 비슷한 오늘을 버텨내고, 내일도 모레도 비슷한 일상을 반복하는 이 상황에서 벗어나야 했다. 이렇게 재활만 받다가는, 여기에 적응해서 이곳의 사람들과 서로를 위안 삼아 앞으로도 쭉 이렇게 살게 될 것만 같았다. 결국 나는 퇴원을 결정했다.

한편으로 아낫 바니엘 메서드를 포기할 수 없었다. 이 책에 나오는 엘리자베스는 시현이보다 상태가 훨씬 좋지 않아 평생을 기관에서 생활해야 할 거라는 예후를 듣고도 기적 같은 변화를 이뤄냈다. 시현이도 엘리자베스처럼 회복되리라는 생각을 놓을 수 없었다.

그때가 5월 말이었다. 다행스럽게도 6월부터 아낫 바니엘 센터에 온라인 레슨이 개설된다는 메일을 받았다. 나는 곧바로 온라인 레슨을 신청했다

대면 레슨보다 훨씬 낮은 가격으로 온라인 레슨이 열렸다. 그래도 기존의 재활치료보다는 상당히 비쌌다. 스케줄을 살펴보았는데 아낫 바니엘의 스케줄은 이미 끼어들 틈이 없을 정도로 가득 차 있었다. 기적적으로 아낫 바니엘에게 하루, 그리고 임상전문가 닐, 미셸과 3일의 레슨이 잡혔다.


## 아낫 바니엘과 만나다

처음 아낫이 내 노트북 화면에 모습을 드러냈을 때 너무 놀랍고 반가운 마음에 손으로 입을 틀어막았다. 닳도록 읽은 책의 저자가 눈앞에 있다니 너무 감격스러웠다. 아낫은 아이의 증상을 간략하게 설명해달라고 했다. 나는 오른쪽에 비해서 왼쪽이 덜 유연하며 재활을 받기 전까지 왼손이 있는지도 모르는 것 같았다는 설명을 덧붙였다. 아낫은 잘 알겠

다며 현재 내가 가장 염려하는 부분이 무엇인지 물었다. 나는 아이가 걸을 것 같은 조짐이 보이고 몇 발자국을 뗐지만 원래 왼발 뒤꿈치를 들지 않았는데 요즘에는 왼발이 살짝 까치발이 되어 걷는다고 했다(당시 시현이는 몇 발자국을 가다가 넘어지는 정도로 걸었다).

나는 시현이가 예쁘게 걸었으면 좋겠고, 왼손도 예쁘게 써서 양손 협응이 되었으면 좋겠다고 했다. 아낫은 자신이 직접 아이를 만지며 수업을 하면 좋겠지만 그럴 수가 없는 상황임을 먼저 주지시켰다. 그리고 총 4일 동안 레슨을 받을 것이며 4일 이후 큰 변화가 생기겠지만, 처음 4일 동안은 아이가 아니라 엄마와 레슨을 할 예정이라고 했다. 엄마가 먼저 바뀌어야 한다고 했다. 여기에 동의하느냐고 물었다. 그럴 만한 이유가 있겠지 싶어 알겠다고 했다. 한 가지 인상적이었던 것은, 엄마인 내가 아낫과 같은 시선으로 아이를 바라봤으면 좋겠다는 그의 말이었다.


그런 다음 아낫은 평소에 아이와 어떻게 노는지 보여달라고 했다. 나는 모니터 앞에 아이를 앉히고 아침에 일어나자마자 스트레칭을 시킨다며 왼쪽 발목을 위아래로 늘리는 모습을 보여주었다. 또한 왼쪽 종아리에 강직으로 뭉친 부분을 눌러서 풀어준다고 했다. 아낫은 그것을 보더니 바로 "마사지를 하지 마세요"라고 했다.

나는 놀라서 눈을 동그랗게 뜨면서 우리말로 "예?"라고 답했다. 왼쪽에 강직이 있어 까치발을 드는 아이한테 마사지를 하지 말라니 도저히 이해가 가지 않았다. 이 책에도 나와 있는 내용이지만 실제로 그런 말을 들으니 나도 모르게 반문하게 되었다.

아낫의 설명에 따르면, 마사지로 풀리는 건 일시적인 현상일 뿐이며 마사지를 한다고 해서 아이가 예쁘게 걷게 되지 않는다고 했다. 아이가 보조기를 가지고 놀자 보조기도 신기지 말라고 했다. 보조기를 신으면 자연스러운 발목의 움직임을 막아 엄마가 원하는 결과가 나오지 않는다고 했다.

그때 시현이가 다가와 내 입술을 손으로 만졌다. 아낫이 자신을 따라 하라며 "립스Lips"라고 말했다. 그래서 나는 "입술"이라고 했다. 그러자 아이가 "입술"이라며 나의 말을 따라 했다. 아이가 내 턱을 만지자 아낫은 "친Chin"이라고 말하라고 시켰다. 내가 "턱이야, 엄마 턱." 하자 아낫은 말을 길게 하지 말고 한 번만 정확하고 명료하게 이야기하라고 했다. 아낫의 지시는 매우 단호하고 명료했다.

이어서 아낫은 내가 아이를 안아서 이동시킬 때마다 아이가 어떤 느낌을 받는지 설명해주었다. 아낫의 설명에 따르면, 아이는 뭔가에 열중하고 있는데 자기 몸집보다 열 배나 큰 거인이 앞으로 와서는 갑자기 자신을 확 낚아채 화장실로 데리고 들어가서 씻기는 셈이라고 했다. 아이 입장에서는 아무것도 모른 채 큰 거인의 팔에 휘둘려 화장실로 끌려가는 것과 마찬가지라는 이야기였다. 내가 예고도 없이 아이를 이리저리 옮기고, 바닥에 앉혔다가 침대에 눕혔다가 할 때마다 아이는 그와 같은 느낌을 받는다고 했다.

그러니 엄마가 어떤 행동을 하기 전에 항상 아이에게 간략하게 설명해주라고 했다. 예를 들어 "엄마가 너를 안을 거야"라고 말한 다음 잠깐 동안 아이가 생각하고 다음 행동을 기대할 시간을 주라는 것이다. 그런 다음 아이의 기대에 맞게 안아주라고 했다.

30분은 순식간에 지나갔고 아낫은 질문할 것이 있으면 하라고 했다. 준비한 질문은 너무 많았지만 나는 가장 어리석은 질문을 했다.

"우리 아이가 다른 아이들처럼 농구도 하고 자전거도 탈 수 있을까요?"

아낫의 책을 보면 이미 뭐라고 대답할지 충분히 예상할 수 있는 이야기였다. 하지만 나는 아낫에게서 "할 수 있다"는 말을 꼭 듣고 싶었다. 그러면 시현이는 정말 그렇게 될 것만 같았기에 그 질문을 하지 않을 수 없었다. 아낫에게서는 예상했던 것과 같은 답이 돌아왔다.

"나도 알 수 없어요 don't know"

아낫은 자신도 모르지만 우리는 아이가 할 수 있는 것에서부터 시작해야 하고, 거기서부터 언제나 변화가 일어난다고 말했다. 그다음에는 또다시 아이가 할 수 있는 것에서부터 시작하여 또 다른 변화가 일어나게 만드는 것뿐이라는 얘기였다.

30분이 정확히 지난 후, 아낫과의 레슨이 끝났다.


## 마법과도 같은 4일간의 레슨

아낫과의 레슨 후에 임상전문가 닐과 수업하는 날이 되었다. 나는 아낫에게도 말했던, 걸을 때 왼쪽 뒤꿈치가 살짝 들리는 문제를 말했다. 닐은 명확하게 핵심을 짚어주었다.

아이가 아직 완전히 독립보행을 할 수 없기에 엄마 입장에서는 걸을 때 도와주고 싶겠지만 절대로 아이가 걷는 것을 도와주지 말라며 그 이유를 설명해주었다. 기존의 재활치료사들은 아이의 골반을 잡고 걷는 것을 도와주는데, 이러면 아이는 어른의 걸음에 편승하기가 쉽다. 아이의 뇌는 자신이 스스로 걷는 것인지 누가 도와줘서 걷는 것인지 구분하지 못해 오히려 독립보행이 더욱 늦어진다는 것이다.

많이 넘어지는 것이 걷는 법을 배우는 데 도움이 된다는 것이 닐의 설명이었다. 많이 넘어지면서 중력을 스스로 느낄수록 아이의 뇌가 걷는 방법을 '학습'하게 된다는 것이다. 엄마는 위험한 경우가 아니면 옆에서 그저 "걷고 있네"라고 말해주고, 아이가 넘어지는 순간마다 "쿵"이라고 말해주라고 했다. 아이에게 넘어진다는 것을 인지시켜 주라는 의미인 듯했다.

마사지 없이 어떻게 까치발을 고칠 수 있는지 묻자, 맨발로 잔디밭이나 진흙 위를 걷게 하는 방법을 알려주었다. 그러면 자연스럽게 왼발 뒤꿈치에도 감각을 느끼면서 뇌 지도가 만들어진다는 것이었다. 왼발에 뒤꿈치가 있다는 것을 아이의 뇌가 인식하면 자연스럽게 뒤꿈치는 내려온다는 이야기였다. 그리고 아직 기는 것을 편하게 생각하는 아이에게 일부러 걷기를 강요하지 말라고 했다. 재활병원에서 퇴원 직전까지 계단 오르내리기를 연습시켰다고 하니 제발 그렇게 하지 말라고 했다. 아직 아이가 하지 못하는 걸 시키지 말라는 것은 아낫 바니엘 메서드에서 항상 강조하는 내용이다.

그날 레슨을 마친 후 나는 시현이를 맨발로 잔디밭에서 걷게 했다. 집으로 돌아오는 길에 계단으로 가자고 하기에 나는 계단 앞에 잠자코

있어 보았다. 원래 계단을 오를 때는 내가 시현이 손을 잡고 한 계단씩 오르게 했다. 그럴 때면 아이의 왼쪽 아킬레스건이 온전히 펴지지 않으니 왼발을 디딜 때마다 상체가 뒤로 쏠렸고 따라서 체중도 뒤로 실렸다. 나는 아이가 뒤로 넘어지지 않도록 계단 오르는 것을 도와줄 수밖에 없었다. 그런데 계단 앞에서 내가 아무 행동도 취하지 않자 아이가 기어서 계단을 올라가기 시작했다. 자연스럽게 오른손과 왼손을 교차해가며 계단을 짚어서 올라갔다.

그 후에도 닐의 조언에 따라 일부러 아이를 걷게 하지 않았고 걷다가 넘어지면 "쿵"이라고 말했다. 신기하게도 시현이의 걸음이 바로 좋아졌고 까치발이 내려왔다. 4일째 레슨에서 나는 아이가 더 이상 뒤꿈치를 들지 않고 걷는다고 보고했다.


닐에 이어 함께 레슨을 하게 된 미셸은 누구보다 친절했고, 내 의문이 풀릴 때까지 늘 한 시간 넘게 레슨을 해주었다. 처음 미셸과 수업을 하던 날, 나는 시현이를 혼내면 아이가 왼손을 쓴다고 이야기했다. 그러자 미셸은 아이가 왼손을 쓰면 엄마가 혼내는 것을 멈추고 기뻐하는 것을 알기 때문이라고 이유를 설명해주었다. 미셸은 시현이가 똑똑한 아이라고 말하며 앞으로는 왼손을 써도 아이 앞에서 티 내며 기뻐하지 말라는 조언을 해주었다. 왼손을 쓰고 싶고, 또 필요해서 쓰는 것이 아니라 엄마를 기쁘게 하기 위해서 혹은 칭찬받기 위해서 왼손을 사용하는 것은 옳지 않다는 얘기였다.

내가 시현이에게 책 읽어주는 모습을 보고서 미셸은 다음과 같은 조

옮긴이의 글

언도 해주었다. 나는 시현이가 왼손으로 책장을 넘기거나 기특한 행동을 했을 때 박수 치며 좋아하곤 했는데, 미셸은 아이의 행동에 박수를 치거나 다시 해보라고 권유하지 말라고 했다. 이 또한 기존 재활과는 정반대였다. 그전까지 재활치료에서는 왼손을 쓰면 박수 치며 기뻐해주라고 했다. 칭찬을 해주어서 계속 왼손을 쓰게끔 격려하라는 것이었다.

그런데 아낫 바니엘 메서드에서는 이렇게 설명했다. 아이가 뭔가 새로운 것을 해냈을 때 그것은 이미 습득된 기술이 아니라, 이것저것 해보다가 우연히 시도한 행동인 경우가 대부분이다. 아이가 새로운 기술에 한참 집중하는 상황에서 양육자가 호들갑을 떠는 순간 아이는 자신의 행동이 아니라 오히려 부모에게 집중하게 된다.

너무 기쁘더라도 마음속으로 수백 번 박수를 치고 나중에 가족들에게 자랑하라고 했다. 아이가 집중하는 그 순간에는 그대로 내버려두라는 말이었다.

퍼즐 맞추기를 할 때도 아낫 바니엘 메서드의 방법은 달랐다. 미셸과 레슨을 하는 도중, 시현이가 동물 퍼즐을 맞추면 나는 "사자야"라고 말해주거나 "이거 뭐야?"라고 물어보았다. 그러면 아이는 "토끼"라고 대답하는 식이었다. 미셸은 동물 이름을 내가 말해주지 말고 아이가 하는 행동을 직접 말로 설명해주라고 했다. 자석을 "뗐네", "위에 붙였네", "아래에 붙였네" 등으로 아이가 하는 동작을 말로 설명하라는 소리였다.

이후 미셸은 아이가 젓가락질하며 밥 먹는 것을 보고 숟가락으로는 어떻게 먹는지 보자고 했다. 시현이가 숟가락으로 먹는 걸 보더니 손으로는 어떻게 먹는지 보자고 했다. 그러더니 아이가 손으로 먹을 때 왼손이 가장 자연스럽다고 했다. 만약 지금 아이에게 젓가락질을 하게 하면 오른손을 정교하게 사용하느라 왼손의 강직이 심해진다고 했다.

장난감도 오른손으로 너무 조작을 많이 해야 하는 것들은 아이 눈앞에서 치워버리라고 했다. 쉽고 편하게 오른손을 써야 왼손도 편해지고 연합반응(오른손을 쥐면 왼손도 쥐게 되고 오른손을 펴면 왼손도 따라서 펴지는 반응)도 점점 줄어들 것이라고 했다. 미셸의 말처럼 시현이는 왼손에 뭔가를 쥐고 있다가도 오른손을 펴면 왼손에 들고 있던 것도 같이 놓아버리곤 했는데, 수업 후에는 그런 증상이 많이 좋아졌다.

아낫 바니엘을 포함해 닐, 미셸과 함께한 4일은 모든 것이 신기한 마법과도 같은 경험이었다.

## 아낫 바니엘과의 레슨을 마치고

이후 6개월 정도 한 달에 한 번씩 4일 동안 주기적으로 레슨을 받으며 시현이에게 많은 변화가 찾아왔다. 아낫 바니엘 메서드는 그 개월 수의 아이가 해야만 하는 것들을 무조건 시키지 않는다. 주변에서는 아이를 언어치료 센터에 보내라고 했지만, 닐과 미셸은 언어치료를 시작하면 치료사들이 아이에게 '올바르게' 말하도록 강요해서 좋지 않을 것이라고 했다. 나는 언어치료를 받지 않기로 했다. 지금 시현이는 같은 또래 친구들만큼 말하지는 못하지만 발화가 시작되었고 폭발적으로 말이 늘고 있다. 게다가 시현이는 지금 영어로도 함께 말한다.

나는 아낫 바니엘 센터에서 레슨을 받는 동안 기존 재활을 줄이다가

옮긴이의 글

아예 끊어버렸다. 지금은 어떤 재활치료도 받지 않는다. 아낫 바니엘 메서드 레슨도 2021년 이후 더 이상 받지 않았다. 나 스스로 아낫 바니엘 메서드의 핵심 원리를 많이 깨우쳤기 때문이다.

아무것도 하지 않는 것이 기존의 재활치료를 받는 것보다 좋다는 믿음이 생겼다. 나의 행동이 다소 무모하고 현실적이지 않을지도 모른다. 하지만 '특별한' 아이들에게 모두가 납득할 수 있는 이성적이고 현실적인 방법을 적용한다면 '현실적'인 결과만을 얻을 뿐이다. 나는 기적적인 결과를 바랐기에 아낫 바니엘 메서드를 선택했고, 실제로 시현이는 처음 병원에서 받았던 예후를 훌쩍 뛰어넘는 변화를 만들어내고 있다. 나에게는 이것이 기적이다.


아낫 바니엘 메서드의 핵심 개념은 '고치기'에서 '연결하기'로의 변화다. 나는 영어 교사로 오랜 시간 동안 아이들을 가르쳐왔다. 아낫 바니엘 메서드를 접하면서 지난날 나는 아이들을 '고치려' 했다는 것을 인정하게 되었다. 아낫 바니엘 메서드에서는 아이들을 고쳐야 할 치료 대상이 아니라 더 나은 방법을 배워야 하는 '학습자'라고 말한다.

시현이 역시 '연결하기'의 원리에 따랐을 때 작은 변화가 생겨났고 지금도 계속 변화하고 있다. 시현이는 분명 또래보다 발달이 더디지만, 다른 아이들에 비해 뿌리를 내리는 데 시간이 더 많이 필요할 뿐이다. 나 또한 뿌리를 내려야 할 시기에 열매를 맺게 하려고 애를 쓴 적도 있다. 하지만 아낫 바니엘 메서드를 통해 지금은 온전히 뿌리를 내려야 할 때임을 알게 되었고 시현이의 속도를 존중하며 기다려주고 있다. 그리고 시현이가 이윽고 튼튼한 뿌리를 내려 비바람에도 흔들리지 않는 탐스러운 과실을 맺으리라는 것을 믿는다.

## 이 책을 번역하고 출간하기까지

많은 사람들이 '기적'이라고 하면 평생에 한 번 일어날까 말까 한 신비한 일이라고 생각하곤 한다. 하지만 이 책에서 말하는 기적이란 우연이나 운의 결과가 아니라 크고 작은, 의도적이고 논리정연한 일련의 사건을 통해서 생겨나는 것이다. 이 책에서 소개한 아이들의 기적 같은 사례가 잘 모르는 사람들에게는 마법 같은 놀라운 결과처럼 보일지도 모르지만, 자세히 들여다보면 아이의 뇌가 제 역할을 올바로 해낸 결과일 뿐이다. 그래서 이 책에서 말하는 '기적'은 예상치 못했던 작은 변화들이 쌓여서 이루어진 또 다른 변화라고 할 수 있다.

나는 이 책에 나온 엘리자베스와 알리, 라이언에게 일어났던 것 같은 '기적'이 나의 아들 시현이에게도 일어날 거라고 확신한다. 하지만 기존 재활치료를 벗어나는 것은 굉장히 두려운 선택이었다. 나의 선택으로 인한 책임을 오롯이 홀로 떠안아야 했기에 겁이 났다. 함께 병원을 다니며 친해진 엄마들을 보면서 선택을 미루고 미루었다. 시현이의 치료사 선생님들 역시 너무나 좋은 분들이었기에 더 망설여졌다. 하지만 나는 결단을 내렸고 온라인 홈 코칭을 통해 아낫 바니엘 메서드를 접하면서 모든 것이 바뀌었다.

현재 나는 아낫 바니엘 메서드의 임상전문가가 되기 위한 트레이닝을 받으러 미국으로 갈 준비를 하는 중이다. 내가 직접 아낫 바니엘 메서드를 배워서 시현이를 변화시키고, 시현이의 재활 친구들에게 변화를 주고 싶기 때문이다. 하지만 분명한 사실은, 아이들을 변화시키기 전에 내가 가장 먼저 변화하게 될 거라는 사실이다.

이 책의 번역은 이 모든 변화의 과정이 시작되던 무렵에 맡게 되었다. 꿋꿋하게 홀로 아낫 바니엘 메서드를 밀고 나간 나에게 임상전문가 닐은 이 책을 번역해보라고 권했고, 미셸은 한국인 어머니들과의 합동 인터뷰 요청에 흔쾌히 응해주었다. 그것이 계기가 되어 한국인 아낫 바니엘 메서드 전문가와 인연이 닿았고 여러 임상전문가 선생님들을 포함해 이 책의 감수자 백성이 박사님과도 합동 인터뷰를 진행할 수 있었다. 이분들은 나에게 격려와 응원을 아끼지 않았고, 우리의 이야기를 공감하며 들어주었다.

출판에 대해 아무것도 몰랐지만 번역을 하면서 출판사를 찾기 시작했다. 그리고 마침내 출판사로부터 연락을 받게 되었다. 시현이가 처음 진단받았던 날을 돌이켜보면 이 책이 출간된 것 자체가 나에게는 기적과도 같은 일이다.


번역 과정은 고민과 선택의 연속이었다. 최대한 원문 그대로 번역하려고 하였으나, 경우에 따라 아낫이 전달하는 바를 독자들이 잘 이해할 수 있도록 의미를 해치지 않는 범위 내에서 다른 말로 바꾸어 표현하기도 했다. 무엇보다 아홉 가지 핵심 원칙의 각 용어들, 그리고 아낫이 자주 사용하는 표현들은 원문을 함께 표기했다.

아낫 바니엘 메서드의 원리와 관련된 전문적인 부분이나 지식에 대해서는 아낫 바니엘 메서드 전문가 백성이 박사님, 김지원 선생님과 여러 차례 온라인 미팅을 하며 긴 시간 동안 토론 과정을 거쳤다. 그분들은 내가 궁금했던 부분, 고민되었던 표현, 전문가가 아니기에 명확하지 않았던 부분을 섬세하게 짚어주었다.

어려운 작업이었지만 번역하는 과정에서 저자인 아낫과 긴밀하게 연결된 느낌이었고, 아낫 바니엘이 전하는 메시지에 새삼 위로를 받기도 했다. 또한 이 메시지를 하루라도 빨리 많은 이들과 나누고 싶은 마음도 더욱 커졌다. 이 모든 과정에서 응원과 도움을 아끼지 않은 모든 분들에게 감사의 마음을 전하고 싶다.


마지막으로 나의 진심을 믿고 이 책이 번역되어 출판될 수 있도록 기회를 준 센시오 대표님과 편집자님께 정말 감사하다는 말씀을 드리고 싶다.

이 책의 원서를 처음 읽을 때만 해도 시현이가 가진 제약을 선물이라고 말하게 될 줄은 몰랐다. 하지만 실제로 시현이의 장애는 나에게 큰 선물이 되었다. 평범한 나를 '특별한' 엄마로 만들어준 시현이에게, 그리고 처음부터 아낫 바니엘 레슨을 함께 지켜보면서 시현이는 문제 없을 거라며 흔들리던 딸을 응원해준 나의 '특별한' 엄마에게도 감사드리고 싶다.

무엇보다 이 책을 읽는 모든 어머니와 아버지들이 내가 그랬듯 이 책을 통해 희망을 발견하고 기적을 경험하길 진심으로 바란다.

김윤희

옮긴이의글

# 뇌 가소성 혁명의
# 현장에서 만난 아낫 바니엘 치유법

### 마이클 머제니치 박사 (신경과학자, UCSF 명예교수)

이 책은 장애로 인해 도움이 필요한 아이들과 아이를 사랑하는 모든 이에게 커다란 선물이다. 저자 아낫 바니엘은 본인이 직접 겪은 풍부한 임상 경험을 바탕으로 특별한 아이들에게 다가가는 방법을 발전시켰다. 아낫 바니엘은 아이들의 뇌가 바뀔 수 있으며, 이들의 삶이 다시 살아나고 새로운 가능성과 힘을 얻게 될 수 있음을 끊임없이 확인했다.

인간의 뇌는 일생에 걸쳐 계속 변화할 수 있다. 장애가 있는 아이들 또한 다르지 않다. 이 아이들은 힘든 싸움을 벌이면서도 여전히 자신의 뇌라는 엄청난 자원을 활용하며, 이 자원으로부터 도움 받을 준비가 언제든 되어 있다. 이는 뇌에서 긍정적 변화를 일구어내는 인간만의 타고난 능력이다. 아낫 바니엘은 이 능력이 효과적으로 발휘된다면 어떤 기적 같은 일이 일어날 수 있는지 이 책에서 훌륭하게 증명해 보여준다.

나는 과학자로서 지금까지 신경학적 도움을 필요로 하는 아이들과 성인을 위한 '브레인 리모델링'을 연구해왔다. 이를 통해서 우리 능력을 어떻게 써야 하는지 이해하고자 했다. 수천 개의 보고서에 요약된 수십 년간의 연구를 통해 알 수 있듯이, 과학자들은 뇌 가소성이 어떤 '규칙'에 따라 이루어지는지를 정리했다. 그리고 이런 규칙을 통해 우리의 뇌를 더 좋은 방향으로 변화시킬 방법을 알게 되었다.

나의 벗 아낫 바니엘에게 놀랐던 점은, 그가 전혀 다른 분야에서 우리 과학자들의 연구와 일맥상통하는 일을 해왔으며 우리와 거의 똑같은 원칙을 많은 이들에게 전했다는 사실이다. 더구나 이를 누구나 이해하기 쉽도록 실용적으로 설명한다. 아낫의 원칙을 통해 세상의 많은 부모들이 더 현명한 육아를 할 수 있음은 물론이다. 나아가 임상 실험에도 큰 도움이 되고 있다.

아낫은 그의 멘토이자 이 분야의 선구자 모세 펠덴크라이스 박사와 긴밀히 작업하면서 장애가 있는 아이들을 이해하고 그들에게 도움을 주기 위한 여정을 처음 시작했다. 스승과 함께한 연구를 바탕으로 아낫은 절실한 도움이 필요한 아이들과 교감을 나누었으며 그들을 도울 수 있는 자신만의 방법을 정교화하고 구체화했다.

'가망 없다고 진단받은 아이들'이 아낫과 함께하면서 변화하자 그의 명성은 나날이 높아졌다. 이후 더 많은 아이들과 작업하면서 아낫은 거의 모든 장애를 다루었다. 그렇게 보기 드문 이력을 쌓으면서 아낫은 두 가지 놀라운 진실을 발견했다.

첫째, 특별한 아이들이 맞닥뜨린 한계의 밑바탕에는 '뇌 가소성'이 자리하고 있어서 아이들에게 실질적인 변화를 불러올 수 있다.

둘째, (이것이 훨씬 중요한데) 흔히 '가망 없다'고 하는 아이들 대부분은 사실 그렇지 않다.

이 책은 '뇌 가소성 혁명'이라는 거대한 변화에 대한 하나의 탁월한 성명서와도 같다. 우리 뇌는 계속해서 변화한다. 우리가 새로운 능력을 얻거나 그 능력을 더 좋게 가다듬을 때마다, 우리 뇌에서는 실제로 재배선 작업이 일어난다. 새롭게 향상된 모든 능력은 뇌의 이러한 물리적 변화로 인한 직접적인 결과물이다. 인간이 부여받은 이토록 위대한 자산을 어떻게 우리 삶에 더 잘 활용할 수 있을까? 자라나는 우리 아이들을 위해서 이러한 인간의 능력이 가장 효과적으로 발휘되도록 할 방법은 무엇일까?

타고난 제약 때문에 늘 안간힘을 써야 하는 아이들이 있다. 뭔가를 이해하는 것도, 능숙하게 움직이는 것도, 자신이라는 세상의 지휘권을 갖는 일도 마음처럼 쉽지 않다. 이 아이들은 자신의 삶에 도움이 되는 방식으로 능력을 키우고 진화시켜야 한다. 그 길을 닦는 여정에 뇌 가소성은 무엇보다도 중요한 역할을 한다. 저자가 이 책에서 설명한 방식으로 '연결'을 이뤄낼 수만 있다면, 장애가 있는 거의 모든 아이들에게서 믿기지 않을 정도로 큰 성장과 변화를 끌어내게 될 것이다.

특별한 도움이 필요한 아이가 성장의 길로 들어설 때 겪게 되는 난관을 과소평가해서는 안 된다. 조금 더 효과적이고 조금 더 강력한 뇌의 변화를 이루기 위해서, 우리는 반드시 아이가 현재 서 있는 지점에서부터 시작해야 한다. 모든 아이에게 정확히 맞춤한 방식으로 접근하는 이 방식은, 아이는 물론이고 관계된 모든 사람에게 매우 힘든 과정이다. 그런 점에서 이 책에서 설명하는 '아홉 가지 핵심 원칙'은 우리 아이가 새롭고 실질적인 진전을 이루는 데 도움이 될 맞춤형 접근법을 제시해 줄 것이다.

아이들이 매일매일 작지만 긍정적인 신경학적 변화를 이루어낸다면 어떨까? 한 해가 지난 후에는 두드러진 진전이 나타날 것이다. 만약 어린 시절 전체에 걸쳐 이런 하루하루의 변화가 쌓인다면 훨씬 더 큰 성장을 이뤄낼 수 있을 것이다.

이 책을 읽는 모든 이들이 아낫의 조언을 진지하게 받아들였으면 한다. 그리하여 우리가 사랑하는 아이에게 도움을 줄 수 있는 명확한 아이디어를 손에 넣기를 바란다.

# 신경가소성,
# 놀라운 변화의 시작

장래혁 (글로벌사이버대학교 뇌교육학과 학과장, 〈브레인〉 매거진 편집장)

지구 밖으로까지 뻗어가는 물질문명의 속도와는 반대로 자폐, 인지장애, ADHD를 비롯해 발달장애 아이들은 증가 추세에 있다. 나이가 들어서 증가하는 신경퇴행성 장애 역시 마찬가지다.

뇌교육학과 교수인 나에게 이 책은 남다르게 다가왔다. 인간의 뇌가 가진 가장 특별한 능력인 '뇌는 변화한다'라는 '신경 가소성 Neuro-Plasticity'의 원리를 지식이 아닌 몸을 통해서, 그것도 가장 역동적인 변화에 맞닥뜨린 아이들에게 적용했기 때문이다.

오늘날 과학은 우리 몸과 마음의 상호작용에 대해 인식을 전환할 필요가 있음을 분명히 말해준다. 뇌가 하는 일은 기본적으로 '외부'에서 들어오는 정보를 알아차리는 것인데, 그 '외부'의 대표적인 것이 우리 '몸'이다. 그리고 몸의 움직임이 발달하는 과정은 의식의 발달과도 맞물려 있다.

인간의 움직임에 대해 생각해보자. 동물은 태어나자마자 걷고 뛰고 얼마 후 스스로 먹이를 찾아다닐 만큼 성장하지만, 만물의 영장이라는 인간은 오랜 시간이 지나서야 그것이 가능해진다. 스스로 부지런히 기어야 비로소 설 수 있고, 비틀비틀 서는 연습을 오랫동안 해야 걸을 수 있으며, 숱하게 넘어지며 걷기 연습을 거친 뒤 뛰어다닐 수 있다.

그런 의미에서, 인간이 변화하기 위한 토대는 '지덕체智德體'가 아닌 '체덕지體德智'가 되어야 하는 이유가 이 책에 담겨 있다.

장애가 있는 아이를 둔 부모들에게 필요한 것은 전문적인 의학지식이 아니라, 일상에서 아이를 어떻게 대할 것인가 하는 절박한 물음에 대한 응답이다. 그리고 지금보다 나아질 수 있을 거라는 가능성일 것이다.

이 책의 특별한 점은 장애를 가진 아이들이 어떻게 놀라운 치유의 시간을 보냈는지를 담은 생생한 임상 스토리에 있다. 그 중심에는 '아이의 시선'이 자리한다. 온전히 아이들에게 초점을 맞추어 정립해낸 아낫 바니엘 메서드에는 이와 같은 치유의 시각이 담겨 있다.

아낫 바니엘 메서드의 첫 번째 원칙 '자신의 움직임에 주의를 기울인다'부터 마지막 원칙인 '자각한다'에 이르기까지, 이 책에서 말하는 아홉 가지 핵심 원칙은 모든 부모들이 아이와 함께하는 일상에서 매 순간 지켜야 할 시선과 태도를 말한다. 이 책을 읽는 부모들이 그러한 시선과 태도로 아이를 바라볼 수 있기를 바란다.

책을 읽다 보면 어느덧 아이의 시선을 따라가게 되고, 아이가 겪는 놀라운 변화에 동참하게 된다. 신경 가소성은, 그리고 여기에 기반한 아낫 바니엘 메서드는 그 자체로 놀라운 '변화'다.

# 뇌가 깨어나는 순간
# 아이는 스스로 변화하고 성장한다

**이성일** (《하브루타 4단계 공부법》,《메타인지 수업》 저자)

이 책은 자녀의 인지 능력이나 신체 능력이 또래 아이들과 다르다는 이유로, 혹은 느리다는 이유로 고민하는 많은 부모에게 큰 희망이 되는 책이다. 기존의 치료에 한계를 느낀 부모들은 이 책에서 새로운 대안을 찾을 수 있을 것이다.

아낫 바니엘 메서드라고 불리는 새로운 방법은 뇌 가소성에 대한 믿음에서 출발한다. 인간의 뇌는 학습과 경험에 따라 끊임없이 변하는데, 이를 '뇌 가소성'이라고 한다. 여기서 변한다는 것은 뇌세포를 연결하는 신경망인 시냅스의 연결이 촘촘해지거나 강화되는 것을 의미한다. 아낫 바니엘 메서드는 변화를 이끄는 아홉 가지 핵심 원칙을 제시하고, 이에 따른 적절한 자극과 학습이 아이들의 성장과 변화를 촉진한다는 것을 보여준다. 이 원칙들은 아이의 작은 변화에 주의를 집중하며, 아이를 믿고 기다리는 과정이다. 결국 아이의 변화는 뇌 스스로의 힘과 부모의 포기하지 않는 사랑에 기인하기 때문이다.

아낫 바니엘 메서드는 기존의 치료와는 다른 접근법이다. 기존의 치료법은 대부분 장애가 있는 부위의 근육을 직접 자극하는 방법인데 이는 효과가 제한적이다. 왜냐하면 근육은 뇌의 명령에 따라 움직이기 때문이다. 따라서 근육의 움직임을 관장하는 뇌와 소통하는 것이 더 근본적인 해결책이라 할 수 있다.

이처럼 아낫 바니엘 메서드는 물리적인 방법이 아닌 뇌가 가진 근본적인 능력을 스스로 깨우쳐서 배우고 성장하는 능력을 발달시킨다. 그래서 저자는 아이들과 함께하는 시간을 '치료'가 아닌 '레슨'이라 표현하고, 이 방법의 근본 원리를 '고치기'가 아닌 '연결하기'라고 정의한다. 아이들 수천 명의 극적인 임상 결과가 이를 입증한다.

나는 하브루타와 메타인지에 관한 책을 쓰면서 효율적인 공부법에 관심을 가졌다. 그 과정에서 자연스럽게 뇌과학을 접하며 뇌 가소성에 대해 알게 되었고, 200명의 노벨상을 배출한 유대인의 공부법이 인지심리학의 메타인지를 높이는 공부법과 정확히 일치함을 발견했다. 바로, 설명하기와 질문 등의 인출 훈련을 통해 뇌를 활성화하는 것이다.

하브루타는 질문하고 토론하는 뇌를 활성화하는 유대인의 공부법이고, 메타인지는 실수와 시행착오에 의해 향상되는 인간의 뇌가 가진 특별한 기능이다. 이는 아이가 도달할 최종 성취 결과에 초점을 맞추지 않고, 시행착오와 경험을 통해 뇌 스스로의 변화를 강조하는 아낫 바니엘 메서드와 일맥상통한다. 결국 뇌의 변화가 아이의 성장과 변화를 가

추천의글

져오는 것이다.

이제 뇌의 힘을 믿고서 아낫 바니엘 메서드의 아홉 가지 핵심 원칙을 하나하나 따라가보자. 간절한 마음으로 이 책을 읽는 모든 부모와 자녀들이 변화와 성장의 또 다른 주인공이 되기를 바란다.

• **존 곽** *John Kwak* (아낫 바니엘 메서드 임상전문가)

아들이 갓 태어났을 때 남들과 다른 특별한 아이라고는 생각하지 못했다. 다만 부모로서 힘들게 느껴지는 부분은 있었다. 아이를 재울 때와 젖을 물릴 때가 유독 힘들었다. 아이는 낯선 사람을 보면 심하게 울고, 춤추는 인형을 보고서 소스라치게 놀라기도 했다. 그런 아이가 백신 주사를 맞을 때는 전혀 울지 않는 것을 보며 이상하다 싶기도 했다.

다른 아이들에게는 평범하게 다가오는 주변의 소리나 풍경이 우리 아이에게는 처리하기 힘든 자극이 된다는 것을 그때는 알지 못했다. 아들은 말이 늦어서 두 살 반 무렵 재활치료를 시작했다. 그리고 세 살이 되던 해에 자폐증 및 감각처리이상 진단을 받았다. 잘못된 진단이라고, 시간이 지나면 나아질 것이고 분명 새로운 치료법이 있을 것이라 믿었고, 아내와 함께 밤낮으로 인터넷과 책을 뒤졌다.

거의 모든 치료법을 연구하고 시도했지만 아이의 발전은 지지부진했다. 장거리 달리기 선수에게 몇 년 동안 단거리 경주를 시킨 것이나 다름없었다.

아이가 네 살이 되었을 즈음 아내가 우연히 아낫 바니엘 메서드를 알게 되었다. 특별한 활동을 하는 것도 아니고 애매한 마사지로 아이가 변한다는 사실을 처음에는 믿기 힘들었다. 하지만 맨해튼의 아낫 바니엘 센터에서 임상전문가 마시에게 레슨을 받은 후 놀라운 경험을 하게 되었다.

우리 아이는 어려서부터 놀이터에 가는 것을 너무나 힘들어했다. 치료사와 의사들은 운동을 시켜야 한다며 놀이터를 자주 데려가라고 했지만, 동네 놀이터에 한번 가려면 한바탕 난리를 각오해야 했다. 다른 사람에게 폐가 되는 것이 싫어 이른 새벽에 아이를 깨워서는 놀이터에 데려가 실랑이를 하다 오곤 했다.

하루는 레슨까지 시간이 조금 남아 집 근처의 놀이터로 향했다. 보통은 놀이터 근처에만 가도 질색하던 아이가 그날은 조용했다. 여느 때와 같이 주차를 하고 또 한바탕 실랑이를 예상하며 마음의 준비를 하던 중에 놀라운 일이 벌어졌다.

안전벨트를 풀어주자 아이가 스스로 놀이터 쪽으로 뛰어간 것이다. 아내와 나는 너무 놀라 어리둥절한 표정으로 서로를 바라보았다. 레슨 이후, 아이에게는 여러 가지 긍정적인 변화가 나타났다.

나는 마시의 권유로 임상전문가가 되기 위한 교육 과정을 시작했고, 그 시간을 통해 정말 많은 것을 배우고 경험했다. 2년 가까운 수련 과정을 마치고 2016년에 아낫 바니엘 메서드의 임상전문가가 되었다.

교육 과정을 함께한 수련생들 중에는 나와 마찬가지로 장애가 있는 아이의 부모도 있었고, 열린 마음으로 새로운 것을 배우려는 관련 분야 종사자들(의사, 물리치료사, 작업치료사 등)도 많았다.

그곳에서 친구가 된 한 아버지는 에콰도르에서 아이를 위해 이곳까지 찾아온 경우였다. 쌍둥이 중 한 명이 뇌성마비로 태어나 의사로부터 절망적인 진단을 받은 터였다. 아낫 바니엘 메서드를 접하고 수년간 노력한 끝에 마침내 아이가 혼자 걸을 수 있게 되었다는 소식을 전해 듣고 나도 모르게 눈물이 났다.

콜로라도에서 온 또 다른 어머니는, 뇌성마비로 몸이 불편하던 아이가 이제 다른 아이들과 함께 일반 학교에 입학해 무용도 한다는 이야기를 전해주었다. 나 또한 임상전문가로서 함께한 아이들에게 놀라운 변화가 일어나는 것을 직접 경험하기도 했다.

나는 아들 덕분에 아낫 바니엘 메서드 외에도 정말 많은 치료 방법을 경험했다. 효과가 있다고 생각한 방법들은 결국 공통점이 있었다. 서두르지 않고 아이를 자세히 관찰하며, 아이를 고치려 하기보다 아이와의 소통과 연결을 끌어내는 것이다. 그 과정에서 절망하기도 했지만 또한 그 안에서 숱한 희망을 보기도 했다.

울고 웃는 이 배움의 과정이 나와 우리 아이에게, 그리고 이 길을 함께 걷는 수많은 부모와 자녀들에게 희망의 여정이 되기를 기도한다.

아낫 바니엘 치유법, 삶을 바꾸다

• **강항준** *Jun Kang* (아낫 바니엘 메서드 임상전문가)

올해 열아홉 살이 된 내 딸은 '글루타린산뇨증 1형Glutaric Aciduria Type1'이
라는 희귀성 신진대사장애로 인해 미숙아로 태어났다. 태어날 때 발생
한 뇌출혈의 후유증으로 뇌성마비, 경련, 시각 장애까지 겪으며 여러
차례 수술을 했고, 그 때문에 오랜 기간 병원 생활을 해야 했다.

아내의 출산을 준비하면서 부모 교육 강좌도 듣고 육아 계획도 세우
며 초보 아빠지만 나름대로 준비된 아빠라 자부했다. 하지만 심한 장애
를 가진 딸아이를 낳고 키우면서 그 생각이 얼마나 부질없는지 깨달았
다. 특히 장애에 대한 경험이나 지식이 부족해서 재활치료를 하며 수많
은 시간과 노력을 허비했던 것을 생각하면 부모로서 아이에게 미안하
고 부끄러운 마음뿐이다.

우리 부부는 장애는 조기에 치료할수록 경과가 좋다는 전문가의 말
을 믿고 전통적 재활치료에 노력을 기울였다. 우리가 살고 있는 캐나다
의 브리티시콜롬비아에서는 발달이 우려되는 영유아들을 초기부터 지
원하는 '조기 개입 서비스Early Intervention Therapy Services'라는 프로그램을
운영한다. 우리도 그 프로그램에 참여했다.

물리치료사는 아이의 근육에 강직이 있어 뻣뻣하니 스트레칭을 통
해 근육을 풀어주어야 한다고 말했다. 특히 허벅지 근육이 많이 굳어
있어서 스트레칭이 많이 필요하다고 했다. 아프다고 울며 힘들어하는

딸아이에게 열심히 스트레칭을 해주던 기억, 싫다며 우는 아이를 기립대Standing Frame에 30분씩 묶어둔 채 함께 울었던 기억은 지금도 우리 가족에게 큰 상처로 남아 있다.

그러다 딸아이가 열두 살이 되었을 즈음 우연한 기회에 아낫 바니엘 메서드를 접했다. 다양한 치료법에 이미 수차례 실망했던 터라 처음에는 반신반의하는 태도로 시작했다. 하지만 아낫 바니엘 메서드의 집중 세션으로 확연히 달라진 아이의 모습을 보면서 이 방법을 점점 더 신뢰하게 되었다.

아낫 바니엘 메서드 레슨은 우리 아이뿐 아니라 가족 모두의 생각을 바꾸었고 미래에 대한 희망을 선물해주었다. 고통스러운 스트레칭 없이 작고 부드러운 움직임으로도 경직되었던 아이의 몸이 이완되고, 언어 및 학습 능력이 향상되었으며, 아이는 새로운 움직임을 적극적으로 배워나갔다. 이 놀라운 변화를 보면서 나도 임상전문가가 되기로 결심하고 교육 프로그램에 등록했다.

처음 임상전문가 교육을 받을 때는 아낫 바니엘의 아홉 가지 원칙에 적응하는 데 시간이 걸렸다. 아이들에게 빨리 변화를 가져오고 싶고 빨리 결과를 보여주고 싶다는 기존의 사고방식에서 벗어나기가 쉽지 않았다. 하지만 그 시간은 나의 인생을 180도로 바꾸어놓았다.

아낫 바니엘 메서드를 처음 접한 많은 부모들이 그렇듯 나 역시 좀 더 일찍 이 방법을 알았다면 하는 아쉬움이 있다. 하지만 전문가들도 상상하지 못한 큰 폭으로 아이가 나아지고 발전해나가는 모습에 놀랍고 감사한 마음이 더 크다. 아낫 바니엘 메서드를 통해 우리 부부는 딸이 하지 못하는 것에 대해 걱정하고 실망하기보다, 어떻게 하면 아이가 더 행복해지도록 도울 수 있을지 고민하고 노력하게 되었다.

부모가 된다는 것은 누구에게나 어렵고, 막중한 책임감이 주어지는 일이다. '특별한' 자녀의 부모는 좀 더 큰 불안과 혼란, 무력감과 실망감을 느끼게 된다. 우리 부부가 그랬듯 많은 가족들이 이 책을 통해 지나온 시간을 성찰하며, 가족 모두의 삶을 더 긍정적으로 바꿀 의지와 희망을 가지게 되기를 바란다. 또한 아홉 가지 핵심 원칙을 통해 아이들의 삶뿐만 아니라 부모들의 삶도 함께 바뀌기를 기원한다.

• **인성민** *Chris In* (아낫 바니엘 메서드 임상전문가)

아낫 바니엘 메서드를 통해 심각한 공황장애를 극복한 후 나는 임상전문가 과정을 이수했다. 그 뒤 동료인 강항준 선생님과 함께 캐나다 밴쿠버 근교에 '아이디얼 마인드모션Ideal Mindmotion'이라는 클리닉을 설립했다. 이곳에서 6년이 넘는 시간 동안 아낫 바니엘 메서드의 임상전문가로서 수많은 아이들을 만났다.

그중 가장 기억에 남는 아이는 출생 과정에서 심각한 뇌 손상을 입고 우리를 찾아온 아바라는 여자아이였다.

처음 만났을 때 아바는 생후 2개월이었다. 자그마한 몸으로 테이블 위에 누워 있던 아바는 눈에 초점이 없었고, 왼쪽에 비해 오른쪽 팔과 다리의 움직임이 확연히 부자연스러웠다. 혹시라도 아이가 아파할까 봐 떨리는 마음으로 조심스럽게 진행했던 첫 번째 레슨이 특히 기억에 남는다. 이 첫 번째 레슨만으로도 아바는 호흡과 눈의 움직임에 큰 진전이 나타났고, 이후 8개월 동안 집중 세션을 받으면서 놀라운 속도로 발전하는 모습을 보여주었다.

뒤집기와 앉기는 물론이고 기어 다니기, 잡고 일어서기 등 모든 성장의 단계를 차례차례 아낫 바니엘 메서드와 함께하면서 아바는 생후 11개월에 스스로 걸을 수 있게 되었고, 지금은 아주 밝고 똑똑한 아이로 성장했다.

아바의 어머니가 우리에게 보내준 편지를 여기에 짧게 소개한다.

"출산 과정에서 대뇌 기저핵과 백색질에 크게 손상을 입은 아바를 두고서 당시 의료진은 심각한 신체적, 지적 장애가 예상된다는 진단을 내렸습니다. 그랬던 아바가 이곳의 클리닉에서 한 달에 한 번씩 집중 세션을 받을 때마다 몸의 움직임에 작지만 분명한 변화가 나타났습니다. 아바는 하기 힘들어하던 움직임을 놀랍도록 쉽게 익혀나갔습니다. 지금 한 살이 된 아바는 아무런 도움 없이 혼자서 잘 걸어 다닐 만큼 발전했습니다.

선생님들이 보여주신 헌신과 노력이 없었다면 지금의 기적은 존재하지 않았을 것입니다. 아낫 바니엘 메서드는 우리 가족에게 선물이었고 아바의 미래를 위한 최고의 투자였습니다."

이 편지를 읽고 임상전문가로서 더없이 큰 보람과 기쁨을 느꼈다. 절망에 빠져 있을지 모를 '특별한' 아이를 가진 한국의 부모들에게도 이 책이 새로운 희망의 편지가 되기를 마음을 다해 바란다.

**• 김지원** (아낫 바니엘 메서드 임상전문가)

아낫 바니엘은 "움직임은 두뇌의 언어다"라고 말했다. 자연스러운 신체 움직임과 부드러운 터치로 뇌 기능을 향상시키는 '뉴로무브먼트NeuroMovement'는 아낫 바니엘 메서드의 핵심이기도 하다. 자신의 몸이 어떻게 움직이는지 섬세하게 감지하고, 신체와 뇌의 연결을 통해 새로운 경험을 하면서 신체적 제약이 있는 아이들이 자신의 한계를 뛰어넘는 뇌 가소성의 가능성을 직접 체험하게 된다.

아낫 바니엘 메서드에서 말하는 뉴로무브먼트는 신체의 움직임에 반응하는 척추신경을 통해 뇌 신경을 정비함으로써, 뇌가 스스로 변화하여 다시 신체 기능을 향상시키도록 돕는다. 나에게 레슨을 받았던 이사벨라는 이런 변화를 가장 빠르고 두드러지게 보여주었던 아이다.

처음 만났을 때 다섯 살이었던 이사벨라는 혼자 일어서지 못하는 상태였다. 이사벨라를 처음 내 테이블 위에 앉히고서 나는 아이를 조금씩 천천히 움직여보았다. 그리고 앉아 있는 상태에서 일어서는 동작을 가르쳐주었다.

레슨을 시작한 지 15분 정도 지났을 즈음, 이사벨라를 살짝 일으켜보려고 엉덩이를 조금 들어 올렸을 때였다. 그 순간 이사벨라는 갑자기 일어섰다. 나는 물론이고 옆에서 지켜보던 이사벨라의 엄마도 깜짝 놀라 말문이 막혔다. 그날 레슨이 끝난 이후부터 이사벨라는 혼자 일어서기 시작했다.

특별한 도움이 필요한 아이들에게는 특별한 부모가 필요하다. 이 아이들의 부모는 무한한 사랑과 인내로 무장한 분들임을 나는 매 순간 깨닫는다. 오직 가슴에서 흘러나오는 사랑만으로 답할 수 있는 끝없는 화두를 던지는 아이들, 그리고 이 아이들의 특별한 어머니와 아버지들에게 힘찬 응원을 보낸다.

아낫은 장애가 있는 아이들에게 빠르고 효과적인 변화를 일으킨다. 직접 보지 않으면 믿을 수 없을 정도다.

❀ **모세 펠덴크라이스 박사**

아낫 바니엘을 찾은 많은 부모들은 아이가 절대 걷지 못할 거라고, 말하지 못할 거라고, 혹은 올바로 사고하거나 스스로 움직이지 못할 거라고 암담한 진단을 받았다. 하지만 아낫 바니엘의 섬세한 수업을 통해 아이들은 결코 해내지 못할 것이라던 일들을 해내기 시작했다. 이 책에 소개된 이야기는 결코 과장이 아니다. 이는 아낫과 아이들, 그리고 그 부모들이 함께 이루어낸 놀랍고 위대한 성공의 기록이다.

❀ **노먼 도이지 박사** 토론토대학교 정신의학과 교수, 《기적을 부르는 뇌》 저자

나는 아낫이 심각한 장애를 가진 이들과 작업하는 과정을 20년이 넘는 세월 동안 지켜봤다. 내 바람은 가능한 한 많은 사람들이 아낫 바니엘 메서드를 접하는 것이다. 또한 최대한 빨리 재활의학과와 물리치료과에서 아낫 바니엘 메서드 수업과 연구를 공식 교육과정으로 삼기를 바란다.

❀ **대니얼 그라우프 박사** 일리노이시카고대학교 신경과 및 재활의학과 겸임교수, 생명공학과 교수

아낫이 보여주는 아이와의 작업은 마법처럼 놀랍다. 아낫은 아이의 뇌에 속삭이듯 말을 거는 '브레인 위스퍼러Brain Whisperer'다. 이토록 놀라운 아낫의 작업은 특별한 도움이 필요한 아이들과 그 부모를 두려움과 한계로부터 자유롭게 해줄 것이다. 또한 새로운 가능성과 즐거움의 세계로 그들을 인도할 것이다.

🌸 **존 그레이** 《화성에서 온 남자 금성에서 온 여자》 저자

아낫은 장애가 있는 아이를 키우는 것이 얼마나 힘든지를 누구보다 깊이 이해하며, 그 이해를 바탕으로 부모들에게 도움의 손길을 내민다. 이 책의 내용은 위대한 지혜 그 자체다.

🌸 **잭 캔필드** 《영혼을 위한 닭고기 수프기》 저자

Anat Baniel Method

# Part 1

## 아낫 바니엘 치유법,
## 어떤 장애도
## 뛰어넘을 수 있다

# '지금 할 수 있는 작은 것'에서부터 기적이 시작된다

우리는 매 순간 우리가 인식하는 것보다
더 많은 가능성을 지니고 있다.

**_틱낫한**

나는 종종 어떻게 이 일을 시작하게 되었냐는 질문을 받는다. 유년 시절의 특별한 계기가 있었는지, 가족이나 친구 중에 특별한 도움을 필요로 하는 아이가 있는지, 아니면 단순히 그런 아이들과 하는 작업에 끌린 것인지 사람들은 묻곤 한다. 이 모든 질문에 대한 나의 답은 '아니오'다. 장애가 있는 아이들을 알게 된 것은 내가 계획했던 일도 아니었고, 의식적으로 선택한 일도 아니었다. 이 모든 것은 엘리자베스를 만나면서 시작되었다.

1980년 9월 수련생으로 첫 해를 보내고 있던 나는 내 스승이자 멘토인 모세 펠덴크라이스 박사님과 함께 유럽을 떠나 막 미국에 도착한 상태였다. 박사님은 개인적인 면담과 레슨 일정이 잡혀 있었다. 나는 이 모든 일정에서 박사님을 도왔다.

첫날 아침 현관에서 벨이 울렸다. 현관문을 열자 인물이 좋은 30대 부부가 문 앞에 서 있었고, 나는 그들을 반겨 맞았다. 그들은 울고 있는 아기를 진정시키느라 진땀을 빼고 있었다. 그 아이가 바로 엘리자베스였다. 엘리자베스는 너무 심하게 우는 데다 매우 고통스러워해서 박사님과 예정되어 있던 레슨을 받는 것이 불가능해 보일 정도였다. 잠시 후 박사님은 나에게, 엄마가 소파 위에 안전하게 눕혀 놓은 엘리자베스를 잠시만 봐달라고 했다. 그러고는 엘리자베스의 부모와 함께 짧은 면담을 하기 위해 옆방으로 들어갔다.

당시 나는 아이들과 작업을 해본 적이 한 번도 없었으며, 그런 생각을 해본 적도 없었다. 이스라엘에서 수련할 때도 주로 무용가나 음악가, 운동선수 같은 성인들을 대상으로 했다. 난이도 높은 신체 활동을 하는 사람들 중에는 통증이나 다른 신체적 문제를 겪는 경우가 적지 않았다.

그런데 소파에 누워 울고 있는 엘리자베스를 바라보고 있을 때 전혀 예상하지 못한 일이 일어났다. 스스로 움직이지 못하는 상태에서 고통스러워하는 엘리자베스를 그 불편함과 고통에서 벗어나게 해주고 싶다는 강렬한 마음이 솟아났다. 하지만 뾰족한 방법이 없었기에, 그저 아이를 품에 안고 있을 수밖에 없었다. 나는 엘리자베스의 의학적 진단이나 상태에 대해서 아는 것이 아무것도 없었으며 엘리자베스를 '특별'하다고 생각하지도 않았다. 내가 아는 것은 단 하나, 엘리자베스가 고통스러워한다는 사실이었다.

엘리자베스를 안아주는 것 외에 내가 해준 것이 없었지만, 얼마 지나자 엘리자베스는 울음을 멈추더니 차분해졌다. 어느덧 엘리자베스는 아주 평화롭고 편안해 보였다. 나는 울음을 멈춘 엘리자베스의 눈물을 닦아주고 그 작은 얼굴을 지긋이 바라보았다. 지금에 와서 그때를 회상해보면, 그 순간 내가 느낀 감정을 분명하고 객관적으로 설명할 길이 없지만 내가 엘리자베스와 깊이 교감했다는 것만은 확실했다.

샘솟던 눈물이 멈추자 나는 엘리자베스의 큰 갈색 눈을 지긋이 바라보았다. 그리고 그 눈에서 한 명의 인격체를 느낄 수 있었다. 의학이 진단하고 예측한 것보다 훨씬 더 많은 것을 해낼 수 있는 한 사람의 온전한 의식을 나는 분명히 느꼈다. 얼마 지나지 않아 알게 된 엘리자베스의 공식 진단명은 '전반적인 뇌 손상'으로, 내가 느낀 것과는 달리 꽤 심각한 상태였다.

의학이 진단하고 예측한 것보다 훨씬 더 많은 것을 해낼 수 있는 한 사람의 온전한 의식을 나는 분명히 느꼈다.

그때는 MRI나 뇌를 스캔하는 다른 방법이 널리 사용되기 전이었다. 때문에 의사들도 아주 심각하다는 것 외에는 딱히 해줄 말이 없었다.[1] 엘리자베스를 안아본 경험으로 미루어볼 때 '아주 심각하다'는 꽤 근거 있는 말이었다. 자기 의지에 따라 체계적으로 움직이는 근골격계 움직임을 엘리자베스에게서는 거의 감지할 수 없었다. 아이의 왼쪽 근육은 강직이 심해 매우 뻣뻣했으며, 두 눈은 심각한 사시였고, 아이가 자신의 신체를 인식하고 있음을 알려주는 단서를 찾기도 어려웠다.

당시 엘리자베스는 다른 치료기관에서 6개월 정도 물리치료를 받고 있었지만, 고무적인 효과는 전혀 없는 상태였다. 저명한 소아신경외과의 두 명에게서 들은 예후 또한 매우 우울했다. 그중 한 명은 말하기를, 엘리자베스는 비슷한 아이들을 위한 시설에서 평생 생활해야 할 것이라고 했다. 아이가 결코 자발적으로 움직이지 못하리라고도 했다. 부모는 엄청난 충격을 받았지만, 더 나은 대안이 있으리라는 믿음을 끝까지 버리지 않았다. 이들은 병원의 진단을 순순히 받아들일 마음이 없었다.

엘리자베스의 아버지가 한 말이 생각난다. 그는 딸의 얼굴을 바라보면서 엘리자베스에게 분명 지능이 있다는 것을 느낀다고 말했다. 다만 그것이 내면에 갇혀 있어 드러나지 않을 뿐이라는 소리였다. 엘리자베스를 품에 안고 얼굴을 가만히 들여다본 적이 있는 나 역시 그의 말이 맞다고 확신했다. 나는 전적으로 동의했다. 그렇게 우리의 작업이 시작되었다. 우리의 확신은 옳았을 뿐 아니라 이후 엘리자베스의 삶을 완전히 바꾸어놓았다.

## ❧ 엘리자베스와의 운명적 만남 ❧

면담을 마치고 거실로 돌아온 박사님과 엘리자베스의 부모는 아이가 만족스러운 표정으로 초롱초롱한 눈빛을 한 채 조용히 내 품에 안겨 있는 것을 보았다. 박사님이 신기한 듯 바라보더니 레슨을 하는 동안 엘리자베스를 안고 있을 수 있겠냐고 물어보았다. 나는 흔쾌히 그러겠다고 말하고 엘리자베스를 안고서 옆방으로 갔다.

그곳에는 마사지 테이블처럼 생긴 낮은 테이블이 있었다. 레슨을 위해 준비된 수업용 테이블이었다. 나는 그 테이블 끝에 앉았고 엘리자베스를 내 무릎 위에 앉혔다. 박사님은 우리 맞은편에 있는 일자 등받이 의자에 자리를 잡고 앉았다.

잘 모르는 사람이 보았다면 박사님이 특별한 레슨 중이라는 것을 전혀 눈치 채지 못했을 것이다. 박사님은 엘리자베스에게 특정한 자세나 움직임을 강요하지 않았다. 아이의 근육을 마사지하거나 등을 바로잡지도 않았다. 하지만 누구라도 알 수 있는 한 가지는, 박사님이 아이에게 놀랍도록 집중하고 있다는 사실이었다.

박사님은 얼마간 그저 엘리자베스를 유심히 지켜보기만 했는데, 아이를 꿰뚫어보듯 주의를 깊이 기울이는 것을 느낄 수 있었다. 그것은 박사님이 '레슨Lesson'이라고 부르는 것을 할 때 나타나는 특징이었다. 잠시 후에 박사님은 손을 뻗어 엘리자베스의 등 위쪽을 만졌다. 다음엔 부드럽게 아주 살짝 엘리자베스를 여러 방식으로 움직였다. 그러고는 손가락으로 엘리자베스의 팔과 얼굴을 살짝 건드려보기도 했다.

박사님이 엘리자베스와 작업을 하는 동안, 조용하지만 분명한 의도를 가지고 움직이는 그의 행동에 나도 함께 호흡을 맞추었다. 그리고 드디어, 엘리자베스의 내면에 숨겨진 지능을 확인할 수 있는 경험이 시작되었다. 아이의 부모도 나도 그 순간을 모두 바랐으나 그처럼 전혀 예상치 못했던 방식으로, 마치 기적처럼 모습을 드러낼 줄은 몰랐다.

엘리자베스가 우리의 행동에 '주의를 기울이기Paying Attention' 시작한 것이다. 엘리자베스와 박사님 사이에 교감이 이루어지고 있었다. 내 손을 통해 전해지는, 엘리자베스에게 일어나고 있는 변화는 아주 미묘했지만, 아이의 숨겨진 지능이 깨어나 '자각Aawareness'을 하고 있다는 것을 확신할 수 있을 만큼 심오하고 분명했다.

엘리자베스와 박사님의 첫 번째 수업은 부모와의 면담을 포함해서 채 한 시간도 걸리지 않았다. 엘리자베스의 부모는 다음 날 두 번째 수업을 하는 데 동의했다. 다음 날 나는 다시 현관에서 그들을 맞이했고, 전날과 마찬가지로 엘리자베스는 매우 고통스러운 모습으로 빽빽 울고 있었다. 이번에도 엘리자베스는 내 품에서 안정을 되찾았는데, 수업을 위해 엘리자베스를 옆방으로 데려가기도 전에 울음이 잦아들었다.

엘리자베스를 내 무릎 위에 편하게 앉히고 등을 내 가슴에 기대게 한 상태에서 펠덴크라이스 박사님이 양손을 뻗어 부드럽게 엘리자베스의 머리를 잡고는 아주 살짝 들어 올렸다. 나는 엘리자베스의 골반이 움직이지 않는다는 것을 알아차렸는데, 이것은 아주 값진 발견이었다. 보통 아이들의 뇌는, 머리를 위로 들어 올리면 등 아래쪽은 아치 모양으로 휘게 하고 골반은 앞으로 내밀어야 한다는 것을 '알고' 있다. 이것은 뇌에서 형성되는 하나의 총체적 패턴으로, 이 패턴이 형성되는 데 시간이 어느 정도 걸리기는 하지만 일반적으로 아이들의 성장 초기에 이런 패턴이 만들어진다.

박사님은 부드럽게 엘리자베스의 머리를 들어올리면서 아이의 골반을 양손으로 잡아 앞쪽으로 향하게 살짝 눌렀다. 머리와 골반에 관여하는 엘리자베스의 뇌를 깨워서 머리와 골반의 움직임을 동시에 처리할 수 있게끔 유도하는 듯했다. 반대로 박사님이 엘리자베스의 머리를 조금 숙일 때 나는 골반을 아주 부드럽게 눌러 골반을 뒤로 끌어당긴다는 느낌이 들도록 해주었다. 얼마 동안 이 과정을 계속하자 엘리자베스가 자신의 골반을 움직이고 흔들기 시작하더니 골반과 머리의 조화로운 움직임의 패턴을 만들어냈다. 엘리자베스의 뇌가 이해한 것이다! 나는 내 품에서 엘리자베스의 온전한 존재가 깨어나고 있음을 느꼈다.

당시 엘리자베스는 13개월이었는데, 일반적인 13개월 아이들은 스스로 앉을 수 있다. 하지만 엘리자베스는 스스로 앉을 수 없었다. 우리는 지금 당장 엘리자베스가 앉을 수 있게끔 운동을 시키거나, 엘리자베스를 앉게 만들려는 생각 자체를 하지 않았다. 그것은 고려 대상이 아니었다.

확실한 한 가지는 어떤 이유인지는 몰라도 엘리자베스가 자신에게 등, 골반, 머리가 있다는 사실을 모르는 것처럼 보였다는 점이다. 엘리자베스의 뇌는 몸의 여러 신체 부위와 아직 아무런 연결도 형성하지 못하고 있었다. 엘리자베스가 앉지 못했던 이유는 뇌가 신체와 풍부한 연결고리를 만들어내지 못한 데다가, 신체 기관들 사이의 상호연결 또한 만들어내지 못했기 때문이었다. 앉는다는 것은 이러한 연결이 형성되어야만 가능한 일이었다.

엘리자베스의 뇌에 정교하고도 역동적인 연결망이 형성되어 있었다면, 그 연결망을 통해 엘리자베스는 스스로 앉는 방법을 알아낼 수 있었을 것이다. 그러면 엘리자베스의 뇌는 자신이 얻은 배경지식을 활용하여 앉기 위해서 무엇을 해야 하는지 근육에 알려줄 패턴을 만들었을 것이다. 또한 앞으로 사용할 수많은 다른 기술을 익히고 다듬기 위해 그와 같은 배경지식과 연결망을 사용했을 것이다.

이 수업의 총체적인 지향점은 엘리자베스의 뇌를 '학습하는 뇌'로 만드는 것이었다. 우리가 우리의 작업을 '치료'가 아닌 '레슨'이라고 부르는 이유가 여기에 있다. 새로운 정보가 아이의 뇌로 흘러 들어갈 때 아이를 향한 선생님의 의도와 높은 집중력과 자각이 아이의 주의 집중과 결합되며, 이를 통해 엄청난 변화가 일어난다.

이 수업의 총체적인 지향점은 엘리자베스의 뇌를 '학습하는 뇌'로 만드는 것이었다.

두 번째 수업을 마치고 나는 엘리자베스를 아빠에게 안겨주었다. 그는 모든 수업 과정을 지켜보고 있었다. 두 차례 레슨을 받으며 엘리자베스에게 중요한 움직임의 변화가 나타나고 있었다. 아빠가 엘리자베스를 가슴에 안자 아이 스스로 머리의 움직임을 조절하며 자신의 의지에 따라 고개를 돌린 것이다. 엘리자베스는 허리를 뒤로 젖히고 머리도 뒤로 휙 젖혔다가 나를 위아래로 쳐다보고는 다시 고개를 앞으로 돌렸다. 자신이 방금 발견한 게임을 신나게 즐기는 모습이었다. 아이는 생애 처음으로 자신의 의지에 따라 움직임을 조절하는 즐거운 경험을 하고 있었다. 엘리자베스는 재미있게 놀고 있었다. '논다'는 것은 느끼고 생각하고 기능하는 뇌를 전제로 한다! 또한 그것은 자신과 자기 주변 세계를 자각할 때만 가능하다.

일반인에게는 엘리자베스의 움직임이 너무나 기본적인 것으로 보일 수도 있다. 하지만 머리와 등을 의도적으로 움직이는 동작은 엘리자베스에게 처음 나타난 생기 있는 변화였으며, 축하받아 마땅한 일이었다. 또한 전반적인 손상을 입은 엘리자베스의 뇌도 학습 능력이 있다는 것을 보여주는 증거였다. 다시 말해, 엘리자베스의 뇌가 스스로를 조직하여 신체와 정신에 대해 조절 능력을 키울 수 있으며, 궁극적으로 엘리자베스의 삶도 의도적이며 자발적으로 조절해나갈 수 있음이 입증된 것이다.

엘리자베스를 만나고서 나는 다시 이스라엘로 돌아왔고, 이 경험으로 내 수련의 중심축도 바뀌기 시작했다. 얼마 지나지 않아 박사님은 나에게 또 다른 특별한 아이들을 맡겼다. 새로운 가능성으로 가득 찬 완전히 다른 세계가 내 앞에 펼쳐졌다.

엘리자베스의 부모는 나와 계속 수업하기를 원했고, 20년 이상 이어진 엘리자베스와의 특별한 관계가 시작되었다. 엘리자베스는 이후 많은 어려움에 부딪혔지만 결코 수업을 중단하거나 배우기를 멈추지 않았다. 시간이 지나 엘리자베스는 어떤 역경도 극복할 수 있는 능력을 얻게 되었다.

우리가 함께한 시간을 회상하면 잊지 못할 놀라운 변화의 순간들이 참 많지만, 한 가지 사건이 특히 마음속에 깊이 남아 있다. 내가 '아낫 바니엘 메서드ABM, Anat Baniel Method'라고 부르게 된 메커니즘을 가장 잘 보여주는 사건이다.

## 🍂 티슈 한 장이 가져온 기적 🍂

엘리자베스와 수업을 하는 동안에 나는 온전히 엘리자베스에게 집중했다. 엘리자베스가 무엇을 하는지, 무엇을 느끼는지, 무엇을 생각하는지에 모든 정신을 쏟았다. 동시에 엘리자베스가 자신의 현재 능력을 발견하고, 그 능력을 가다듬고, 새로운 능력을 배우는 데 활용할 수 있고 도움이 될 만한 기회라면 무엇이든 찾아내려 했다. 엘리자베스와 한몸이 되어 내가 엘리자베스의 자원 그 자체가 되기도 했다. 우리가 함께 찾은 기회 중 어떤 것은 엘리자베스가 가진 장애 때문에 엘리자베스 혼자서는 결코 찾아낼 수 없는 것이기도 했다.

일곱 살이 되었을 때, 엘리자베스는 혼자 서서 무언가를 잡고 걸을 수는 있었지만, 독립 보행은 하지 못했다. 걸으려고 할 때마다 한두 걸음만 떼면 술에 취한 사람처럼 갑자기 균형을 잃고 가늠할 수 없는 방향으로 바닥에 철퍼덕 넘어지고 말았다. 엘리자베스가 독립적으로 걷기 위해 무엇이 필요할까 궁리하며 나는 수개월간 머리를 짜냈다. 내 느낌으로는, 엘리자베스가 혼자 걸을 날이 가까워지고 있었다.

당시 엘리자베스는 날아오는 공을 잡을 수 없었다. 캐치볼은 복잡한 협응력을 키우는 데 도움이 되는 아주 유용한 놀이로, 일곱 살 정도의 아이들이라면 별 어려움 없이 캐치볼을 즐길 수 있다. 하지만 엘리자베스는 공이 자신에게 날아오면 뻣뻣한 자세로 손을 뻗어 공 대신에 자신의 손을 잡아버리곤 했다. 공이 자기 쪽으로 날아오는 순간 엘리자베스의 시선은 얼어버렸다. 눈으로 공의 움직임을 따라가지 못하니, 당연히 그것을 잡기 위한 동작을 연결할 수가 없었다.

공 잡기를 하며 레슨을 이어가던 어느 날, 우연히 엘리자베스가 티슈 하나를 달라고 부탁했다. 각티슈에서 티슈 한 장을 뽑는데 갑자기 아이디어가 떠올랐다. 티슈는 무게가 거의 나가지 않고, 면적은 넓으면서 촉감이 부드러웠다. 내가 지금까지 찾아 헤맨 기회를 이 티슈가 제공해줄 수도 있겠다는 생각이 들었다.

나는 내 얼굴 앞에 티슈를 대고 엘리자베스가 있는 방향으로 '후' 불었다. 티슈가 산들바람에 떠다니는 나뭇잎처럼 엘리자베스에게로 떠갔다. 엘리자베스가 스스로 걷는 데 필요한 것이 이 티슈였음이 다음 순간 분명해졌다. 눈앞에 공이 날아왔을 때는 얼어버렸던 것과 달리, 아이의 시선이 천천히 살랑이며 움직이는 티슈를 좇았고 결국 엘리자베스는 티슈를 잡을 수 있었다.

뇌의 구조적 능력에 대해 많은 것이 알려진 지금 그 순간을 회상해보면, 엘리자베스의 뇌에서 일어난 역동적인 처리 과정이 눈앞에 생생하게 그려지는 듯하다. 그 순간 엘리자베스의 뇌에서는 수많은 신경세포 간에 수백만 개의 새로운 연결고리가 만들어졌을 것이다, 티슈를 따라가 그것을 잡는 아주 복잡한 활동을 하는 데 필요한, 완전히 새로운 연결을 만들어낸 것이다.

수업은 여기서 끝나지 않았다. 엘리자베스는 이 게임에 흠뻑 빠졌다. '티슈 잡기'라는 새로 발견한 능력에 엘리자베스는 들떴고, 전 세계를 통틀어 가장 멋진 놀이를 발견한 듯이 웃어댔다. 잠시 후 엘리자베스는 숨을 참더니 티슈를 잡아 자신의 얼굴 앞에 높이 들었다. 나는 엘리자베스가 무엇을 하려는 것인지 알 수 있었다. 티슈를 '후' 불어 다시 나에게 보낼 심산이었다.

엘리자베스는 티슈를 힘껏 불었지만, 나에게까지 날려 보낼 만큼 날숨이 세지 않았다. 티슈는 엘리자베스 옆에 똑 떨어졌다. 아이는 허리를 굽혀 티슈를 주워 또다시 '후' 하고 불었다. 그리고 엄청난 일이 벌어졌다. 엘리자베스가 떠다니는 티슈를 따라 혼자 걸음을 떼기 시작한 것이다. 아이는 내가 앉아 있는 곳에 다다를 때까지 티슈를 공중에 떠 있도록 하려고 티슈를 좇아 걸으며 불기를 반복했다. 까르르 웃으며 나에게 혼자 걸어온 것이다.

티슈는 아주 천천히 떨어졌기 때문에 엘리자베스는 반복해서 티슈를 불 시간을 가질 수 있었다. 나는 그 순간의 위대함을 잘 이해하고 있었다. 엘리자베스는 태어나 처음으로 혼자서 걸었다. 엘리자베스는 티슈를 부는 놀이에 너무 몰입해서 자신이 방금 걸었다는 것도 알지 못했다. 엘리자베스가 지금까지 배운 모든 것들이 눈으로 티슈를 좇는 새로운 능력과 결합하여 걷기라는 새로운 기술을 안겨주었다.

나는 그 순간의 위대함을 잘 이해하고 있었다. 엘리자베스는 태어나 처음으로 혼자서 걸었다.

엘리자베스와 함께 레슨을 하는 동안 우리는 엘리자베스가 하지 못하는 것보다는 그 아이가 '현재 할 수 있는 것Present Abilities'을 확인하고 그 능력을 쌓아가는 것을 철칙으로 삼았다. 그 덕분에 우리가 찾아낸 '현재의 능력'을 더 큰 능력으로 계속해서 바꾸어나갈 수 있었다. 시간이 지나 엘리자베스는 걷는 법뿐만 아니라 말하고, 읽고, 쓰고, 친구를 사귀며 어울리는 법 또한 배웠다.

엘리자베스와 함께 레슨을 하는 동안 우리는 엘리자베스가 하지 못하는 것보다는 그 아이가 '현재 할 수 있는 것'을 확인하고 그 능력을 쌓아가는 것을 철칙으로 삼았다.

엘리자베스가 10대가 되어 성인식을 하게 되었을 때 나도 그 자리에 초대를 받았다. 그날이 되기까지 엘리자베스가 하나하나 성취해온 것들이 떠오르며, 북받치는 감정에 눈물이 흘렀다. 나는 벅차오르는 감정을 숨기지 않았다. 거기서 흐느끼는 사람은 나뿐만이 아니었기 때문이다. 초대받은 많은 이들이 나처럼 울고 있었다.

몇 년 후 엘리자베스의 청첩장을 받았다. 결혼식 날 엘리자베스의 모습이 생생하다. 자신을 사랑하는 손님들에 둘러싸여 짙은 색 머리칼을 늘어뜨린 채 아름다운 흰색 드레스를 입은 엘리자베스의 모습은 눈이 부시게 빛나고 있었다.

이제 30대가 된 엘리자베스는 메이저 대학 두 곳에서 석사학위를 받고 행복한 결혼생활을 하고 있으며, 자신의 사업체를 성공적으로 운영하고 있다. 최근에 통화할 때는 자신의 가족과 사업에 대해 열정적으로 이야기하기도 했다. 그러고는 이렇게 덧붙였다. "아낫 선생님, 인생에서 나만의 열정을 찾았어요. 너무 행복해요."

엘리자베스의 이야기는 우리 모두에게 자신의 한계를 뛰어넘어 기적에 가까이 다가가라고 말해준다. 또한 수많은 다른 아이들과 그 부모에게 살아 있는 이정표가 되고 있다.

## 🌿 기적과 같은 변화의 시작 🌿

엘리자베스와 같은 아이를 가진 부모들은 누구나 한 번쯤 묻곤 한다, "우리 아이가 무엇을 할 수 있을까요?" 아이에게 특별한 어려움이 있든 없든 이 질문에 대한 나의 대답은 항상 똑같다. 기적을 기대하라.

변화의 속성이라는 것이 그렇다. 현재의 관점으로는 미래를 볼 수 없고 정확하게 예측하지도 못한다. 아무리 애를 써도 지금 당장 눈앞에 놓인 상황이라는 렌즈를 통해 보기 때문에 미래의 모습을 온전히 보기가 힘들다. 30년 전 엘리자베스가 매우 심각한 증상을 가진 불행한 작은 아기였을 때, 이 아이의 미래를 제대로 예측하거나 상상한 사람은 거의 없었다.

우리가 기적과 같다고 부르는 변화를 자세히 살펴보면, 그것이 단순한 우연이나 운의 결과가 아니라 의도적이고 논리 정연한 크고 작은 사건들이 빚어낸 결과임을 깨닫게 된다. 그와 같은 혁신적인 변화는 종종 창의적 노력을 통해 생겨난다. 불가능한 것을 기꺼이 가능한 것으로 바꾸어보겠다는 의지에서 엄청난 변화가 시작되는 것이다.

이는 과학과 의학 분야에서도 진실로 통한다. 참고로 과학과 의학은 우리가 불멸의 진리라고 여기는 지식을 바탕으로 할 뿐만 아니라 철저한 연구와 반박의 여지가 없는 근거를 토대로 한다. 하지만 과학과 의학도 끊임없이 변화한다. 예를 들면, 20년 전에는 의료계에서 자폐란 존재하지 않는다고 여겼으며, 대부분의 사람들이 주의력결핍 장애ADD 나 주의력결핍 과잉행동장애ADHD 같은 증상을 특별한 도움이 필수적인 신경학적 증상이 아니라 그저 '잘못된 행동'으로만 보았다.

아이가 뇌졸중을 일으켜 뇌 일부가 손상되면 손상된 부위가 원래 담당하던 역할을 뇌의 다른 부분이 대신할 수 있다는 사실이 지금은 널리 알려졌지만, 예전에는 그렇지 않았다. 당시에는 뇌 스스로 활동 체계를 재조직할 수 있다는 관념을 이해하지 못했다.

오늘날 우리는 뇌가 스스로 변할 수 있다는 것을 안다. 뇌는 우리 몸에서 사실상 가장 잘 변할 수 있는 부분이다. 우리는 우리 뇌의 능력을 어떻게 더 잘 활용할 수 있을지에 대한 방대하고 정교한 지식체계를 발전시켜나가는 중이다. 여기서 '신경가소성Neuroplasticity'은 중요한 역할을 한다. 신경가소성이란, 뇌가 스스로를 재조직하고 새로운 신경연결망을 만들어냄으로써 새로운 기술을 획득하는 능력이다. 이는 내가 이 책에서 설명하는 이야기와 원칙들을 뒷받침하며, 지난 30년 넘게 특별한 도움이 필요한 아이들이 이루어낸 유의미한 발전의 과정을 매우 훌륭하게 설명해준다.

오늘날 우리는 뇌가 스스로 변할 수 있다는 것을 안다. 뇌는 우리 몸에서 사실상 가장 잘 변할 수 있는 부분이다.

나는 임상심리학과 통계학을 전공했다. 이는 과학의 정신과 맥을 같이 하는 분야다. 올바른 환경만 주어진다면 뇌는 스스로 기꺼이 변할 수 있다는 것을 나는 반복적으로 경험했다. 하지만 나의 이론을 과학적으로 입증해줄 학술 논문을 수년간 거의 찾아볼 수 없었다. 내가 30년 이상 장애가 있는 아이들과 작업하면서 경험한 놀라운 결과들을 다른 말로는 설명하기 힘들다. 이를 설명해주는 가장 핵심적인 개념이 바로 '우리 뇌가 가진 놀라운 능력'이다.

## 🌿 '할 수 있는 것'에서 시작하는 법 🌿

이 책에서 내가 설명하는 과정은 전통적 체계에서 가르치고, 치료하고, 개입하는 것과는 완전히 다른 방법을 취한다. 예를 들면, 전통적인 접근법은 아이가 표준화된 모델에 순응하도록 강요하거나 자기 나이대 아이들과 보조를 맞추기 위해 혹은 그들의 발달 단계를 따라잡기 위해 아이가 '해야만' 하는 것을 시키려 한다.

하지만 나는 아이가 아직 스스로 하지 못하는 것을 하도록 부추기는 대신에, 아이가 무엇을 할 수 있는지와 그 아이에게 무엇이 필요한지를 먼저 본다. 그리고 아이의 뇌가 필요로 하는 정보라면 무엇이든 제공함으로써 아이에게 필요한 다음 단계의 능력을 스스로 발달시켜 나가도록 한다.

아이가 변화하고 성장하기 위해서는 아이의 뇌와 소통해야 한다. 아이의 근육에서는 문제도 해결책도 발견할 수 없다. 근육은 뇌에서 전달되는 명령만을 수행할 뿐이다. 말하고 문제를 풀고 생각하는 우리의 능력 중 일부인 정신 또한 뇌에 의해 체계화된다. 만약 다리가 움직이지 않는다면 이는 뇌가 어떻게 다리를 움직이는지 알아내지 못했기 때문이다. 이 경우 뇌는 다리에게 움직이라는 명령을 내릴 수 없다. 왜냐하면 자신의 의지대로 움직임을 만들어내는 패턴을 형성하기 위해 뇌가 필요로 하는 정보를 뇌가 아직 가지고 있지 않기 때문이다.

아이가 변화하고 성장하기 위해서는 아이의 뇌와 소통해야 한다. 아이의 근육에서는 문제도 해결책도 발견할 수 없다.

아이가 발화하는 데 어려움을 겪거나, 문제를 풀지 못하거나, 명확한 사고를 하지 못할 때도 똑같은 원칙을 적용할 수 있다. 뇌는 스스로 변할 수 있고, 특별한 도움이 필요한 아이의 뇌가 더 잘 기능하도록 도와줄 방법도 있다. 이 깨달음은 30년 전에 내가 이 일을 처음 시작했을 때에는 혁명적인 것이었다.

아낫 바니엘 메서드는 아이들 저마다의 타고난 능력을 장점으로 활용해 장애아동의 뇌와 연결을 이루어내고 그들의 뇌와 소통한다. 이를 통해서 아이의 뇌는 움직임, 사고, 감정 패턴을 형성해낼 수 있다. 이 방식으로 아이들이 새로운 경험을 하게 되면 스스로 학습할 수 있는 단계로 나아갈 수 있다. 배워야 할 것이 얼마나 많은지, 얼마나 복잡한지는 문제가 되지 않는다.

우리의 목표는 항상 아이들이 스스로 깨우쳐 그들에게 내재된 근본적인 능력, 즉 '배우고 성장하는 능력'을 발달시키도록 하는 것이다. 아낫 바니엘 메서드를 통해 아이들은 이전에는 할 수 없었던 방식으로 몸을 움직여 새로운 방식으로 자신의 몸을 경험하게 될 것이다. 또한 자신의 내면에서 그리고 주변에서 무슨 일이 일어나고 있는지 느끼는 법을 배우게 된다. 이 방법을 통해 깨어나게 되면 아이들은 더 편안해지고, 더 큰 능력을 발휘하게 되며, 스스로에 대해 더 긍정적인 감정을 느끼게 된다.

## 🌿 부모들이 보여준 사랑의 힘 🌿

부모들이 보여주는 사랑의 힘 또한 결코 무시할 수 없는 요소다. 자녀에게 장애가 있다면 이는 더욱 중요하다. 많은 부모들이 아이에게 최고로 좋은 것을 해주고 싶어 하며, 아이가 누릴 수 있는 최상의 삶을 선물하고 싶어 한다. 내가 만난 모든 부모들이 마찬가지였다.

부모들은 이런 열망을 안고서 자녀의 봉인된 능력을 열어줄 방법을 기꺼이 찾아 나선다. 아이의 가능성을 조금이라도 열어주기 위해서라면 무엇이든 하겠다는 부모의 의지와 용기 없이, 우리는 그 여정을 완수할 수 없다. 이러한 사랑과 열의에는 힘이 있다. 여기에 또 하나의 힘을 실어주는 것이 바로 과학과 기술이다. 이 두 가지 힘을 통해서 우리는 임상적 진단이 가차 없이 내리는 추론들, 그리고 과거의 경험에서 비롯된 한계를 뛰어넘을 수 있다.

여기에서 아이에게 새로운 기회가 열리며, 때로는 기적으로 가는 첫 걸음이 시작되곤 한다.

# 아이를 고치려는 생각을 버릴 때
# 아이는 변화한다

사랑받고 있다는 것보다 더 마법 같은 놀라움은 없다.
이는 인간의 어깨를 가리키는 신의 손가락이다.

_찰스 모건

아기가 태어난다. 그것은 완벽함, 그리고 경이로움 그 자체다. 우리는 종종 아이가 태어나기도 전부터 아이에 대한 시시콜콜한 것들은 알지도 못한 채 아이가 장래에 어떻게 살아갈지 기분 좋은 상상을 한다. 그 아이는 자라서 온전하고 독립적이며 흡족한 삶을 살아갈 것이다. 그런데 갑자기 충격이 찾아온다. 우리 아이한테 뭔가 문제가 있다는 것이다. 어떤 경우엔 이런 비극이 아이가 태어나기 전이나 태어나는 순간 갑작스럽게 찾아오고, 또 다른 경우엔 우리 아이가 좀 이상하다는 것을 조금씩 깨닫기도 한다. 아이의 증상, 진단명, 아니면 적어도 아이가 아픈 원인이 의학적 용어로 명백하게 설명이 되는 경우가 있는가 하면, 정확한 원인도 모른 채 상세 불명의 이유로 고통받는 경우도 있다.

실제로 자신의 아이에게 문제가 있다는 사실을 알게 되면, 부모들은 엄청난 두려움, 혼란, 심연에서 끓어오르는 슬픔을 경험한다. 종종 죄책감이 요동치기도 한다. 그렇다 할지라도 부모는 아이에게 도움이 된다면 무엇이든 하고자 하는 강한 욕망을 느끼며 그것을 가장 우선시한다. 아이가 '정상적'으로 자라길 바라는 것이다. 잘 걷고, 말도 잘하며, 사고할 줄 알며, 감정을 느끼고, 독립적으로 보람 있는 삶을 살아가기를 바란다. 하지만 그 순간 우리 스스로에게 던져야 할 질문은 이것이다. '어떻게 우리 아이가 이런 삶을 살게 할 수 있을까? 현재의 한계를 뛰어넘어 아이가 성장할 수 있게 하려면 어떤 방법으로 내 아이를 도와야 할까?'

우리 스스로에게 던져야 할 질문은 이것이다. '현재의 한계를 뛰어넘어 아이가 성장할 수 있게 하려면 어떤 방법으로 내 아이를 도와야 할까?'

아이에게 문제가 있다는 걸 알게 되면, 그 문제가 무엇이든 우리는 자연스럽게 그 문제 때문에 나타나는 아이의 한계, 즉 아이가 하지 못하는 것이나 아이가 지금 이상한 방식으로 하고 있는 것에 집중한다. 그래서 아이가 그 한계를 극복하고, 잘못된 행동을 멈추고 정복하게 만들기 위해 노력한다. 다시 말해, 아이를 '고쳐서fix' 아이가 가진 문제를 해결하기를 원한다. 그래야 마치 특별한 도움은 필요 없는 듯이 일어서고, 말하고, 사람들과 관계를 맺고, 생각할 수 있기 때문이다.

부서진 것이나 오작동하는 것을 고치고자 하는 마음은 매우 중요하고 실제로 도움이 된다. 이처럼 잘못된 것을 고치는 것이 올바른 접근법이라 여겨지던 때가 있었다. 예를 들면, 의사는 심장에 난 구멍을 외과 수술로 고쳐야 하고, 감염에 대항하려면 항생제를 사용해야 하며, 수혈이 필요할 때도 있다. 이런 방식이 필요하고 적절하다면, '고치는' 행위를 하는 것이 마땅하다. 하지만 그와 동시에 고치는 행위는 문제를 해결하는 한 가지 방법이며, 그런 접근법에는 한계가 있고, 어떤 경우에는 오히려 역효과를 가져온다는 사실을 이해하는 것 또한 중요하다. 이 책에 설명하는 '아홉 가지 핵심 원칙'은 아이들의 장애를 고치려는 접근법을 넘어서도록 고안된 것이다. 즉, 아이의 뇌가 스스로 필요한 해결책을 만들어나갈 수 있도록 새로운 기회를 제공하기 위한 방법이다.


## 🌿 아이들에게 변화를 가져다줄 최고의 파트너 🌿

우리는 대부분 '고치는Fixing' 것을 고장 난 것을 수리하거나 어떤 것이 본래 가지고 있어야 할 모습이나 기능 혹은 조직화되어야 할 모습으로 복원시키는 것으로 이해한다. 자동차나 가전제품과 같은 기계를 다룰 때 우리는 어떻게 해야 할지 잘 알고 있다. 직접 기계를 고치지 못하면,

기계를 잘 다루는 전문가를 고용하면 된다. 타이어에 펑크가 나면 펑크가 난 부분을 고치면 된다. 자동차 엔진이 제대로 작동하지 않으면, 수리공이 고장 난 부분을 새로 교체할 것이고, 그러면 자동차는 다시 움직이기 시작한다. 기계가 원래의 설계와 기능대로 작동하도록 하기 위해서 수리하는 사람은 자신의 두뇌, 경험, 교체품과 같은 이용 가능한 재료를 사용하면 된다.

자동차를 비롯한 다른 기계들은 아이들과는 달리 복원 과정에서 어떤 능동적인 역할도 하지 않는다. 기계는 자신만의 정신을 갖고 있지 않으며, 자기 치유 능력도 없다. 기계는 배우지도 성장하지도 진화하지도 않는다. 자동차에 고장 난 부품이 있으면 새것으로 교체하면 되고, 엔진이 말썽이면 정비를 하면 된다. 수리공의 이러한 역할이 바로 '픽싱 패러다임fixiing paradigm'의 정수다. 어떻게 보면 이와 똑같은 패러다임을 장애를 가진 아이에게 적용하고 싶은 마음이 드는 것은 자연스러운 일일지도 모른다. 아이의 부족한 부분 혹은 정상적으로 작동하지 않는 부분을 교체하고 싶은 마음이 드는 것도 당연하다. 문제가 있는 부분을 이런저런 방법을 이용해서 잘 고쳐내는 사람을 찾고 싶은 마음이 간절하다. 그러면 모든 것이 제대로 돌아갈 것만 같다.

하지만 자동차나 주방 가전제품과 달리 당신의 아이는 만들어진 완제품이 아니다. 아이들은 살아 있으며, 감정을 느끼고, 경험을 하는 존재다. 말하자면 완제품이 아니라 성장하고 진화하고 있는 미완성인 작품이다. 아이들은 움직이고, 생각하고, 자신을 이해하려 하고, 세상을 자신과 연결하는 방법을 알아내고자 하며, 끊임없이 그 능력을 만들어내는 과정에 있다. 이처럼 아이들의 잠재력을 꽃피게 하는 과정의 중심에는 인간의 신체 중 가장 놀라운 기관인 뇌가 있다. 장애 여부와 관계없이 아이들은 자신이 가진 한계와 장애를 극복하게 해줄 새로운 연결고리와 패턴을 만드는 데 적극적으로 관여할 수밖에 없는 뇌를 가지고 있다. 모든 뇌는 이런 역할을 하도록 설계되어 있다.

아이들의 이러한 잠재력을 꽃피게 하는 과정의 중심에는 인간의 신체 중 가장 놀라운 기관인 뇌가 있다.

뇌가 가진 엄청난 잠재력을 온전히 활용하기 위해서 먼저 우리의 사고를 바꿀 필요가 있다. 즉, '픽싱 패러다임'의 사고에서 벗어나야 한다. 아이들에게 진정으로 도움을 주고 싶다면, 아이의 뇌가 제 역할을 잘 수행하도록 그 능력을 일깨워주고 강화하기 위한 최선의 방법을 알 필요가 있다. 특별한 도움이 필요한 아이를 돕고자 노력하는 과정에서 우리는 혼자가 아니다. 아이들이 도전하고 있는 과제를 해내는 데 도움이 되는 가장 큰 자원이자 최고의 파트너는 바로 아이들 자신이며, 아이들이 가진 뇌의 능력이다.

## 🌿 뇌는 최고의 문제해결사다 🌿

특별한 도움이 필요한 아이들을 진정으로 돕고자 한다면, 아이가 하지 못하는 것을 해내라고 시키는 것부터 자제해야 한다. 그러려면 학습을 비롯해 새로운 기술을 익히는 데 아이의 뇌가 하는 기본적인 역할을 온전히 이해할 필요가 있다. 뇌는 자신의 역할을 이해할 줄 아는 능력뿐만 아니라[1] 놀랍게도 문제에 대한 성공적인 해결책을 만들어내는 능력을 가지고 있다. 아이를 도울 수 있는 탁월한 능력과 전문지식을 가지고 있다고 해도 우리는 오직 필요한 변화를 일으키는 아이의 뇌에 의존할 수밖에 없다.

아낫 바니엘 메서드의 '아홉 가지 핵심 원칙'을 통해 아이들이 모든 종류의 기술을 습득하고 학습하는 근본적인 과정을 이해한다면 '픽싱 패러다임'의 한계를 조금이라도 빨리 벗어나 아이들의 뇌가 제 역할을 톡톡히 해내도록 도울 수 있다. 이 '아홉 가지 원칙'은 아이의 뇌가 정상적으로 작동하게 만들고 싶은 이들에게 도움을 줄 것이다. 앞으로 이 책에서 다룰 내용을 통해 아이들이 겪고 있는 실질적인 어려움에도 불구하고 아이의 뇌가 얼마나 놀라운 방식으로 진화할 수 있는지 발견하게 될 것이다.

장애를 지닌 아이들이 하지 못하는 것을 요구하는 것은 '픽싱 패러다임'에서 벗어나지 못한 것이다. 가령 똑바로 앉지 못하는 아이를 끊임없이 바른 자세로 앉히며 어떻게든 아이가 스스로 똑바로 앉는 것을 깨우치고 똑바로 앉을 수 있게 되기를 바란다. 아이가 말을 못 할 때는 어떤가? 아이에게 특정 단어를 계속해서 따라 말해보라고 요구한다. 이렇게 거듭해서 똑같은 단어를 말해주며 따라하도록 하면서 아이가 가진 발화의 문제점을 고칠 수 있을 거라고 기대한다. 이러한 접근법이 어떤 경우에는 원하는 결과를 가져오기도 하지만 어떤 경우에는 완전히 실패하기도 한다. 대신에 아이의 뇌가 스스로 해결책을 만들어내고 찾게 하는 과정, 그 과정을 일깨우고 강화시키는 데 우리의 관심을 집중한다면, 바랄 수 있는 결과가 완전히 다른 질서 체계를 갖추게 된다.

장애를 지닌 아이들이 하지 못하는 것을 요구하는 것은 '픽싱 패러다임'에서 벗어나지 못한 것이다.

이 책에서는 '픽싱 패러다임'을 뛰어넘어 아홉 가지 핵심 원칙에 따라 아이들과 어떻게 협업을 해나가며 아이의 뇌가 가진 잠재력을 일깨우기 위한 방법을 찾아나갈 수 있는지를 설명할 것이다. 아이를 잘 도울 수 있는 법을 배우는 것의 핵심에는 다음과 같은 기본적인 진실이 담겨 있다. "할 수 있었으면, 아이는 이미 했을 것이다(If he could, he would; If she could, she would).[1] 아이가 앉을 수 있었다면, 앉았을 것이다. 말할 수 있었으면, 알아서 말했을 것이다. 어떤 순간이라도 당신의 아이가 잘하는 것이든 못 하는 것이든 그것을 알아차리고 그 자체를 존중해주는 것이 아이들이 자신의 한계와 제약을 극복하도록 돕는 것의 핵심이다. "할 수 있었으면, 아이는 이미 했을 것이다"라는 말에 담긴 기본적인 진리를 아홉 가지 핵심 원칙에 비추어 적용해가며 받아들인

---

1  '할 수 있었다면, 아이는 이미 했을 것이다'라는 말은 자신이 할 수 있는 것이라면 아이들은 누가 시키지 않아도 했을 것이며 아직 할 수 있는 능력이 없어 하지 못하는 것이라는 의미다.

다면 고무적인 첫걸음을 내디딜 수 있을 것이다.

'아홉 가지 핵심 원칙'은 아이의 뇌뿐만 아니라 모든 이들의 뇌에 잠재된 능력을 일깨워 모든 수준에서 성장하고 진화하여 강력한 학습자가 되도록 만들기 위해 꼭 필요한 도구다. 또한 우리 아이만이 가지고 있는 어려움을 극복하기 위해 반드시 필요한 독특한 패턴과 해결책을 만들어냄으로써 아이의 뇌가 성장하고 발전하기 위해서 반드시 해야만 하는 것을 수행할 수 있는 이상적인 내적 환경을 만들어나가는 데 도움이 되는 방법이다

걷기, 말하기, 생각하기, 느끼기, 타인과 관계 맺기 등 우리의 모든 행동과 감정은 우리가 수정된 순간부터 겪어온 수백만 가지의 무작위적 경험에 의해 만들어진 것이다. 우리가 하는 모든 활동이 가능한 이유는 어떤 활동을 하든 뇌가 역동적으로 끊임없이 변화하면서 우리의 활동에 직접적으로 영향을 미치고 우리의 경험을 체계화하기 때문이다.

## 🌿 무작위적 움직임이 필요한 이유 🌿

아이에게 장애가 있으면, 아이가 가진 그 상황 자체만으로도 신체적, 감정적, 지적 경험 등 특정 경험을 해볼 수 있는 기회가 제한된다. 예를 들어, 건강한 신생아가 침대에서 잠에서 깬 채로 누워 있다고 해보자. 아이의 팔, 다리, 등과 배가 이리저리 흔들리기도 하고 가끔 움직이기도 할 것이다. 나는 이것을 '무작위적 움직임 random movements'이라고 부

르는데, 이런 움직임은 의도해서 나온 것이 아니다. 아기의 팔이 뻣뻣하거나, 움직일 수 없거나, 강직되어 있으면 즉흥적이면서도 풍부하고 다양한 무작위적 행위가 일어날 수 없다.

아기들에게 전형적으로 나타나는 이런 무작위적 움직임은 그 시기에는 그렇게 중요한 것처럼 보이지 않을 수도 있다. 하지만 아이의 뇌 발달 측면에서 뇌가 조절력을 갖춘 효과적인 움직임과 행동을 발달시키기 위해 반드시 필요한 풍부한 경험과 정보를 제공하는 것이 바로 이런 '무작위적 움직임'이다. 무작위적 경험은 아이가 아무렇게나 무작위로 움직이기만 하면 대개 수월하게 얻을 수 있는 것이다. 사실 무작위적 움직임은 모든 아이의 뇌가 온전히 기능하기 위해서 꼭 필요한 것이다.[2] 하지만 아이가 가진 제약이 아이 스스로 무작위적 경험을 할 수 없게 방해한다. 그런 제약만 없었다면 아이는 무작위로 시행착오를 경험했을 것이다. 따라서 우리의 과제는 신체적 제약을 가진 아이들이 이러한 무작위적 경험을 할 수 있는 방법을 찾는 것이다. 그 과정에서 명심해야 할 것은 무작위적 시행착오의 경험이야말로 아이의 뇌를 위한 풍요롭고 다양한 정보의 원천이라는 것이다.

반가운 소식은 아이들이 무작위적 시행착오의 경험을 할 수 있는 기회를 만들어낼 수 있다는 것이다. '픽싱 패러다임'을 가지고 아이들에게 현재 자신의 능력으로는 할 수 없는 행동을 하도록 하는 것은 아이들의 뇌가 배워야만 하는 정보의 풍요로움을 누리지 못하도록 막아서는 것과 같다. 성장하는 과정에 무작위성을 경험할 때 비로소 아이의 뇌는 궁극적으로 좀 더 체계적이고 더 나은 패턴을 만들어낼 수 있다.

이러한 무작위적 경험을 통한 정보가 없었다면 하지 못했을 것들을 해내거나, 팔을 움직이는 등의 패턴이 발현되는 것이 가능해지는 것이다. 모든 아이들이 이것을 해낼 수 있다. 다만 현재 아이가 가진 능력, 즉 지금 아이가 실제로 할 수 있는 것에서 시작할 때에만 가능하다.

## 🌿 픽싱 패러다임에서 벗어나기 🌿

기지 못하는 아이를 도와주고 싶어 하는 사람이 있다. 아이와 함께 바닥에 자세를 낮추고, 아이의 손과 무릎을 바닥에서 기는 자세로 만든 다음 그 자세를 유지하도록 도와준다. 그러고는 두 팔과 두 다리를 이용해 기는 행동을 할 수 있도록 도와준다. 이는 너무나 논리적인 방법처럼 보인다.[3] 이렇게 하는 것이 어느 정도는 성공적일 수 있다. 하지만 이런 방법은 아무런 효과를 얻지 못하거나 아이의 행동에 변화를 가져오지 못한다. 이런 방법은 왜 효과가 없는 걸까?

간단히 설명하자면, 아이의 뇌는 한 가지 활동을 제대로 하기 위해 내재적 패턴을 만들고, 이를 위해서는 반드시 무수히 많은 무작위적 경험을 해야만 한다. 따라서 아이가 성취하기를 바라는 최종 결과에만 초점을 맞추는 것은 아이가 무작위 시행착오를 경험할 수 있는 기회를 앗아가는 것과 같다. 여기서 주목해야할 점은 건강한 아이들은 언제나 이러한 무작위 경험을 한다는 것이다. 다행스럽게도 우리에게는 '아홉 가지 핵심 원칙'이라는 대안이 있다. '아홉 가지 핵심 원칙'을 활용해서 우리는 아이들에게 무작위적 경험과 아이의 뇌가 필요로 하는 풍부한 정보를 얻을 수 있는 기회를 줄 수 있다. 아이가 수집한, 지식의 은하계와도 같은 풍부한 경험은 뇌가 특정한 행동을 파악하고 수행하기 위해서, 그리고 그런 행동을 개선하고 향상시켜 결국 훌륭한 학습자가 되기 위해 필요한 것들을 제공해준다.

아이의 뇌는 한 가지 활동을 제대로 하기 위해 내재적 패턴을 만들고, 이를 위해서는 반드시 무수히 많은 무작위적 경험을 해야만 한다.

신경가소성, 즉 새로운 신경 연결을 통해 뇌가 스스로 재조직할 수 있는 능력을 연구하는 과학을 통해 우리가 알 수 있는 것은, 뇌는 놀랍고도 기발하며 우리가 상상할 수조차 없는 다양한 방법으로 자신이 소유한 정보의 작은 조각 하나하나도 놓치지 않고 모두 활용한다는 것이다.[4] 내재되어 있는 이러한 방대한 지식, 즉 뇌가 만들어내는 수십억 개의 연결고리들과 패턴들이 지속적으로 계속 기술을 만들어내고 그 능력을 가다듬을 수 있는 정보의 원천이 될 것이다. 기고, 재잘거리고, 음악을 듣고, 날아오는 공을 잡고, 차갑고 뜨거움의 차이를 식별하는 등의 경험이 신체적, 감정적, 지적 활동 등 우리가 하는 모든 활동에 중요한 역할을 한다. 이런 점에서 우리가 생각하고, 행하고, 느끼는 모든 것이 뇌에 의해 구조화된 움직임이라고 볼 수 있는 시각을 갖는 것은 큰 도움이 될 것이다.

'아홉 가지 핵심 원칙'은 픽싱 패러다임의 한계를 뛰어넘어 뇌가 제 역할을 더 잘 수행하는 데 도움이 되는 방법일 뿐만 아니라 모든 종류의 기술을 학습하는 데 기본이 되는 메커니즘이다. 이 핵심 원칙은 아이의 뇌가 제대로 기능하고 다른 아이들의 뇌보다 월등해지는 데 도움이 된다. 장애를 가진 아이에게 이런 뇌의 능력을 일깨워야 하는 이유는 그런 아이들일수록 불가능을 가능으로 바꾸는 방법을 알아내기 위해 다른 아이들보다 월등한 기능을 가진 뇌의 능력이 필요하기 때문이다.

'아홉 가지 핵심 원칙'은 느끼고, 보고, 알아차리고, 창조해낼 수 있는 도구다. 더욱 중요한 점은 아이가 어떤 장애를 가지고 있든 '아홉 가지 핵심 원칙'이 아이와 연결되어 아이와 함께 활동할 수 있는 능력을 향상시켜주기 때문이다. 그와 동시에 아이의 관점에서 세상을 바라보고 경험할 수 있는 능력도 확대될 것이며, 가끔은 당신의 뇌가 느끼고, 생각하고, 차이점을 식별하고, 움직이고, 듣는 능력으로 아이를 초대할 수도 있을 것이다.

아홉 가지 핵심 원칙을 통해 아이와 연결된다는 것의 목적은 단순히 아이에 대한 연민이나 동정심을 좀 더 느껴야 한다는 의미가 아니다. 또한 자녀를 위해서 아이가 혼자 힘으로 할 수 없는 것을 해주라는 것도 아니다. 아홉 가지 핵심 원칙의 목적은 아이와 연결됨으로써 아이에게 최상의 기회를 제공해주는 것이다. 아이가 진정한 성취감과 자부심으로 무장하여 실제 기술과 강인한 자아를 발달시킬 기회, 스스로에 대해 긍정적 감정을 느낄 기회, 그리고 계속해서 배우고 성장하고자 하는 능력을 발달시킬 최고의 기회를 주는 것이 우리가 아홉 가지 원칙을 활용해야 하는 이유이다.

## ❧ 아이들은 경험한 것을 학습한다 ❧

'아홉 가지 핵심 원칙'에서 말하는 '연결'은 모든 아이는 자신의 경험을 학습한다는 사실을 바탕으로 한다.[5] 부모가 바란다고 해서 아이가 그 것을 반드시 학습하는 것은 아니다. 아이가 현재 잘하지 못하는 것을 가르쳐주겠다는 생각으로 기계적인 반복 훈련을 시키면, 아이는 그러한 부모의 노력을 자신의 경험으로 학습한다. 다시 말해 뭔가를 시도한 끝에 실패하는 것을 학습하게 되고, 실제로 배우고자 하는 과정에서 오히려 나쁜 습관을 습득하게 된다는 의미이다.

여기에 덧붙여 두려움, 무능력함, 뭔가 틀렸다는 느낌, 심지어 화, 적개심 그리고 다른 사람의 기대를 충족시키지 못했다는 패배감 등의 감정까지 추가된다. 반복 훈련받는 과정에서 아이가 배웠을 법한 모든 기술은 아이가 겪어온 고군분투의 총체적 경험을 포함하는 것이다. 이런 식으로 아이가 자신의 한계를 경험하게 되면, 이는 자신의 제약을 넘어서 움직일 수 없다는 아이의 믿음을 더욱 굳건하게 만들 수도 있다.

아이가 살아가면서 발달시키게 되는 능력이 무엇이든 그 모든 능력을 배양하는 과정에서 모든 아이는 살아 있고, 감정과 감각을 느끼며 사고하고, 적극적으로 배우고자 하는 참여자다. 우리는 도움Help을 줄 수 있지만 그것이 얼마나 효율적일지는, 아이의 뇌가 독특한 해결책을 만들어내는 과정을 성공적으로 지원할Assist 수 있는가에 달려 있다.

수리공이 자동차의 낡은 부속품을 교체하듯이 아이에게 해결책을 강요하기보다는 아이가 느껴야만 하는 풍부한 경험을 제공해주어야 한다. 그러한 풍부한 경험으로부터 아이는 자신의 뇌가 가진 능력을 발휘하여 모든 움직임과 능력을 만들어낼 것이다. 반드시 기억해야 할 것은 이러한 경험은 아이가 지금 있는 지점, 즉 이미 아이가 할 수 있는 것과 유사한 수준에서부터 시작해야 한다는 점이다. 아이들이 현재의 제약을 뛰어넘어 새로운 경험을 하고 성장을 하기 위해서는 아이가 현재 할 수 있는 지점에서 모든 활동을 시작해야 한다. 그래야 아이들이 자신이 현재 하고 있는 행위뿐만 아니라 자기 자신과도 연결될 수 있다.

그러한 풍부한 경험으로부터 아이는 자신의 뇌가 가진 능력을 발휘하여 모든 움직임과 능력을 만들어낼 것이다.

현재 아이가 있는 지점, 즉 아이의 현재 능력에서 벗어나는 어떤 것을 시키려고 할 때마다 부모와 아이 간의 연결이 끊어져버리는 경험을 하게 된다. 아이와의 상호연결이 끊어졌다는 것은 곧 부모가 어느새 '고치려는 자fixer'의 태도를 가지고 있다는 신호라고 할 수 있다. 아이와 다시 연결이 될 때까지 아이에게 일어나는 변화는 아주 제한적일 것이다. 예를 들자면, 만약 제대로 앉지 못해 낑낑대는 아이를 본다면, 최소한 그 순간에 한발 물러나서 아이를 억지로 앉게 하려는 시도를 중단할 필요가 있다. 그런 다음 아이가 실제로 할 수 있는 더 낮은 수준의 행동으로 되돌아가 그 단계에서 다시 시작하는 것이다. '아홉 가지 핵심 원칙'을 통해 우리는 아이가 무엇을 경험하고 있는지 더 잘 인식하고, 아이가 현재 할 수 있는 것이 무엇이든, 아이의 능력치가 그다음 단계의 돌파구를 향해 나아갈 수 있도록 도울 수 있다. 그와 동시에 아이의 현재 수용 능력에 초점을 맞춰 작업해나갈 수 있게 될 것이다.

앞으로 나올 내용에서 이렇게 심오하고도 중요한 변화, 즉 아이를 '고치는fixing' 것에서 아이와 '연결하는connecting' 방식으로의 변화를 어떻게 만들어낼 수 있는지 알게 될 것이다. 이러한 변화를 이해하는 것뿐만 아니라 이루어나가는 것도 어려워 보일 수도 있지만, 이런 방법은 분명 아이의 삶뿐만 아니라 부모의 삶에도 엄청난 변화를 가져올 것이다. 가능성은 항상 열려 있고 종종 기적에 아주 근접해 있다고 부모님들이 말해주곤 한다.

부모들이 아홉 가지 핵심 원칙을 사용하면서 자신의 주변을 인지하지 못했던 아이가 어느새 주변 사람들에게 엄청난 관심을 갖게 되기도 한다. 팔신경얼기 부상(어깨, 팔, 손에 있는 신경을 포함한 부상)이 있는 아기가 어느새 팔을 움직이고 사용하기 시작하기도 한다. 수학 문제를 푸는 데 어려움을 호소하던 아이는 숫자의 의미를 이해하고 수학 수업을 좋아하기 시작해 모두를 놀라게 한다. '아홉 가지 핵심 원칙'이 담고 있는 방법을 사용하다 보면 자연스럽게 '고치기'에서 '연결하기'로의 변화가 일어난다. 이러한 변화는 아이에게 자기 자신을 느끼고 자신과 연결될 수 있는 새롭고도 풍부한 기회를 제공하며, 아이의 뇌가 점점 더 효과적으로 기능할 수 있는 새로운 기회 또한 가져다준다.

'아홉 가지 핵심 원칙'을 통해 우리는 아이가 자신을 창출하고 자신을 발견하는 기본적인 과정을 일깨우는 법과 그것에 집중하는 법을 배우게 될 것이다. 그리고 이것이야말로 성공적인 성장과 발달의 핵심이다. 또한 기존 발달 단계표와 나이에 근거해 아이가 지금 "할 줄 알아야만 하는 것"에서 관심을 거두는 방법을 알게 될 것이다.[6] 당신은 아이에게 일어나는 아주 작고 사소한 변화까지 알아차리는 예리한 관찰자가 될 것이며 이를 위한 안목을 갖추게 될 것이다. 또한 아주 작고 사소한 변화로부터 어떻게 크고 위대한 해결책이 나오게 되는지에 대한 인식도 더욱 발달하게 될 것이다.

우리는 이러한 변화가 어떻게 그리고 왜 당신과 아이에게 변화를 안겨주는지 자세히 알아볼 것이며 그런 변화를 뒷받침하는 과학적 근거 또한 자세히 살펴볼 것이다.

당신은 아이에게 일어나는 아주 작고 사소한 변화까지 알아차리는 예리한 관찰자가 될 것이며 이를 위한 안목을 갖추게 될 것이다.

'아홉 가지 핵심 원칙'을 아이와 함께 숙달해가면, 두려움, 충격, 혼란, 죄책감뿐 아니라 당신이 겪었을 다른 무수한 감정을 뛰어넘고 있는 스스로를 발견하게 될 것이다. 경험한 이들은 이미 알고 있겠지만, 평범하지 않은 아이는 부모에게도 평범하지 않은 잠재력을 발휘할 것을 요구한다. 즉 아이에 대한 기대와 열망을 훌쩍 뛰어넘는 부모의 잠재력을 요구하는 것이다. '아홉 가지 핵심 원칙'은 장애를 가진 아이를 둔 부모에게 이 원칙이 아니었더라면 도달할 수도 없었을 수준에 접근할 수 있게 해준다. 당신과 아이 모두에게 불가능한 것을 가능하게 만들어주며 당신이 아이를 위해 애쓰는 시간을 좀 더 즐겁고 보람차게 해준다.

# 아낫 바니엘 메서드로
# 뇌 지도를 바꾸다

우리는 뇌 가소성의 초기 단계에 있다.

_마이클 머제니치

30년 전 내가 이 일을 막 시작했을 때부터 나는 남다른 도움이 필요한 아이들에게 나타나는 문제점들이 뇌와 관련이 있다고 확신했다. 자폐, 뇌성마비, 혹은 다른 질병으로 아이들이 어떤 어려움이나 장애를 겪고 있든 문제의 핵심은 언제나 뇌로 귀결된다.

뇌는 우리가 하는 모든 것의 체계를 세운다. 혼돈 속에서 질서를 만들어내고 우리에게 들어오는 끊임없는 자극의 흐름을 이해한다.[1] 하지만 뇌는 어떻게 이런 작업을 수행하는 걸까? 그리고 그것이 아이의 장애와 무슨 상관이란 말인가? 이 질문에 대해 먼저 간단하게 답을 하자면, 우리가 하는 모든 행동, 우리의 삶을 드러내는 모든 움직임, 모든 생각과 감정, 우리가 하는 모든 것이 가능한 이유는 살면서 끝없이 흘러 들어오는 자극과 감각에 질서와 일관성을 부여하고 체계화하는 뇌의 역량 덕분이다. 장애가 있는 아이들은 바로 이 과정에서 문제가 발생한다. 따라서 아이들이 지금 가지고 있는 한계를 뛰어넘어 성장할 수 있도록 도울 수 있는 최고의 방법은 바로 뇌 안에서, 즉 뇌의 기능과 그 세계를 이해하고 체계화하는 뇌의 능력 안에서 찾을 수 있다.

뇌는 우리가 하는 모든 것의 체계를 세운다. 혼돈 속에서 질서를 만들어내고 우리에게 들어오는 끊임없는 자극의 흐름을 이해한다.

## 🌿 뇌를 성장시키는 무작위적 움직임 🌿

아이는 태어나는 순간 자신이 신체, 감정, 욕구와 필요를 가지고 있는 이 세상에서 분리된 하나의 개체라는 것을 발견하기 시작한다.[2] 아이는 자신의 모든 감각, 자기 내부에서 일어나는 다양한 과정, 자신의 움직임 및 환경과의 상호작용으로부터 받아들이는 수많은 감각의 홍수에 둘러싸여 있다. 이런 경험을 통해 혼란에서 질서가 만들어지며, 아무런 목적도 없던 무작위적 움직임과 감각들이 목적과 의도를 가진 이해 가능하고 유의미한 행동으로 탈바꿈한다.

태어난 첫 몇 주 동안 침대에 누워 있으면서, 아기의 뇌는 자신이 느끼는 감각으로 무엇을 할지, 자신의 움직임과 자신이 인지한 것들을 어떻게 구조화할지 생각하기 시작한다. 방금 태어난 아기를 보면, 아마도 수많은 씰룩거림, 꿈틀거림, 그리고 내가 '무작위적 움직임'이라 부르는 비의도적 움직임들을 볼 수 있다. 이 모든 움직임이 목적성을 띤 것처럼 보이지는 않는다. 하지만 우리에겐 보이지 않는 활동이 뇌에서는 일어나고 있다. 실제로 그 안에서 엄청나게 많은 일이 일어난다.

아이들이 동작 하나하나를 할 때마다 양질의 감각들이 뇌로 전송된다. 아기가 폭신폭신한 담요를 가로질러 움직일 때 팔에서 느껴지는 감각과 아기의 등에 가해지는 압박에서 오는 감각들이 뇌로 전달된다. 근육, 관절, 뼈가 함께 움직이면서 뇌로 보내지는 감각 덩어리도 마찬가지다. 작은 팔을 뻗었더니 엄마가 애정이 느껴지는 손길로 그 팔을 꼭 잡아 부드러운 엄마의 음성을 들려준다. 아기는 이 모든 것을 경험한다.

아기는 자신이 느끼는 각각의 감각을 다 다르게 느끼고 처리할 줄 아는 잠재력을 지니고 있다. 이러한 여러 감각 사이에서 확연한 차이점을 인지할 수 있는 뇌의 능력은 뇌가 사용하는 정보의 원천이다. 이러한 정보를 통해 뇌는 스스로를 구조화하고, 신체를 구조화하고, 세상을 이해하는 엄청난 과정을 수행해낸다. 바로 이 지점에서 차이점을 식별해내는 뇌의 능력을 촉진함으로써 장애를 가진 아이를 도울 수 있는 최고의 기회를 찾을 수 있다.

## ☙ 차이를 인식하는 데서 모든 것이 시작된다 ❧

무작위적 움직임에서 의도적이며 목적을 지닌 움직임으로의 변화는 차이점을 식별하는 뇌의 능력에서 시작된다. 이렇게 비범한 능력을 우리는 너무나 당연하게 여긴다. 차이를 식별하는 것이 단순한 과정처럼 보이기도 한다. 이는 우리가 하는 모든 일의 바탕이 되는 능력 중 하나지만, 우리는 그런 능력에 대해 생각하거나 심지어 자신이 그런 능력을 가지고 있다는 사실조차 알아야 할 필요가 없다. 하지만 분명한 사실은 차이점을 인식하는 뇌의 능력 없이 우리가 할 수 있는 일은 거의 혹은 하나도 없다는 것이다. 우리의 모든 행동은 물론이고 기술의 습득과 생존 그 자체가 전적으로 이러한 뇌의 능력에 달려 있다.

보고, 듣고, 맛보고, 냄새 맡고, 움직이며 신체에서 느껴지는 것에서 차이점을 식별할 수 있는 아이의 능력은 새로운 신경학적 연결과 신경의 연결 통로를 만들어내는, 뇌가 가진 능력의 핵심이다. 그리고 이는 뇌를 위한 정보의 원천이다.[3] 차이점을 식별해내는 바로 이 능력에서 아이들이 미래에 사용하게 될 패턴들이 만들어진다. 장난감을 쥐는 법을 배우거나, 엄마라고 말하는 법을 배우거나, 걷기, 특정 단어나 이름에 반응하기, 혹은 아빠가 집에 오면 기뻐하는 모든 행동과 생각과 감정이 바로 차이점을 식별하는 뇌의 능력에서 나온다. 이러한 능력이 얼마나 중요한지 우리가 진정으로 이해하게 될 때, 장애가 있는 아이를 도울 수 있는 새롭고 광활한 가능성이 열린다.

## ☙ 다리를 두 개로 인식하지 못하는 아이 ☙

장애가 있는 아이의 뇌는 최소한 현재 아이가 제약을 느끼는 부분에서 차이점을 식별하는 데 반드시 도움을 필요로 한다. 예외는 없다. 그렇다면 아이들에게 필요한 도움은 어떤 것일까?

캐시라는 작은 소녀의 사례는 뇌가 특정한 움직임, 기술, 혹은 활동을 발달시키기 위해 무엇을 필요로 하는지 우리가 이해하고, 적절한 도움을 줄 때 어떤 결과를 얻을 수 있는지 잘 보여준다.

캐시를 처음 본 건 그 아이가 세 살 때였다. 캐시는 태어나면서부터 뇌 손상을 입었고, 이로 인해 심각한 뇌성마비를 가지고 있었다. 캐시의 팔, 다리, 복부 근육은 강직이 심해서 심각할 정도로 뻣뻣하게 굳어 있었고, 스스로 할 수 있는 움직임이 거의 없었다. 캐시가 움직이려고 할 때마다 몸 전체가 훨씬 더 뻣뻣해졌다. 캐시의 부모가 내 테이블에 캐시를 앉은 자세로 올려놓자, 캐시는 등을 말아 구부정한 자세를 취했고, 팔도 몸 안쪽으로 붙여 더욱 뻣뻣해졌다. 캐시가 앉아 있는 테이블은 넓고 푹신푹신하며 매우 안전한 마사지 테이블 같은 것이었는데도 캐시는 그 위에 떨어지지 않으려고 엄청나게 애를 쓰고 있었다. 나는 그런 캐시를 보고 있기가 무척 힘들었다. 테이블 위에 있는 것이 캐시에게는 매우 무서운 상황임이 분명했다. 무엇보다 앞으로 쭉 뻗어 있는 캐시의 두 다리는 꼭 붙은 채로 떨어지지 않았다.

그 후로 몇 달 동안 캐시는 나와 정기적으로 레슨을 했고, 그동안 '아홉 가지 핵심 원칙'을 사용하며 캐시의 상태는 매우 좋아졌다(아홉 가지 핵심 원칙에 대해서는 2부에서 자세히 설명할 것이다). 캐시는 더 잘 돌아다 닐 수 있게 되었고 팔과 등을 사용하는 조절력도 더 좋아졌다. 좀 더 편안하게 일어날 수 있게 되었고, 균형을 유지하는 능력도 향상되었다. 앉아 있는 것도 이제는 무서운 일이 아니었다. 심지어 캐시의 발화도 향상되었고 사고하는 능력 또한 좋아졌다. 이전과는 달리 서너 개의 똑같은 문장을 계속해서 반복하지 않았고 독립적인 사고를 한 후 자신의 요구를 좀 더 명확하게 전달할 줄 알게 되었다.

하지만 나도 캐시도 풀지 못하는 한 가지 문제가 있었다. 그것은 우리가 무슨 짓을 해도 제자리걸음이었다. 캐시의 두 다리는 뻣뻣한 상태로 여전히 서로 딱 붙어 있었는데, 캐시가 가만히 있을 때에도 마치 투명붕대로 두 다리를 묶어놓은 것처럼 서로 붙어 있었다. 내가 아주 천천히 부드럽게 다리를 잡고 움직이면 다리를 서로 떼어놓을 수 있었고 두 다리를 각각 자유롭게 움직여볼 수도 있었다. 하지만 캐시가 직접 다리를 움직이려고 하거나 다른 방식으로 움직이려고 할 때면 두 다리가 뻣뻣해져서는 딱 붙어버렸다. '어떻게 다리를 제외한 다른 모든 부분이 움직이는 방법을 다리에 새롭게 적용해서 좀 더 자유롭게 움직이도록 할 수 있을까?' 나는 계속 궁리했다.

그러던 어느 날 갑자기 한 가지 사실을 깨닫게 되었다. 캐시가 자신의 다리가 두 개인지 모르고 있다는 것이었다. 캐시는 한 번도 두 개의 다리가 각각 독립되어 있다고 느낀 적이 없었다. 그도 그럴 것이 캐시의 두 다리는 항상 하나처럼 움직였기 때문이다. 캐시는 지금까지 한 번도 오른쪽 다리와 왼쪽 다리의 차이점을 인식해본 적이 없었다. 차이점을 인식할 수 없다면 그것은 존재하지 않는 것이나 다름없다. 경험상으로도 캐시의 다리는 두 개가 아니라 한 개였고, 캐시의 뇌도 자신의 다리를 두 개가 아닌 하나로 인식했다. 캐시는 자신의 다리에 대해서 '개체 1', '개체 2'라는 개념 자체를 가지고 있지 않았다. 캐시에게 다리는 오직 '개체 1'일 뿐이었다. 캐시를 본 사람이라면 당연히 캐시가 왼쪽 다리 하나, 오른쪽 다리 하나, 총 두 개의 다리를 가졌다고 말하겠지만, 캐시의 뇌만은 이 사실을 알지 못했다.

차이점을 인식할 수 없다면 그것은 존재하지 않는 것이나 다름없다.

최근 마이클 머제니치Michael Merzenich 박사와 동료들은 쥐의 뒷다리에 뇌성마비와 같은 증상이 나타나도록 유도했다.[4] 쥐들이 태어나자마자 두 뒷다리를 함께 묶어서 항상 하나처럼 움직이게 만든 것이다. 얼마 후 묶었던 뒷다리를 풀어주었지만, 쥐는 다리가 하나밖에 없는 것처럼 두 다리를 계속해서 함께 움직였다. 캐시가 그랬듯이 쥐들의 뇌 지도에서 뒷다리가 두 개가 아닌 하나로 인식된 것이다.

두 다리를 하나로 인식하도록 캐시의 뇌 지도가 형성되어 있다는 나의 깨달음은 아주 중요한 발견이었고, 이후 나의 작업에 상당한 영향을 미쳤다. 이전에는 인지하지 못했던 차이점들을 식별해낼 수 있는 환경을 제공해줌으로써 뇌의 놀라운 유연성과 능력을 이용하여 아이들의 뇌를 바꾸고 뇌 지도를 다시 그려낼 수 있도록 돕는다면 새로운 가능성의 세계가 열릴 수 있다는 것을 알게 되었다.

# 놀이를 통해 뇌 지도를 바꾸다

캐시의 뇌 지도가 다리를 하나로 인식하도록 형성되어 있다는 것을 깨닫고 나자 어떻게 해야 할지 분명해졌다. 어떤 방법을 이용해서든 캐시가 자신의 다리가 두 개임을 느끼고 알아차릴 수 있게 해야 했다. 하지만 어떻게 그것을 가능하게 할 수 있을까? 여러 번 캐시의 다리를 따로 움직이게 해보았지만, 소용이 없었다. 캐시의 뇌는 다리를 하나로 인식하는 뇌 지도에 따라 모든 운동과 감각을 받아들였다. 자신의 다리가 두 개라는 것을 알아차려야 하는 사람은 나도 아니고 부모도 아니고 바로 캐시였다. 그렇게 하기 위해서는 캐시가 자신의 다리가 두 개라는 것에 관심을 가지고 주의를 집중하며 그것을 인식하도록 해야 했다.

모든 아이들이 그렇듯 캐시도 노는 것을 좋아하는 아이였다. 캐시를 무릎에 앉히고 등을 내 가슴에 기대게 한 다음 나는 지울 수 있는 무독성의 마커를 꺼냈다. 그러고는 내가 볼 수 있게 캐시의 오른쪽 다리를 부드럽게 들어올렸다. 나는 가볍게 캐시의 오른 무릎을 쳐서 캐시가 그 방향을 바라보게 한 다음 오른쪽 무릎에 그림을 그려도 괜찮은지 캐시에게 물어보았다. 캐시는 괜찮다고 했다. 그러고는 "고양이를 그릴까, 강아지를 그릴까?"라고 물어보았다. 캐시는 "강아지요"라고 답했다. 나는 "갈색으로 강아지를 그리는 게 좋아, 아니면 빨간색이 좋아?"라고 물었고, 캐시는 빨간색을 택했다.

캐시의 뇌가 오른쪽 다리와 왼쪽 다리, 즉 '개체 1'과 '개체 2'의 차이점을 인식하기 위해 필요한 질문은 이것이 전부였다. 나는 캐시의 오른쪽 무릎에 빨간색 강아지 그림을 계속해서 그려나갔다. 아주 아주 천천히, 강아지의 특정 부분을 그릴 때마다 그것의 이름을 말해주었다. "여기 강아지 코야. 여기에 한 쪽 귀를 그리고 다른 한쪽 귀는 여기에." 이런 식으로 계속 캐시의 무릎에 강아지 그림을 그려나갔다.

내가 그림을 그리는 것을 지켜보고, 내가 하는 말을 듣고, 피부에 느껴지는 펜의 감각을 느끼는 동안 캐시는 얼어붙은 듯 꼼짝도 하지 않았다. 그림을 다 그린 다음에는 방에 함께 있던 캐시의 엄마에게 강아지 그림을 보여주고 나도 캐시도 강아지 그림을 볼 수 있도록 캐시가 다리를 움직이게 도와주었다. 그런 다음 오른쪽 다리를 제자리에 내려놓고 천천히 캐시의 왼쪽 다리를 들어 올리면서 일부러 놀란 듯 실망스러운 목소리를 내며 농담조로 말했다. "오! 이쪽 다리엔 강아지도 고양이도 없잖아!"

바로 그 순간, 다른 한쪽 다리가 거기에 있다는 것을 캐시가 처음으로 알아차렸음을 분명하게 느낄 수 있었다. 하나가 아닌, 두 개의 다리가 거기 있었다. 나는 캐시에게 왼쪽 무릎에는 강아지와 고양이 중 무엇을 그리고 싶은지 물어보았다. 이번에 캐시는 고양이를 택했다. 그리고 나는 캐시의 왼쪽 무릎에 고양이를 그렸다. 나는 천천히 신중하게 왼쪽 무릎에 고양이를 그려나갔다.

캐시의 왼쪽 다리와 오른쪽 다리에 각각 다른 그림이 그려져 있다는 사실은 캐시의 뇌가 하나의 다리에서 두 개의 독립적인 다리로의 인식 전환을 일으킬 수 있는 새로운 가능성을 열어주었다. 나는 캐시에게 강아지와 고양이의 그림을 각각 누구에게 보여주고 싶은지 물었다. 캐시의 두 무릎을 가까이 대면서 강아지와 고양이가 서로 친해지기를 바라는지도 물었다. 또 두 무릎을 떼어내며 강아지와 고양이가 헤어지기를 바라냐고 묻기도 했다. 그밖에도 캐시에게 손으로 강아지나 고양이를 만져보라고 하기도 했고, 고양이가 엄마의 손을 만지게 하기도 했다. 우리는 이렇게 강아지와 고양이를 응용한 다양한 방식으로 캐시에게 오른쪽 다리와 왼쪽 다리를 각각 인식하게 만들었다.

얼마 지나지 않아 캐시는 태어나서 처음으로 고양이 무릎과 강아지 무릎을 구별할 수 있었고, 스스로 두 무릎을 독립적으로, 그리고 자신의 의도대로 움직일 수 있게 되었다. 태어나서 처음으로 두 개의 다리를 인식하게 된 것이다. 첫 움직임은 다소 뻣뻣했고 경련이 일어나기도 했으며 움직일 수 있는 범위도 제한적이었다. 하지만 그것은 캐시가 의도한 움직임이었다. 캐시는 스스로 그 움직임을 만들어내고 있었다.

## ⚘ 차이를 인식하기 시작한 뇌 ⚘

소소하지만 재미있고 즐거운 강아지-고양이 게임을 통해 캐시의 뇌는 점점 더 섬세한 차이점을 인식하고 부족했던 감각을 조금씩 보완해나갔고, 그 결과 두 다리 사이의 차이점을 받아들이고, 정리하고, 식별해냈다.[5] 이러한 변화로 캐시의 다리를 점령했던 강직Spasticity이 점점 줄어들었고 신체 전반적으로 움직임을 조절하는 능력이 향상되었다.

이 과정에서 중요한 것은 캐시와 내가 함께 협동해서 캐시의 뇌가 두 다리 사이의 차이점을 느끼고 인식할 기회를 만들어주었다는 것이다. 이 기회를 통해 캐시의 뇌는 '개체 1'(왼쪽 다리)과 '개체 2'(오른쪽 다리)를 두 개의 뚜렷이 다른 신체 부위로 구별해 인식했고, 이는 보다 섬세한 움직임과 조절로 이어졌다. 주목할 점은 우리가 캐시의 다리를 붙잡고 억지로 움직이지 않았다는 점이다. 뇌성마비만 없었어도 캐시가 당연히 해냈을 것들을 캐시에게 억지로 시키려고 하지 않았다. 나는 캐시를 서게 하거나 걷게 하려고 하지 않았다. 오히려 우리는 캐시의 뇌가 자신에게 필요한 정보를 얻는 것에 집중했다. 캐시가 이전에는 한 번도 인식하지 못했던 차이점들을 인식하게 도와줌으로써 캐시의 뇌가 다리의 움직임을 알아차리고 조직화하기 위해 필요한 정보를 얻는 데에만 집중했다. 그것은 다리를 치료하는 작업이 아니라 뇌를 위한 작업이었다.

시간이 흐르면서 캐시의 상태는 계속 좋아졌다. 내가 마지막으로 캐시를 보았을 때, 캐시는 스스로 설 수 있었고, 천천히 돌아다녔으며, 가구를 붙잡고 옆으로 한 발짝씩 걸을 수 있었다. 사고는 계속해서 점점 더 명확해지고 있었다. 캐시가 다섯 살이 되었을 때 사람들은 캐시를 매우 밝은 아이라고 생각했다. 물론 캐시는 원래부터 밝은 아이였다. 캐시가 세 살 무렵이었을 때는 아무도 그 아이를 지금과 같이 좋아지리라고 생각하지 않았다.

# ♣ 뇌 안의 퍼즐 조각으로 오리를 만드는 법 ♣

아이들이 문제없이 움직일 때, 신체 기관 각각의 차이를 인식하는 것은 뇌에서 얻는 정보가 확장되는 데 도움이 된다. 이렇게 얻은 정보는 뇌는 물론이고 신체를 조직하고 세상을 이해하는 과정에도 활용된다. 뇌는 차이점을 인식해서 얻은 정보를 서로 다른 뇌세포 간의 새로운 연결을 만드는 데 사용하는데, 이러한 능력을 차별화 과정Differenciation이라고 부른다.[6] 차별화 과정을 통해 아이의 뇌는 성장하고 변화하는 동시에 의도적이고 유동적이며 정확하고 효과적인 방식으로 움직이고 활동할 수 있는 능력의 근본인 복잡하면서도 통합적인 패턴과 뇌 지도를 만들어낸다.

세미나에서 나는 화이트보드에 오리 한 마리의 윤곽을 그려놓고는 차별화 과정에 대한 토론을 시작하곤 한다. 그러고 나서 나는 딱히 정해진 모양이 없는 네다섯 개의 커다란 형태를 그린다. 그런 다음 이 모양을 퍼즐 조각이라 생각하고 이것들을 모아 오리 윤곽 안에 들어가게 맞추는 상상을 해보라고 한다. 내가 그린 네다섯 개의 큰 조각만으로는 오리 비슷하게 생긴 형태를 만드는 것이 사실상 불가능하다.

그런 다음 나는 화이트보드에 훨씬 더 작은 형태를 아주 많이 그린다. 작은 원, 사각형, 삼각형, 정해지지 않은 모양, 점 등을 그려놓는 것이다. 이것들을 가리키면서 이번에는 학생들에게 오리 이미지를 만드는 데 필요한 만큼의 모양 조각들이 많이 있다고 상상해보라고 한다. 이렇게 작은 조각으로는 오리 이미지를 정확히 만들 수 있는 것은 물론

만들고자 하는 모양
행동

제한된 차별화과정
뇌에 몇 가지 모양 조각만 존재한다.

몇 개의 모양 조각만으로 뇌에서
성공적으로 원하는 모양(행동)을
조직할 수 없다.

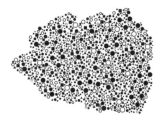

더 향상된 차별화 과정
뇌에 다양한 작은 모양 조각이 존재한다.

다양하고 작은 모양 조각이 있을 때
뇌는 원하는 모양(행동)을 성공적으
로 조직할 수 있다.

이고 좋아하는 다른 어떤 이미지도 만들 수 있다.

　이런 접근 방식은 뇌 안에서 이루어지는 차별화 과정과 통합 과정을 이해하는 데 도움이 된다. 그리고 이러한 차별화 및 통합 과정을 통해 좀 더 세밀하고 절제된 움직임 기술이 발달한다. 뇌 안에 작은 모양체가 충분히 존재한다면, 우리는 자신이 원하는 움직임을 '그려낼' 수 있다. 이런 과정은 그리고 싶은 생각이나 들은 말을 이해하는 데에도 똑같이 적용된다. 우리가 (물리적, 인지적, 정서적으로) 만들어내는 모든 움직임은 뇌에 의해 체계화된다는 것을 분명히 기억해야 한다. 간단히 말해서, 뇌는 우리가 하는 모든 것에 질서를 부여하는 패턴을 만들어낸다. 이는 뇌가 마음대로 사용할 수 있는 수없이 다양한 조각들이 있기에 가능하며, 이와 같은 수많은 정보의 조각들은 차이점을 인식할 수 있을 때 생성된다.

　뇌 안에 작은 모양체가 충분히 존재한다면, 우리는 자신이 원하는 움직임을 '그려낼' 수 있다.

　캐시의 이야기에서 캐시가 처음으로 자신의 다리가 두 개라는 것을, 즉 '개체 1'만이 아닌 '개체 1'과 '개체 2'를 처음으로 깨달았던 부분을 다시 한 번 되돌아보자. 우리는 캐시의 무릎에 그린 개와 고양이 그림을 가지고 놀 수 있는 여러 가지 방법을 찾아냈고, 이는 캐시의 뇌에 점과 모형으로 가득 찬 다발을, 즉 무수히 많은 작은 조각 모음을 선물한 것과 같다. 캐시는 살면서 처음으로 두 다리 사이의 차이점을 인식했고, 그것은 캐시의 뇌가 두 다리의 움직임을 구별해낼 수 있는 출발점이 되었다. 캐시의 뇌는 이제 자발적으로 다리를 움직이기 위한 뇌 지도를 만들어내는 데 필요한 정보를 갖게 된 것이다. 캐시는 이제 두 다리를 인식할 수 있는 뇌 지도를 그리기 위한 수백만 개가 넘는 정보 조각을 가지고 있다. 그것은 다리가 하나가 아니라 두 개라는 것을 인지하게 했을 뿐만 아니라, 좀 더 부드럽고 좀 더 정확하게 다리를 움직이도록 조작하기 위해서 뇌가 무엇을 필요로 하는지를 알아내도록 했다.

주목할 점은 캐시의 뇌가 만든 점과 모형들이 모두 캐시가 나중에 배우게 될 무수히 많은 다른 움직임을 위한 패턴을 만들어내는 데는 물론이고 차별화 과정을 거치는 데에도 매우 유용하게 사용된다는 사실이다. 뇌가 점점 더 세밀하고 정교한 차별화 작업 과정을 진행할수록, 더 많은 점과 모양의 집합체를 뇌가 수행하는 거의 모든 과정에 사용할 수 있다.


## 🌿 무질서에서 질서를 만들어내다 🌿


어떤 이들은 점과 모형이라는 이 개념이 캐시처럼 신체적 제약이 있는 경우에 효과가 있다는 것은 알겠지만, 이름을 불러도 반응하지 않는 아이 혹은 다른 행동적, 정서적, 감각적, 지적 문제를 가지고 있는 아이의 경우에는 어떻게 해야 하는지 의문을 가질 수 있다. 아이와 몇 시간이나 씨름을 하고 할 수 있는 방법은 모두 사용해보았는데도 열 살짜리 아이가 아직도 글을 읽을 줄 모른다면, 그때는 과연 이런 내용을 어떻게 활용할 수 있을까? 서너 명이 넘는 사람과 같이 있기만 하면 고함을 지르고 화를 내는 아이에게는 이런 정보가 과연 어떤 도움이 될 수 있을까?

이런 증상은 자폐 스펙트럼 진단을 받았거나, 전반적인 발달장애를 가지고 있거나, 혹은 감각 통합 문제가 있는 아이들에게는 흔히 나타나는 증상이다. 정서 및 인지적 어려움을 겪는 아이들에게 대개 신체적, 운동적 어려움도 함께 나타나는 경우가 많다. 그 이유는 뇌가 정신과 신체를 하나의 전체로 구성하기 때문이다. 즉, 뇌는 신체와 정신을 서로 다른 것으로 분리하여 인식하지 않는다.

아이의 신체적 제약과 뇌의 관계를 이해하는 것이 어려운 것처럼, 아이에게 인지, 감각, 정서, 행동과 관련된 문제가 있을 때 뇌가 무엇을 필요로 하는지 알아내는 것 또한 쉬운 일이 아니다. 오히려 후자가 훨씬 이해하기 힘들 수 있다. 희소식은 차이점을 인식하고 차별화 작업을 하는 과정이 인지, 감각, 정서, 사회적 행동 등 모든 기술의 발달에 그대로 적용된다는 것이다.

차이점을 인식하는 것과 차별화 과정의 영향력이 인지, 정서, 사회적 행동 문제를 가지고 있는 아이에게 어떤 도움이 될 수 있는지 줄리안의 경우를 통해 살펴보자. 줄리안을 처음 만난 건 그 아이가 세 살 때였다. 줄리안의 진단명은 자폐였다. 줄리안 옆에 서서 복도를 지나 처음으로 내 사무실로 걸어갔던 날이 아직도 생생하다. 처음 내가 줄리안에게 주목한 점은 그 아이가 가지고 있는 신체적 증상이었다. 줄리안이 걸을 때 몸이 구부정하게 앞으로 쏠리는 것과 바닥을 조금 쓸며 걷는 것이 신경이 쓰였다.

처음부터 내가 곁에 있어도 불편함을 느끼는 것 같아 보이지 않았기에 나는 줄리안에게 간단한 질문 몇 개를 던져보았다. 줄리안은 즉시 답했지만 발음이 불분명해서 이해하기가 어려웠다. 줄리안은 침을 많이 흘렸고, 줄리안이 하는 말의 문장 구조는 일관성이 없었다. 완성되지 않은 채 마치 공중에 떠 있는 생각처럼, 줄리안이 말하는 것은 모두 불완전했다. 줄리안의 엄마의 말에 따르면 미세한 운동 협응 기능[2]도 떨어진다고 했다.

줄리안과 엄마와 함께 내 방에 들어온 후 나는 줄리안이 장난감 하나를 집어 들면 마치 장난감을 잡았다는 사실을 잊어버린 것처럼 그 장난감을 손에서 그냥 놓아버리는 것을 발견했다. 손에 쥔 장난감에 대한 정보를 망각하고 그냥 그 장난감을 바닥에 떨어뜨리는 모습을 보고 줄리안이 어떻게 사고를 형성한 다음에 어떻게 그 생각을 없애버리는지 알 수 있었다. 줄리안의 행동에서 내가 받은 인상은 마치 누군가가 줄리안의 뇌로 들어가는 입구에 뿌연 렌즈를 심어두어서 뇌로 들어오는 모든 정보들이 불분명하고, 흐릿하고, 모호하게 변해버리는 것 같다는 느낌이었다. 그 결과 줄리안 역시 그렇게 행동할 수밖에 없는 것처럼 보였다. 줄리안은 자신과 자신을 둘러싼 주변 상황을 이해할 수 있을 만큼 차이점을 분명히 구별해내지 못하고 있었다.

---

**2**  fine motor coordination, 소근육 운동 기능이라고 볼 수도 있다.

이런 결론을 내린 후, 나는 줄리안을 테이블 위에 배를 댄 채 엎드려 눕게 했다. 그리고 나의 왼손을 줄리안의 오른쪽 어깨에 살짝 올려놓고 처음에는 2센티미터 정도만 살짝 줄리안의 어깨를 아주 부드럽게 올려보았다. 실제로 줄리안의 어깨는 아주 조금 움직였다. 이런 식으로 어깨를 움직여보고 난 후, 나는 줄리안의 어깨와 등이 통째로 뻣뻣하게 함께 움직인다는 것을 알 수 있었다. 왼쪽 어깨를 움직였을 때도 마찬가지였다. 유연한 관절과 연조직, 탄력 있는 근육을 가진 살아 있는 인간의 몸을 움직인다기보다 마치 나무 한 토막을 움직이는 것만 같았다.

나는 계속해서 줄리안의 다리, 골반, 머리 움직임이 체계가 잘 잡혀 있는지 확인해나갔다. 이유는 알 수 없지만 줄리안의 뇌가 기민함, 힘, 명확성과 조절력을 얻을 수 있을 만큼 충분히 신체 여러 부위를 식별하지 못한다는 것이 확실해졌다. 비슷한 이유로 줄리안은 주변 소리와 환경을 구별하지 못했고, 아주 기본적인 말을 제외하고는 줄리안이 하는 말과 생각은 전혀 논리적이지 않았다. 줄리안의 뇌는 확실히 차이점을 식별하는 것에 매우 취약했다. 줄리안의 뇌에는 줄리안이 활용할 수 있는 다양한 모양 조각들이 충분히 존재하지 않는다는 것이 명백했다. 나는 줄리안에게 가능한 많은 차이점을 알아차릴 수 있는 기회를 제공하는 것에서부터 레슨을 시작하기로 마음먹었다. 줄리안의 몸을 움직이는 것에서부터 시작하여 적당한 때라고 여겨지면 언제라도 경험이 발생할 때 그 경험의 일부를 묘사하는 단어를 사용했다.

줄리안은 세 살이었지만, 손가락과 손의 다른 부분의 분화 정도는 한 달 된 아기의 수준이었다. 자신의 손에 제각각 움직일 수 있는 다섯 개의 손가락이 있다는 사실을 인식하지 못하는 신생아는 손으로 주먹을 꽉 쥐었다가 펴는 정도의 움직임만을 할 수 있다. 줄리안은 여전히 자신의 손을 하나의 덩어리인 '개체 1'로 인식하고 있었다. 장난감을 잡으려고 할 때, 줄리안은 필연적으로 주먹을 쥐었다 펴곤 했는데, 이는 줄리안이 손 동작을 조절하는 데 제약이 있음을 보여주는 것이었다.

차이점을 잘 인식하지 못하고 분화가 덜 된 것 같은 흐릿한 움직임은 줄리안의 손에서만 드러나지는 않았다. 발을 질질 끌며 걷는 방식에서도, 침을 흘리는 것에서도, 불분명한 발음에서도, 스스로 무언가를 표현하려고 할 때 뒤죽박죽이 되어버리는 생각 체계에서도 흐릿함이 나타났다. 사실상, 줄리안은 전반적으로 차별화 과정이 부족해 분화가 충분히 이루어지지 않은 미분화의 상태에 머물러 있었고, 이러한 결함이 줄리안의 신체와 정신적인 부분 전반에 걸쳐 나타났다.

다양한 움직임을 통해서 나는 줄리안이 자신의 머리를 개체 1로, 어깨와 등은 개체 2로 인식할 수 있도록 도왔다. 그렇게 하고 나서 다시 어깨는 개체 1이고 등은 개체 2임을 인지하도록 했다. 마치 마법처럼, 줄리안은 곧 등을 훨씬 잘 움직일 수 있게 되었다. 등을 좀 더 힘차게 구부릴 수 있게 되었으며 더욱 유연하고 정확하고 편하게 한 방향에서 다른 쪽으로 등을 비틀 수도 있게 되었다.

이어서 나는 줄리안의 팔뚝을 잡고 천장을 향하게 팔을 위로 들어올렸다. 그리곤 부드럽고 경쾌하게 팔을 흔들어 손이 이러저리 흔들리게 했다. 조금 뒤 나는 팔을 흔드는 것을 잠시 멈췄다. 줄리안은 기대에 차서 멈춘 자신의 손을 바라보며 기다렸다. 그리곤 "또 해주세요!"라고 말했다. 손이 움직이다가 멈췄다는 것을 알아차린 것이었다. 줄리안이 차이점, 다시 말해 손이 움직일 때와 멈췄을 때의 차이점을 인식한 것이다. 나는 팔을 흔들었다가 멈추기를 반복했다. 1, 2초가 지나면 줄리안은 또 한 번 해달라고 했고 그러면 나는 다시 팔을 흔들었다.

이 과정을 통해 줄리안의 집중력이 눈에 띄게 좋아졌다. 처음 줄리안을 봤을 때처럼 다른 세계에 있는 듯이 보이지 않았다. 자신의 존재와 자신의 경험을 인지한 상태로 줄리안은 나와 함께 바로 그곳에 온전히 존재하고 있었다.

이 과정을 몇 번 반복하고 나서, 나는 줄리안에게 내가 무슨 팔을 들어줬으면 좋겠냐고 물어보았고 줄리안이 하자는 대로 했다. 줄리안은 자기 팔의 존재와 손목에서 느껴지는 새로운 움직임을 금세 알아차렸다. 다음 번에는 무슨 팔을 움직일지 줄리안이 정하도록 함으로써, 스스로에 대한 자각을 일깨우고 차이점들을 식별해내는 향상된 능력을 사용할 수 있는 권한을 더 많이 부여해주었다. 우리는 20분가량 이런 방식으로 움직임에 변화를 줘가면서 계속해나갔고 그날 수업을 마쳤다.

다음날 줄리안의 엄마가 말하길 줄리안이 침 흘리는 것이 눈에 띄게 줄어들었다고 했다. 줄리안은 또한 이전에는 피하기만 했던 게임을 자발적으로 했다. 그 게임은 당시 줄리안이 할 수 있는 것보다 더 많은 손의 협응을 필요로 했고, 정신적으로도 너무 어려운 과업이었다. 이제 줄리안은 그 게임을 수월하게 잘 해낼 수 있게 되었다. 이 모든 것이 줄리안의 뇌가 차이점들을 식별하고, 분별해내고, 자신의 활동을 조직하는 일을 훨씬 더 잘 해내고 있다는 증거였다.

그 이후로 나는 매일 줄리안이 스스로를 좀 더 새로운 방식으로 자각하고 새롭고 더욱 세밀한 차이점들을 식별해낼 수 있는 기회를 계속해서 만들어주었다. 네 번째로 수업을 하던 날에는 놀라운 일이 벌어졌다. 줄리안이 나를 쳐다보며 아빠가 오늘은 사무실에서 일하고 있다고 말했다. 줄리안의 발음은 훨씬 명확했고 문장도 완벽했다. 나는 줄리안에게 물었다. "아빠가 일하는 동안 보통 아빠 사무실에서 노는 거니?" 줄리안의 처음 대답은 다소 알아듣기 힘들었고 뭐라고 말하는지 도통 이해되지 않았다. 이는 줄리안이 무언가를 생각하는 동시에 그 순간 그 생각이 논리정연한 사고로 전환되지 못하고 있다는 것을 명백히 보여주었다. 그래서 나는 같은 말을 약간 달리 표현하여 다시 물어보았다. 그러자 이번에는 줄리안의 대답이 명확해지고 좀 더 정교해졌다. 줄리안은 계속해서 설명했다. 아빠 사무실 하나는 집에 있고 또 하나는 집이 아닌 곳에 있으며, 가끔은 집에 있는 아빠 사무실에서 놀긴 하지만 집이 아닌 사무실에서는 놀지 않는다고 말이다.

나는 기쁨을 감출 수 없었다. 아빠가 가진 두 개의 사무실에 대한 명확한 차이점을 설명해낸 줄리안의 능력은 정말 중요한 발전이었다. 이는 줄리안의 뇌가 '개체 1'과 '개체 2'를 더 잘 구별해낼 수 있으며, 그 결과 줄리안이 무질서 속에서 질서를 만들어낼 수 있다는 것을 의미했다. 오리 그리기 비유로 다시 돌아가 설명하자면, 줄리안의 뇌는 작은 조각들을 더 많이 모아 꾸러미를 채워나가며 더 능숙하게 차이를 식별해내고 있는 것이었다. 줄리안의 뇌는 신속히 정보를 얻어내 성공적으로 자신의 움직임, 발화, 사고에 대한 뇌 지도를 만들어냈다.

## 🌿 뇌의 변화를 가져오는 차별화 과정 🌿

2장에서 언급했듯이, 장애가 있는 아이를 돕고자 할 때 우리는 자동적으로 아이가 현재 할 수 없는 것을 하게 만드는 데 초점을 맞춘다. 그래서 경직된 팔을 운동시켜 움직이게 하거나 반복해서 아이가 눈을 맞추게 하거나, 상대가 하는 말에 반응하게 한다. 대부분의 아이들은 이런 지시에 따르기 위해 최선을 다하겠지만, 이런 방식으로는 큰 변화를 기대할 수 없다.

물론 아무것도 하지 않으며 아이를 방치하라는 의미는 아니다. 하지만 아이들과 수련을 할수록 분명하게 깨닫는 한 가지는 아이들이 하지 못하는 것을 가르치려 하면 아이들은 그것을 배우기보다 자신의 한계를 줄곧 학습하게 된다는 것이다. 즉, 자신이 뭔가를 할 수 없거나 하긴 하더라도 형편없다는 사실을 반복하여 경험하게 된다. 이러한 경험이 하나의 패턴으로 자리 잡으면서 아이들의 현재 제약과 이러한 제약과 관련된 뇌 지도가 더욱 단단히 뿌리를 내리는 것이다. 우리는 언제나 우리가 경험한 것을 학습한다. 이것이 실제로 우리에게 일어나고 있는 현상이다. 이는 경험으로부터 배우는 것과는 다르다.

아이들과 수련을 할수록 분명하게 깨닫는 한 가지는 아이들이 하지 못하는 것을 가르치려 하면 아이들은 그것을 배우기보다 자신의 한계를 줄곧 학습하게 된다는 것이다.

아이들에게 도움을 주기 위해서는 차별화 과정을 통해 아이의 뇌가 수백만 개의 '개체 1'과 '개체 2'를 인식하게 하는 데 집중해야 한다. 실제로 건강한 아이들은 어머어마한 양의 '개체 1'과 '개체 2'를 보유하고 있으며, 이는 새롭고 더욱 완전하고 잘 구조화된 뇌의 행동 지도를 만들기 위해 반드시 필요하다.

변화가 쉬운 것은 아니다. (팔을 잘 움직이지 못하거나, 들은 말을 이해하는 데 어려움이 있거나, 뒤집고 앉고 걷는 것과 같은 행동을 하지 못하는 등) 우리 눈앞에 보이는 증상에 집중하기보다 아이의 뇌가 스스로 해결책을 만들어낼 수 있도록 도와주는 것으로 초점을 바꾸는 것이 쉬운 일은 아니다. 그러기 위해서는 먼저 우리의 사고방식을 바꾸는 것이 무엇보다 중요하다. 이러한 움직임을 만들기 위한 패턴과 기술을 형성하기 위해서 뇌가 필요로 하는 것이 무엇인지 뇌의 관점에서 생각해보는 것이 무엇보다도 중요하다. 그것을 알아내는 것은 결국 아이의 뇌다. 우리가 아이 대신 해줄 수 있는 일이 아니다.

뇌 안에서 이루어지는 광범위한 규모의 차별화와 통합 과정을 통해 아이들은 구르기, 앉기, 혹은 살면서 배워서 해야 할 모든 것들을 할 수 있는 능력에 갖게 된다. 수십억 개의 무수한 '개체 1'과 '개체 2'는 ('시냅스'라는) 수백만 개의 다양한 뇌 연결망 형성으로 이어진다. 이러한 연결망은 결국 걷고, 서고, 일어서는 등 아이가 해낼 수 있는 결과를 도출하는 복합적이고 역동적인 동시에 외부의 자극에 반응하고 끊임없이 진화하는 패턴과 합쳐진다.[7]

아이는 자신이 앉게 될지, 구르게 될지, 혹은 처음으로 엄마라고 말하게 될지 미리 알지 못하며 계획하지도 않는다. 하지만 처음으로 이 모든 것을 해내는 순간 아이는 자신이 할 수 있다는 것을 알게 된다. 아이들의 입장에서 본다면, 발달상의 어떤 단계를 성취하는 것은 전혀 예측하지 못했던 놀라운 일이다. 우리가 할 일은 아이의 뇌가 깨어나도록 도와주는 것이며, 아이의 뇌에서 일어나는 창조, 형성, 발견의 과정을 뒷받침해주는 것이다. 2부에서 살펴볼 아홉 가지 핵심 원칙을 통해 아이에게 이와 같은 도움을 줄 수 있는 법을 배우게 될 것이며, 이 모든 원칙은 아이와 함께 하는 활동이나 상호작용과 쉽게 결부될 수 있다. 모두 실행 가능한 것들이며 즉시 변화를 목격할 수 있을 것이다.

우리가 할 일은 아이의 뇌가 깨어나도록 도와주는 것이며 이러한 창조, 형성, 발견의 과정을 지지해주는 것이다.

'아홉 가지 핵심 원칙'은 가정에서 아이와 함께 하는 운동이나 치료 등 모든 부분에 이용할 수 있다. 그리고 이 원칙을 활용할 때 아이가 더 빨리 훨씬 쉽게 배워 향상되는 모습은 물론이고 더 행복한 아이의 모습도 볼 수 있을 것이다.

Anat Baniel Method

# Part 2

## 아이들 수천 명의
## 삶을 바꾼
## 아홉 가지 원칙

# 자신의 움직임에 주의를 기울인다

: 머리를 계속 젖히던 자폐아 캐시,
몸에 집중한 몇 초가 불러온 변화

움직임은 곧 삶이다.
움직임 없는 삶이란 생각조차 할 수 없다.

**_모세 펠덴크라이스**

움직이기 전까지는 아무 일도 일어나지 않는다.

**_앨버트 아인슈타인**


우리가 행동하고, 생각하고, 느끼고, 배우는 삶의 모든 부분을 '움직임'이라고 할 수 있는 이유에 대해 앞에서 이미 언급했다. 하지만 움직임에도 두 가지 종류가 있다. 하나는 기계적이고 '자동적인 움직임Automatic Movement'이고, 다른 하나는 '주의를 기울이는 움직임 Movement with Attention'이다. 이 두 종류의 움직임의 차이점을 이해한다면, 아이가 자신의 장애나 한계를 넘어설 수 있는 열쇠를 얻는 것과 같다. '주의를 기울이는 움직임'과 '자동적인 움직임' 모두 중요하다. 자동적이고 반복적인 움직임은 걷기, 말하기, 요리하기, 운전하기, 다른 사람과 의사소통하기와 같이 우리가 일상적으로 하는 다양한 기능을 별 문제 없이 수행할 수 있도록 해준다. 하지만 자동적이고 반복적이며 기계적인 움직임은 우리가 새로운 기술을 원하거나 그런 기술을 배우고자 할 때, 혹은 기존의 기술을 향상시키고자 할 때는 도움이 되지 않는다.

　연구에 의하면, 자동적인 움직임은 뇌에서 새로운 연결을 거의 혹은 전혀 만들어내지 못한다.[1] 자동적 움직임은 기존의 패턴을 더욱 강화하거나 심화한다. 여기에는 우리가 바꾸고 싶어 하는 패턴도 포함된다.[2] 반면에 우리가 움직일 때 그 움직임에 주의를 기울인다면 뇌는 아주 놀랄 만한 속도로 새로운 연결과 가능성을 만들어낸다.[3] 어린아이의 뇌는 초당 180만 개의 새로운 연결을 만들어낸다는 것이 과학적으로 입증되었다.[4] 이 사실을 이해한다면 아이의 인생은 물론이고 당신의 인생까지 바뀔 수 있다.

　우리가 움직일 때 그 움직임에 주의를 기울인다면 뇌는 아주 놀랄 만한 속도로 새로운 연결과 가능성을 만들어낸다.

　신체적 움직임이든, 정서적 움직임이든, 인지적 움직임이든 아이가 자신의 움직임에 주의를 기울이는 것은 새로운 학습과 발달을 위한 핵심 요소다. 이는 새로운 신경 연결을 형성하는 뇌의 능력을 확장하여 아이가 해낼 수 있는 것에 기적과 같은 변화를 가져온다. 이처럼 주의를 집중하는 것, 특히 움직일 때 자신이 무엇을 느끼는지에 집중하는 것은 특별한 도움이 필요한 아이들에게만 요구되는 것은 아니다. 태어나서 죽는 순간까지 필요한 능력을 배우고 갈고닦는 데 아주 중요한 역할을 하는 것이 바로 자신의 움직임에 집중하는 것이다.

자기 자신과 자신을 둘러싼 세계를 이제 막 탐색하기 시작했을 때 어린아이들이 움직이는 것을 자세히 관찰해보면, 아이들이 얼마나 깊이 몰두하고 집중하는지를 알 수 있다. 바로 이런 순간 '주의를 기울이는 움직임'이 우리 눈앞에서 펼쳐지고 있음을 알 수 있다. 예를 들면, 태어난 지 두 달이 된 아기는 침대에 누워 허공에서 자신의 손을 움직이며 그 손에 시선을 빼앗긴 채 하염없이 바라본다.[5]

또 다른 예를 들어보자. 아직 걷지 못하는 12개월 된 아이가 몇 발자국 떨어진 소파 위에 놓여 있는 장난감을 발견한다. 장난감에 관심을 가지고 소파까지 기어가서는 몸을 일으켜 세워서 소파 끝을 잡고 일어선다. 그러고는 장난감을 잡으려 오른손을 쭉 뻗는다. 손에 잡기에 장난감이 너무 멀리 있다. 뒤꿈치를 들어보지만 장난감을 잡기에 역부족이다. 그러자 이제 이 아이는 소파 위에 올라가기 위해 오른쪽 무릎을 구부리며 다리를 들어올린다. 하지만 다리를 소파 높이까지 높게 올리지 못하고 무릎이 소파 앞부분에 걸리고 만다.

그 순간 아이의 관심과 주의가 장난감에서 자기 자신, 즉 자기 다리로 옮겨간다. 소파 위에 올라가 장난감을 잡기 위해서는 자신이 무의식적으로 이미 잘 하고 있는 움직임에만 의존해서는 답이 없다. 아기는 한 번 더 시도해본다. 하지만 이번에는 방법을 좀 달리 해본다. 다리를 수평 방향으로 들어 올려 소파 좌석에 발을 걸치려 한다. 이 방법도 소용이 없다. 다시 다리를 내리고 온 정신을 자기 자신에게 집중한다. 잠간 시간을 갖으며 방금 자신이 한 경험을 소화시킨 다음 아이는 다시 다리를 들어 올리며 오른쪽 무릎을 구부려본다. 수평으로 다리를 올려봤는데 그 자세는 그렇게 편하지 않았다. 이번에는 등 아래 부분을 이전 보다 훨씬 더 많이 구부려본다. 이렇게 움직이니 골반을 좀 더 높이 올릴 수 있고 다리는 좀 더 가벼운 느낌이 들어 다리를 들어 올리기가 더 쉬워진다.

이제 아이는 다리를 더 높이 들어 올리고 있다. 무릎이 소파를 스치고 지나가는 것을 느끼며 무릎을 소파 위에 얹는다. 일단 무릎이 소파 위에 무사히 올라갔다는 것을 느끼면 무릎 쪽에 힘을 싣는 동시에 자신의 팔꿈치로 소파를 딛고 성공적으로 소파 위에 올라간다. 그 순간 아이의 관심은 다시 장난감으로 옮겨가고 이제는 장난감을 잡을 수 있다.

자신이 이미 할 수 있는 행동으로는 효과가 없을 때, 즉 위의 경우처럼 소파 위에 있는 장난감을 잡을 수 없을 때, 아이는 자신의 움직임과 자신이 무엇을 느끼고 있는지에 주의를 집중해야 한다.[6] 그렇게 해야만 아이의 뇌는 소파를 오르는 방법을 알아내는 데 필요한 새로운 정보를 얻을 수 있다. 그 과정에서 아이의 뇌가 무엇을 받아들여 활용할지 모든 것을 다 예측할 수는 없지만, 이처럼 자신의 행동에 주의를 기울이는 과정이 반드시 필요하다는 것만은 분명하다.

소파에 오를 수 있을 만큼 무릎을 높이 들어 올리려면 어떻게 해야 하는지 알아내는 경험으로부터 뇌가 얻은 정보는 아마도 나중에 한 다리로 균형을 잡고 설 때, 계단을 오를 때, 점프할 때, 스케이트를 탈 때 혹은 물리학 문제를 풀 때 사용될 수도 있을 것이다. 어쩌면 이 아이의 뇌는 어릴 때 겪은 이 경험에서 얻은 정보를 피아노, 첼로, 혹은 다른 악기를 연주할 때 적용할지도 모른다.

이처럼 아이가 자신의 행동에 주의를 기울이게 만들 때 가장 중요한 점은 아이가 자신의 행동이 아닌 엄마나 아빠, 물리치료사, 혹은 선생님에게 집중하게 만들어서는 안 된다는 것이다. 아이가 스스로 움직일 때 혹은 엄마가 아이를 움직여볼 때 아이가 자신이 경험하는 감각이나 느낌을 알아차리고 그에 따른 행동을 하도록 도울 방법을 찾아야 한다. 이처럼 아이가 자신의 움직임을 알아차리고 집중하는 과정을 나는 '어텐셔닝Attentioning'[1]이라고 부른다.

이런 식으로 아이가 자신의 움직임과 행동에 주의를 기울이게 하면, 아이의 뇌에 이전에는 불가능했던 새로운 가능성이 열린다. 다시 말해, 학습과 변화의 가능성이 열리는 것이다. 따라서 '자동적 움직임'과 '주의를 기울이는 움직임' 사이의 엄청난 차이점을 인식하는 것은 매우 중요하다. 예를 들어 손으로 물건을 잡는 데 어려움이 있는 아이가 있다. 그런 아이를 보면 우리는 아이 앞에 장난감 트럭을 가져다놓고 아이의 손을 잡아 트럭 위에 올리고는 트럭을 잡도록 할 것이다. 그러고는 트럭을 앞뒤로 움직이며 그 움직임에 따라 기계적으로 아이의 손도 함께 움직이게 할 것이다. 이 과정을 계속 반복하면 아이가 스스로 트럭을 잡을 수 있게 되리라고 믿으면서 말이다. 하지만 이런 과정은 대부분

---

1  이 책에서 대부분의 용어는 저자의 의도를 살려 영어의 표현을 그대로 사용했다. 어텐셔닝(attentioning)
   이라는 개념은 이 장의 마지막 부분 '움직임에 주의를 기울이는 방법'에서 더 자세하게 설명하고 있다.

별다른 효과가 없을 것이다.

만약 아이가 이런 동작을 스스로 해낼 수 있는 능력이 있는 상태라면, 이런 도움이 아이가 스스로 트럭을 잡고 놀 수 있도록 하는 데 보탬이 될 것이다. 하지만 아이가 이 활동에 스스로 참여하지 않고 그 과정에서 자신의 신체에서 느껴지는 감각에 면밀하게 주의를 기울이지 않는다면, 다시 말해 소파에 오르려던 아기처럼 자신이 느끼는 바에 따라 자발적으로 자신의 움직임을 바로잡으려 하지 않는다면, 아이의 뇌에서 변화는 거의 일어나지 않을 것이다. 반면에 아이가 자신의 움직임과 감각에 주의를 기울일 줄 안다면, 즉각적으로 유의미한 변화가 일어나기 시작할 것이다.

이런 식으로 아이가 자신의 움직임과 행동에 주의를 기울이게 하면, 아이의 뇌에 이전에는 불가능했던 새로운 가능성이 열린다.

아기가 가진 장애 때문에 집중하지 못할 수도 있고, 집중하지 못하는 것 자체가 아이가 겪는 어려움일 때도 있다. 다시 말해, 장애 때문에 아이가 움직이는 데 어려움을 겪기도 하지만 장애가 움직임에 집중하는 아이의 능력을 방해하기도 한다. 수천 명의 특별한 아이들과 작업을 하고 그 아이들의 부모와 함께하면서 내가 깨달은 것은 아이들이 스스로에게 집중하는 능력과 자신이 움직일 때 느끼는 감각에 집중할 수 있는 능력을 키우도록 해야 한다는 것이다. 이는 매우 중요하다. 그리고 어떤 장애를 가진 아이도 이런 능력을 키울 수 있다. 이 사실을 깨닫는 것이 바로 첫 번째 핵심 원칙인 '주의를 기울이는 움직임'의 출발점이다. 이 사실을 이해하고 이번 장에서 소개되는 도구를 적용해본다면, 아이를 도울 수 있는 최고의 기회를 얻게 될 것이다.

## ✤ 실패를 학습해버린 아이들 ✤

부족한 움직임이나 기술 향상을 위해 반복되는 운동 치료에 매일 아이를 데려가서 많은 시간을 보내는 부모들의 헌신과 의지는 감동적이고 고무적이다. 하지만 수개월 동안 이런 노력을 들였는데도 아이에게 별다른 진전이 없으면 상황이 복잡해진다. 지난 수년 동안 나는 무엇이 아이들의 향상을 막고 있는지 깨달았다. 기계적인 운동 치료를 반복할 때 아이가 배우게 되는 것, 다시 말해 아이의 뇌에 각인되는 것은 아이의 실제 경험이다. 즉 아이들은 부모가 원하는 것을 학습하는 것이 아니라 자신에게 실제로 일어나는 것을 배운다. 아이의 뇌는 (물리치료나 인지치료와 같은) 운동 치료를 받는 동안 아이가 경험하는 모든 것을 흡수하여 패턴을 형성하는데, 여기에는 아이가 할 수 없는 움직임이나 기술 혹은 잘 해내지 못하는 패턴도 포함된다. 나는 이것을 '학습된 실패'라고 부른다.

또한 우리가 간과하기 쉬운 것이 그 과정에서 아이가 성공이나 실패에 대해 느끼는 감정인데, 이러한 감정 또한 한데 모여 뇌가 패턴을 만드는 데 한몫을 한다. 뇌성마비를 진단받고 스스로 걸을 수 없는 아이가 있다고 해보자. 사람들의 도움을 받아 일어서려 할 때마다 무릎은 접히고, 두 다리가 엇갈리며, 다리 근육이 심하게 수축되거나 강직이 아주 심해진다. 일어서는 것을 가르치려는 시도로 이런 경험이 반복된다면, 선다는 생각만으로도 아이의 뇌는 자신의 몸에 각인된 이 패턴을 다시 만들어내게 된다. 결국 아이는 일어서는 것이 아니라 일어서지 못함을 학습하고 있는 셈이다.

아이들은 부모가 원하는 것을 학습하는 것이 아니라 자신에게 실제로 일어나는 것을 배운다.

자신의 움직임에 대한 느낌과 감각에 깊이 몰두하는 '주의를 기울이는 움직임'을 통해, 아이의 뇌에서는 수백만 개의 새로운 연결이 형성되며 새로운 해결책을 얻을 기회와 함께 무엇을 배우든 그것을 해내는 더 나은 방법을 찾을 기회를 갖게 된다. 아이를 일으켜 세우려 하기보다 편안해하는 자세로 있도록 내버려두면 아이는 자기가 무엇을 느끼는지에 집중하게 된다. 휠체어에 앉아 있는 것이 편할 수도 있고, 등을 대고 누워 있는 것이 편할 수도 있다. 그리고 나서 서 있는 자세를 전체로 보고 그중 하나의 요소에만 집중해야 한다. 예를 들어 아이가 등을 대고 누워 있다면, 다리 하나를 천천히 들어 올려서 구부리게 한 다음, 마치 서 있을 때처럼 발바닥 전체가 바닥에 닿도록 한다. 그리곤 아주 천천히 발바닥을 오른쪽으로 살짝 쓸어보고 왼쪽으로도 쓸어본다.
핵심은 아이가 자신의 발바닥에서 느껴지는 감각에 집중하게 하는 것이다. 이렇게 하는 것이 아이에게 너무 힘들다면 다음과 같이 접근을 달리해도 된다. 아이의 다리를 곧게 편 채, 책을 가져와서 한쪽 발바닥 전체에 가져다 댄다. 그리고 발바닥에 가하는 압박을 조금씩 늘렸다가 줄이기를 반복해보는 것이다. 이렇게 할 때 압박이 커지는지 작아지는지 아이가 느끼는 것을 말하도록 한다. 그러고는 아이에게 살짝 힘을 주어 발로 책을 밀어내보라고 한다. 압박 정도를 높여서 세게도 밀어보고 약하게도 밀어보라고 한다. 이 과정을 반복하다 보면 다리 근육의 긴장도가 확연히 줄어드는 것을 확인할 수 있을 것이다. 근육 긴장도가 떨어져야 아이가 다리를 더 쉽게 잘 움직일 수 있다.

이는 아이가 자신의 움직임을 느끼고 그 움직임에 집중할 수 있도록 도와줄 수 있는 하나의 사례이다. 이 장의 마지막 부분에는 이처럼 아이에게 적용할 수 있는 더 많은 활동을 소개되어 있다.

'주의를 기울이는 움직임'이 실제로 뇌 활동을 폭발적으로 증가시키며, 놀라울 정도로 수준 높고 복잡한 질서 체계를 만들어낸다고 생각해보자.[7] 이런 과정을 겪으며 뇌가 만들어내는 정보의 질적 수준은 매우 높아지고, 3장에서 설명한 작은 조각과 모양으로 오리 모양을 만드는 것처럼 뇌는 스스로 만들어낸 정보를 가지고 무질서에서 질서를 창조해낸다.[8] 이때 아이에게 어마어마한 새로운 가능성의 세계가 펼쳐진다. 내 아이에게 이런 차별화 과정이 더 많이 나타난다면 아이에게 더 좋은 변화가 일어나고 있다고 믿어도 좋다. 어떤 해결책이 언제 아이에게 효과를 보일지 우리는 미리 알 수 없기 때문에 아이에게 이런 변화가 생기면 가끔은 적잖이 놀랄 것이다. 똑같은 행동을 할 때도 항상 한 가지 이상의 방법(대개는 아주 많은 훌륭한 방법)이 있다. 장난감 때문에 소파를 오른 아이의 사례에서 설명했듯이, 하나의 활동을 통해 만들어진 뇌 연결은 무수히 많은 예측 가능한 혹은 예측 불가능한 방식으로 다른 기술 발달에도 적용될 수 있다.[9]

지금쯤 이렇게 자문하고 있을지도 모른다. 주의를 기울이는 움직임을 어떻게 우리 아이에게 적용할 수 있을까? 그리고 우리 아이한테 도움이 된다면, 부모로서 이를 활용하기 위해 나는 무엇을 할 수 있을까? 다음에 이야기할 라이언의 사례는 아이가 자신에게 주의를 기울이게 하면 얼마나 긍정적이고 측정 가능한 결과를 얻을 수 있는지 이해하는 데 도움이 될 것이다.

## ❀ 움직임을 느끼지 못하는 아이 ❀

쌍둥이 형제 라이언과 브랜든을 처음 본 것은 아이들이 막 두 살이 되었을 때였다. 라이언은 자폐 스펙트럼 진단을 받았고, 브랜든은 정상적으로 발달하고 있었다. 라이언과 첫 번째 레슨을 진행하는 동안 라이언이 나를 비롯해 다른 사람들과도 눈 맞춤을 하지 않는다는 것을 바로 알 수 있었다. 브랜든이 방에서 장난감을 가지고 노는 동안 라이언은 아빠 무릎 위에 앉아 힘껏 등을 구부리면서 머리를 아빠의 가슴에다가 휙 던지곤 했다. 라이언은 끊임없이 칭얼거리고 징징거리며 등을 젖혀 머리를 휙 던지는 동작을 계속해서 반복했다.

라이언은 눈 맞춤을 하지 못하는 것은 물론이고 말을 하거나 어른이나 또래 친구들과 관계를 맺는 것도 불가능했고, 자신의 이름을 불러도 반응하지 않았다. 먹는 데에도 어려움이 있었으며 대부분의 음식을 거부했다. 다른 사람이 주변에 있으면 라이언은 종종 가구 아래로 숨으려고 했다. 내 방에 처음 왔을 때 라이언은 자기 몸집보다 훨씬 작은 의자 아래로 기어들어가려 애를 썼는데, 이는 라이언이 자신과 자신의 신체 크기를 제대로 인식하지 못한다는 것을 의미했다. 라이언은 근육 긴장도가 낮고 신체적으로 약했으며 매우 소심해서 브랜든이 괴롭히는 대상이 되었다. 브랜든은 라이언이 쥐고 있는 장난감을 낚아채고 라이언을 밀어버렸다.

부모님이 라이언의 출생에 관한 이야기(쌍둥이는 예정일보다 일찍 태어났으며 그로 인한 합병증도 있었다)를 하는 동안에도, 라이언은 계속해서 등을 구부리며 머리를 뒤로 젖히기를 반복했다. 라이언이 품 안에서 짜증을 내고 울고 몸부림을 치는 동안에도 아빠는 라이언을 단단히 붙잡고는 바닥으로 떨어지지 않도록 보호했다. 내가 보기에 라이언의 이러한 몸부림은 의도적이라기보다 자동적으로 나오는 무의식적인 움직임이었다. 보기에 따라 아빠의 품에서 벗어나기 위한 몸부림으로 보일 수도 있었지만, 내 생각에 라이언의 행동이 그런 것처럼 보이지는 않았다. 라이언의 부모는 겉으로 차분히 말했지만, 라이언의 이런 증상에 그들도 매우 난감하다는 점을 분명히 밝혔다. 라이언을 도울 수 있는 방법을 다 시도해봤지만, 어느 것도 효과가 있는 것 같지 않았다.

나는 라이언에게로 관심을 돌렸고, 라이언은 아빠의 무릎에 앉아 계속해서 머리를 뒤로 휙 휙 젖히고 있었다. 나는 마음을 차분하게 가라앉히고 라이언에게 지금 무슨 일이 일어나고 있는지를 유심히 관찰하고 또 궁리했다. 라이언을 보고 있으니 어린 라이언은 자신이 이렇게 몸부림을 치고 있다는 사실을 모르는 것 같았다. 라이언은 골반과 머리와 등을 움직이고 있었지만, 자신이 움직이고 있다는 것을 느끼지 못하고 있었으며, 등과 골반이 자신의 신체 일부분이라는 것도 모르는 듯 보였다. 마치 자신이 존재한다는 사실조차 모르는 사람 같았다.

그 순간 나는 라이언을 통제하거나 라이언의 행동을 바꾸려고 하지 않았다. 물론 다른 사람들과 마찬가지로 나 역시 지금 당장 라이언의 행동을 멈추게 하고 싶은 충동이 일었다. 하지만 그렇게 해봤자 아무 효과가 없을 거라는 것을 알고 있었다. 대신에 나는 라이언을 자세히 관찰했고 어떻게 하면 안전하고 즐거운 방식으로 라이언이 자신과 자신의 움직임을 경험하고 알아차리게 도움을 줄 수 있을지 궁리했다. 그래야 라이언이 진정한 자기 자신이 될 수 있을 터였다.

라이언이 등을 구부려 머리를 뒤로 젖힐 때마다 라이언의 골반은 앞으로 움직였고, 고개를 뒤로 젖히는 행동을 멈추면 골반이 뒤로 움직였다. 라이언이 자신의 움직임에 집중하고 그 움직임을 느낄 수 있도록 돕기 위해 나는 라이언의 양 골반을 부드럽게 잡고 골반의 움직임에 내 손을 맡겼다. 라이언이 골반이 뒤로 움직일 때마다 나는 라이언의 아빠가 느낄 수 있을 정도로 라이언의 골반을 살며시 눌렀다. 가벼우면서도 라이언이 분명하게 느낄 수 있을 정도로 그의 골반을 만져주고, 라이언의 골반이 뒤로 움직일 때마다 아빠도 느낄 수 있을 정도로 조금씩 강도를 높이며 반복해서 압박을 가하면서 골반 부분에서 뇌로 전해지는 감각을 분명하게 느낄 수 있게 해주었다. 이는 결국 자신이 움직이고 있다는 것을 라이언이 더 쉽게 느낄 수 있도록 해주었다. 지금까지 그랬듯 라이언은 계속해서 머리를 뒤로 휙 젖히는 행동을 반복했지만, 등을 구부리는 강도와 머리를 뒤로 젖히는 빈도는 확연히 줄어들었다. 이는 라이언이 느끼고 변화하기 시작했다는 것을 의미했다.

다음으로, 나는 아주 부드럽게 라이언의 왼발과 다리를 잡고 여러 방향으로 천천히 다리를 움직여보기 시작했다. 이렇게 하면 라이언에게 어떤 느낌일지 궁금하기도 했다. 처음에 라이언의 다리는 뻣뻣했다. 1, 2분 정도 지나자 라이언은 마치 태어나서 처음으로 발을 보고 느낀 사람처럼 고개를 뒤로 젖혀 던지는 행위를 몇 초 동안 완전히 멈추고는 자신의 발을 쳐다보았다. 라이언의 얼굴에 드러난 표정을 보고 판단하건대, 우리가 발이라고 부르는 게 자기에게도 있다는 것을 라이언이 난생 처음 깨닫지 않았나 싶다.

이는 또한 라이언이 자신의 신체와 움직임에 주의를 기울이고 있다는 의미였다. 번뜩이는 깨달음의 순간은 몇 초밖에 지속되지 않았고, 라이언은 다시 원래처럼 머리를 휙 뒤로 젖히기 시작했다. 그래서 나는 라이언의 오른쪽 발에 왼쪽 발에 했던 비슷한 움직임을 주기 시작했다. 이번에도 라이언의 몸부림이 중단되었고 매우 침착해졌으며 시선을 옮겨 자신의 다리를 쳐다보았다. 내가 라이언의 다리를 움직이자 재미있다는 듯이 아주 오랜 시간 동안 자신의 다리를 쳐다보았다. 라이언과 나는 모두 매우 집중한 상태였다. 나는 라이언에게 집중했고 라이언은 자기 자신에게 그리고 자기 다리의 움직임에 집중했다. 갑자기 방이 매우 조용해졌다. 라이언의 아빠는 눈물을 삼키려 안간힘을 쓰고 있었다. 눈앞에서 아들에게 변화가 일어나고 있었던 것이다.

다리의 움직임과 자신이 무엇을 느끼고 있는지에 온전히 집중하면서 라이언의 뇌는 매우 빠르게 변화하고 있었다. 나는 어쩌면 단어도 라이언에게 의미를 갖기 시작하지 않았을까 하고 생각했다. 나는 라이언이 주목하고 있는 것을 말로 옮겨보기로 했다. 마치 처음으로 라이언의 발을 발견한 것처럼 놀아주며 "오! 여기 라이언 발이야"라며 다소 높은 톤으로 말했다. 이 과정을 계속하며 나는 라이언의 발을 오른쪽으로 조금, 그리고 왼쪽으로도 조금 움직이면서 "발이 이쪽으로 움직이네. 이제는 저쪽으로 움직이네"라고 말했다. 그러자 라이언이 내 존재를 그제야 처음 발견한 듯이 갑자기 내 눈을 똑바로 쳐다보았다.

자신이 무엇을 느끼고 있는지에 온전히 집중하면서 라이언의 뇌는 매우 빠르게 변화하고 있었다.

라이언은 오랜 시간 동안 자기 자신과 연결된 상태를 유지했다. 번뜩 깨달음을 얻었다는 듯이 라이언이 눈을 크게 뜨고는 온전히 나에게 집중했다. 라이언의 얼굴이 한결 편안해지더니 침착하고 차분해졌다. 그러고는 라이언의 눈과 온 얼굴에 천사와도 같은 아름다운 미소가 환하게 번졌다. 그 이후로 라이언은 레슨을 받는 내내 다시는 머리를 뒤로 젖히는 행동을 하지 않았다.

첫 번째 레슨을 마친 후 라이언의 부모는 라이언이 자신의 이름에 반응하기 시작했으며 훨씬 차분해지고 눈 맞춤도 잘하고, 한두 단어를 말하기 시작했고. 심지어 밥도 더 잘 먹는다고 했다.

라이언은 그다음 두 달 동안 우리 센터의 다른 임상전문가들에게 레슨을 받으며 아홉 가지 핵심 원칙을 바탕으로 한 아낫 바니엘 메서드의 다양한 방법들을 접했다. 라이언의 상태는 계속 좋아졌다. 라이언이 원래 가지고 있던 증상들이 모두 없어지거나 아니면 아주 많이 줄어들었다. 라이언은 자신에 대해 점점 더 많이 알아갔으며, 더 이상 가구 밑으로 숨지 않았고, 자신의 움직임에 집중하고 있는 것이 분명해 보였다. 라이언은 더 강해졌고 근육 긴장도도 점점 더 균형이 잡혀 건강해졌다. 브랜든과 상호작용할 때도 브랜든이 자기를 밀면 라이언도 브랜든을 밀어버렸고, 브랜든이 자기가 가지고 노는 장난감을 채가도록 가만히 두고 보지도 않았다.

두 달의 레슨이 끝날 즈음 나는 라이언의 상태를 확인하기 위해 라이언의 가족을 다시 만났다. 라이언의 엄마는 아들의 변화에 매우 기뻐하며 말했다. "라이언이 이제 다른 친구들과도 함께 놀고, 눈 맞춤도 너무 잘하고, 밥도 잘 먹어요. 말도 많이 하고 더 많은 단어를 사용해요. 라이언에게 말을 걸면 우리가 한 말을 이해하고 관심을 기울여요." 엄마는 잠깐 멈추더니, 얼굴에 환한 미소를 지으며 말했다. "우리 아이가 변했어요. 라이언은 이제 진짜 괜찮아졌어요!"

## ✣ 아직 끝나지 않은 수업 ✣

두 달간의 첫 세션 이후, 우리는 수 개월간 라이언을 보지 못했다. 그러다가 라이언이 예전만큼 잘 먹지 않고 눈을 잘 맞추지 않자 라이언의 부모는 다시 우리에게 찾아왔다. 라이언은 약간의 퇴행을 보이고 있었다. 하지만 두 번의 세션으로 라이언은 다시 이전의 능력을 되찾았고, 그 상태에서 다시 발전해나갔다. 라이언에게 필요한 것은 대부분 다시 자신의 움직임에 집중하도록 일깨워주는 것이었다. 마치 라이언의 뇌가 이전의 상태로 조금 돌아가 굼떠졌고 상습적이고 기계적인 방식으로 작동하는 경향을 보인 것 같았다.

그 시점에서 라이언의 부모는 라이언이 퇴행하게 내버려두는 것보다 차이점을 식별하고 계속 건강하게 성장해나갈 수 있도록 아홉 가지 핵심 원칙을 집에서 직접 실행해보는 것에 동의했다. 그렇게 함으로써 핵심 원칙들이 그들의 일상에 자연스럽게 스며들 것이며, 그것은 라이언은 물론 브랜든에게도 도움이 될 것이 분명했다. 라이언의 부모는 처음에는 아이를 돕기 위해 아홉 가지 핵심 원칙을 배워야겠다고 생각했지만, 이 원칙들을 생활 속에서 실천해나가면서 자신들의 삶 또한 예상치 못했던 방식으로 변화하면서 한층 더 풍요로워졌다고 나에게 말하곤 했다.

# ꧁ '주의를 기울이는 움직임'에 대한 과학적 근거 ꧂

《마인드풀 브레인》의 저자이자 캘리포니아대학교 로스앤젤레스UCLA 의과대학 산하 마음다함연구센터Mindful Awareness Research Center의 공동책임자인 대니얼 시겔Daniel Siegel은 명상 과정의 하나로 집중의 힘을 이용해 우리 뇌에 변화를 가져오는 '마음챙김의 과학'에 대해서 다음과 같이 이야기한다.

의도적으로 모든 판단을 배제하고 매 순간의 경험을 자각해보는 수행은 동서양을 막론하고 고대부터 내려오고 있다. 전통적으로 내려오는 지혜는 수천 년 동안 개인 삶에서 행복을 일궈낼 수 있도록 다양한 형태의 마음챙김 수련을 권했다. … 이제는 과학도 이와 같은 수련의 이점을 분명하게 밝히고 있다.[10]

시겔이 인용한 연구는 사람들이 자신의 호흡에 집중하거나, 걸을 때 자신의 움직임에 집중하는 방법을 연마하는 '마음챙김 명상Mindful Meditation'이라는 수련에 주로 초점을 맞추고 있다. UCLA에서 이루어진 시겔의 연구와 더불어 매사추세츠대학교 의과대학의 미생물학자인 존 카밧 진Jon Kabat Zinn의 연구는 마음챙김의 명상이 "주의력 문제를 가진 성인과 청소년들에 대해 약물로 치료를 하는 것보다 더 많은 실질적인 기능적 향상(주의력 유지, 산만함 감소)을 이루어냈다"는 사실을 보여주었다.[11]

올빼미원숭이를 대상으로 한 실험에서 머제니치 박사의 연구진은 주의력과 뇌가 스스로 변하는 능력 사이에 명확한 상관관계가 있음을 입증했다.[12] 실험실의 원숭이들이 자신이 느끼는 감각(특정 신체 부위에서 무슨 느낌을 받는지)에 집중해야만 했을 때, 그 신체 부위와 관련된 뇌의 감각피질의 연결성이 현저히 향상되었다. 원숭이들이 자신의 감각에 집중하지 않자 뇌에서는 주목할 만한 변화가 조금도 나타나지 않았다. 똑같은 상관관계가 움직임에서도 포착되었다. 원숭이들이 팔의 움직임에 주의를 집중하자 뇌 지도에서 팔 부분이 차지하는 면적이 넓어졌다. 반대로 주의를 기울이지 않는 동안에는 움직인 부분에 해당하는 뇌 영역의 면적은 전혀 변화가 없거나 실제로 줄어들었다. 이에 대해 머제니치 박사는 다음과 같이 말했다. "주의를 기울여 얻은 경험은 신경계의 구조와 기능에 물리적 변화를 가져온다."[13]

희소식은 움직일 때 주의를 기울임으로써 얻을 수 있는 이 막강한 영향력을 아이와 일상생활을 하는 동안 쉽게 얻을 수 있다는 사실이다.

## ✿ 일상 속의 움직임에 주의를 기울이다 ✿

주의를 기울이는 움직임으로 너무나도 간단하고 쉽게 아이를 돕는 것이 가능하다는 것을 경험할 수 있다. 이미 바쁜 일상에 새로운 식이요법을 추가할 필요도 없다. 그저 아이와 일상적으로 하던 것들에 '주의를 기울이는 움직임'을 접목하기만 하면 된다. 밥을 먹이거나, 기저귀를 갈아주거나, 목욕을 시킬 때, 아이에게 옷을 입혀주거나, 운동을 시키거나 홈 테라피를 할 때, 아이가 숙제하는 것을 도와줄 때, 아이와 놀 때 등 아이가 하는 모든 활동에서 자신에게 주의를 기울이게 할 수 있는 방법을 찾는 것이다. 이는 아이와 무엇을 하든 그것을 어떻게 할 것인지에 대한 핵심적인 문제라고 할 수 있다.

다시 한 번 강조하지만, 아이가 당신에게 집중하도록 해서는 안 된다. 아이가 자기 자신에게 주의를 기울이도록 하는 것이 무엇보다 중요하다. 아이가 스스로 움직이거나 당신이 아이를 움직일 때 무엇이 느껴지는지에 주의를 기울일 수 있도록 해야 한다.

## ❧ 주의를 집중할 때 나타나는 반응 ❧

앞에서 설명한 것처럼 아이가 집중하고 있다면 어떻게 그것을 알 수 있을까? 집중할 때 아이는 어떤 모습일까? 아이가 집중할 때 보이는 5가지 특징에 대해 살펴보자.

### ● 자신의 내면을 응시한다(The Inner Stare)

라이언과의 수업에 대한 나의 설명을 살펴보면 처음에는 우리의 직관과 너무나 다르다고 생각할지도 모른다. 처음으로 집중했을 때, 라이언은 모든 몸부림을 멈추고 아주 얌전해지더니 몇 초간 허공을 바라보았다. 하지만 이는 멍한 상태로 주변 환경을 무시하는 것이라기보다 나와 함께 만들어낸 움직임에서 나오는 느낌과 감각에 라이언이 매우 집중하고 있음을 의미하는 것이다. 레슨을 하다 보면 아이들이 잠시 모든 동작을 멈추고는 자신의 내면을 응시하는 모습을 볼 수 있다. 어떤 경우에는 눈도 깜박거리지 않고 허공을 응시하기도 한다. 바로 이것이 주의를 기울이는 움직임이다.

이는 알아차리지 않을 수가 없는 명확한 상황이며, 황금같이 귀중한 순간이 아닐 수 없다. 이 순간을 알아차리는 것은 매우 중요하다. 이런 순간에는 아이를 방해하지도 말고, 아이의 집중 상태를 깨뜨리지도 말고, 아이가 자신에게 집중할 수 있는 시간을 온전히 허용하는 것이 중요하다. 가끔 이런 집중 상태를 정반대로 오해하기도 한다. 나는 부모들에게 몇 초 남짓 아이가 이렇게 집중하는 순간은 이루 말할 수 없이 값진 순간이라고 분명하게 말한다. 아이의 뇌가 새로운 활동과 가능성으로 흘러넘치는 순간이자 변화의 순간이기 때문이다.

이런 순간에는 아이를 방해하지도 말고, 아이의 집중 상태를 깨뜨리지도 말고, 아이가 자신에게 집중할 수 있는 시간을 온전히 허용하는 것이 중요하다.

### ● 시선으로 움직임을 좇는 반응을 보인다(Following)

아이가 주의를 기울이고 있다는 것을 알려주는 또 다른 지표는 아이가 움직이는 것을 눈으로 보고 좇는 것이다. 자기나 다른 사람의 몸이 움직일 때, 혹은 공이 다가올 때 아이의 눈동자가 따라 움직인다면 집중하는 상태다. 마찬가지로 아이가 소리에 집중하는지도 확인할 수 있다. 아이가 소리 나는 방향으로 고개를 돌리거나, 소리가 들리는 순간 하던 일을 멈춘다면 이 또한 아이가 집중하고 있다는 증거다.

## ● '참여 기대' 반응을 보인다(Anticipatory Participation)

아이가 집중하고 있다는 것을 알려주는 또 다른 표시는 이른바 '참여 기대Anticipatory Participation'다. 아이가 몇 분 전이든, 더 옛날이든 이미 경험한 적 있는 움직임이나 활동을 하면서 그다음 일어날 일을 예상하고 기대하는 것이다. 아이의 근육이 약간 움찔한다거나 혹은 훨씬 명백한 움직임을 보이는 등 아이의 뇌가 무슨 일이 일어나고 있는지 이해했고 그다음에 기대되는 행동을 수행하려고 하는 것이다. 이런 아이의 노력이 온전히 성취되었든 그렇지 않든 그것은 중요하지 않다. 핵심은 이러한 움직임이 얼마나 중요한 것인지를 알아차리는 것이다. 아주 사소하고 작은 움직임일지라도 아이가 이렇게 의도를 갖기 시작했다는 것 자체가 변화를 가져오는 첫걸음이 된다. 또한 이와 같은 반응은 아이가 습득하길 바라는 기술이 무엇이든 그것을 성공적으로 수행하기 위해 반드시 필요한 뇌 지도를 확대하는 역할을 한다.

## ● 기뻐하고 즐거워한다(Joy)

아이가 집중하고 있다는 정말 재미있는 신호 중 하나는 아이가 매우 기뻐할 때 나타난다. 어떤 활동을 하고 무엇을 경험하든 아이가 기뻐한다면 이는 아이가 집중하고 있다는 것을 의미한다. 집중할 때 아이는 소리 내어 웃으며 매우 행복해한다. 이는 아이에게도 부모에게도 즐거운 순간이 아닐 수 없다.

## ● 게임을 하듯 잘 논다(It's All a Game)

아이가 잘 놀고 있다면 이 또한 아이가 집중하고 있다는 것을 보여주는 지표다. 어떤 활동이든 재미있다고 느끼는 순간 아이는 그것을 게임이라고 생각한다. 그리고 자신이 집중하는 활동에 창의적으로 참여하기 시작한다. 아이의 관점으로 보면, 그 순간 아이는 자신이 만든 세계의 창조자인 셈이다. 이는 자신에게 온전히 집중할 것과 자신이 한 행동의 결과로 생겨난 것들에도 세심하게 집중할 줄 아는 능력을 요구한다. 성공적인 성장과 학습에서 놀이를 통한 재미와 즐거움이 지니는 중요성은 과학적 연구를 통해 이미 밝혀졌다.[14] 이 모든 것은 또한 뇌 기능의 질적 수준을 올려주는 주의력의 발현이며,[15] 아이가 더 많은 행복감을 느끼고 있다는 표시이기도 하다.[16] 이런 순간에 아이의 뇌에서는 중요한 변화가 일어난다.

## ☙ 움직임의 진정한 의미 ☙

'주의를 기울이는 움직임'에서 움직임이란 무엇을 의미하는 것일까? 앞서 언급했듯이, 우리가 직접 눈으로 볼 수 있는 아이의 신체적 움직임만을 움직임이라고 여기는 경우가 많다. 말 그대로 우리가 흔히 신체적 움직임physical movement라고 일컫는 것, 다시 말해 아이 팔의 움직임, 다리, 등, 손의 움직임과 같이 가장 명백하게 드러나는 움직임만을 움직임이라고 여기는 것이다. 이처럼 아이가 가진 장애 때문에 발생하는 문제를 다룰 때 우리는 움직임을 반복적인 운동으로만 제한적으로 파악하는 실수를 너무 자주 저지른다. 이 때문에 아이가 놓쳐버린 운동 기술이나 제대로 움직이지 못하는 부분만을 고치기 위해 반복적인 운동 치료를 하는 것이다. 하지만 아이가 느낄 수 있고 주의를 기울일 수 있는 움직임에는 세 종류가 있다. 신체적 움직임, 정서적 움직임, 사고의 움직임이 그것이다. 이 세 가지 움직임이 어떤 의미가 있는지 하나씩 살펴보자.

● **신체적 움직임(Physical Movement)**

아이가 직접 자신의 몸을 움직이거나 다른 사람이 아이를 움직이게 하는 것 등 아이의 신체가 움직이는 것이라면 무엇이든 신체적 움직임에 해당한다. 또한 이런 움직임이라면 어떤 것이든 주의를 집중할 수 있는 기회가 된다. 즉, 아이의 뇌가 그 움직임과 연결되어 그 움직임을 더 잘 체계화할 수 있는 기회로 작용하는 것이다.

자신이 스스로 움직인 것이든 남이 움직이게 한 것이든 아이가 움직이고 있는 자신의 신체에 집중하면 뇌 기능의 질적 수준은 물론이고 해당 움직임과 다른 여러 움직임을 조직화하는 질적 수준 또한 높아진다.

## ● 정서적 움직임(Emotions As Movement)

감정 또한 움직임이다. 따라서 아이가 자신의 감정적 움직임에 주의를 기울일 수 있다면 이는 뇌뿐만 아니라 아이의 행동에도 혁신적인 변화를 가져올 수 있다.

## ● 사고의 움직임(Thinking As Movement)

가장 설명하기 힘든 움직임의 형태는 아마도 '생각Thinking'일 것이다. 생각을 하고, 이념이나 신념을 갖게 되고, 사물 간의 관계 인식하며, 자신과 자신을 둘러싼 세계를 이해하는 모든 과정이 우리 뇌 안에서 일어나는 움직임의 발현이다. 비록 보거나, 만지거나, 냄새를 맡거나, 맛을 볼 수는 없지만 우리는 생각을 통한 결과물을 느낄 수 있다. 처음에는 다소 이해하기 힘들 수 있지만, 다음 장에서 아이가 자신에게 일어나고 있는 '사고의 움직임'에 주의를 기울이게 하는 방법에 대해 살펴볼 것이다. 장애를 가진 아이들을 돕는 과정에서 가장 극적인 변화가 일어났던 몇 가지 사례는 아이가 자신의 '생각'에 주의를 기울이는 법을 깨달았을 때였다.

손을 뻗어 장난감 잡기, 말하기, 걷기, 감정 표현하기, 혹은 수학 문제 풀기 등 어떤 형태의 움직임이든, 뇌가 그 움직임을 더 잘 체계화할 수 있도록 돕는 과정이 아이의 성공적인 발달의 핵심임을 분명히 기억해야 한다. 앞서 다루었듯 이 모든 것은 차별화와 통합 과정을 거쳐 이루어진다. 이는 차이점을 점점 더 잘 식별해나가는 과정으로, 꾸준히 계속되어야 한다. 주의를 기울여 끊임없이 변화할 것을 요구하는 움직임은 또한 차이점을 식별해내는 능력으로 이어지며, 이것이야 말로 아이들의 발달을 위한 핵심이라 할 수 있다.

## 🌿 움직임에 주의를 기울이는 방법 🌿

### ● 아이에게 그저 집중한다(Your Own Attentioning)

아이를 도울 수 있는 열쇠는 '어텐셔닝'을 활용하는 것이다. 아이의 동작, 경험, 행동을 아무런 비판 없이 그대로 수용하며, 그에 대한 답을 미리 정하지도 말고 그저 깊은 관심을 가지고 지켜보는 것이다.

엄마의 뇌가 아이의 뇌와 상상의 끈으로 연결되어 있다고 생각해보라. 아이의 뇌는 그 상상의 끈을 통해 엄마의 뇌를 읽어낼 수 있다. 엄마가 아이에게 깊이 집중할 때, 아이의 뇌는 질적으로 수준이 높은 엄마의 체계에 동화된다. 이때 아이의 뇌는 더 잘 기능하기 위한 체계화 과정에 도움을 얻게 된다. 여기서 강조하고 싶은 것은 집중도 하나의 동작이라는 것이다. '집중'은 뇌의 여러 움직임 가운데 하나다. 뇌는 더 많이, 더 잘 집중하는 법을 배워야만 한다. 그러므로 이런 표현이 처음에는 다소 어색할지 몰라도, '집중하기Attentioning'와 '집중하다to Attention'라는 단어를 어휘에 추가하기를 바란다.[2]

---

2  저자는 명사인 'attention'에 적극적인 동작의 의미를 부여하고자 attentioning, to attention과 같이 쓰고 있다. 이는 동작의 의미를 강조하고자 한 것으로, 저자 독자적으로 의미를 부여한 표현이다.

## ❦ 아이와 '어텐셔닝' 하는 시간 갖기 ❦

### ● 신체 움직임에 주의를 기울이게 한다(In Movement of the Body)

아이와 일상적인 활동을 하는 동안 신체의 움직임에 집중해보자. 예를 들어, 아이를 안으려고 허리를 숙였다면, 잠시 멈추어 그 움직임을 완수하지 않는 것이다. 아이를 안는 동작을 끝까지 하지 않은 채 아이가 엄마에게 안기기를 기대하고 있는지를 확인해보자. 아이가 당신이 지금 무엇을 하는지에 집중하고 있는가? 아이가 나름의 방식으로 그 움직임에 참여하고 있는가? 아이가 어떤 식으로 관여하고 참여하는가? 아이가 당신에게 안기기 위해 손을 뻗을 수도 있다. 어쩌면 엄마를 향해 미소를 보일 수도 있다. 아이가 혹시 점프하려고 무릎을 구부렸는가? 아니면 발가락을 움직여 몸을 앞으로 내밀었는가? 근육 수축 때문에 등 위쪽만을 약간 앞으로 움직이는 것이 아이가 할 수 있는 전부일 수도 있다. 일단 아이가 이런 식으로 집중하거나 참여하고자 하는 것을 관찰했다면, 아이를 안아 들어 올리려던 그 동작을 천천히 완수한다. 바로 이와 같은 순간을 아이가 '주의를 기울이는 움직임'를 수행한 것으로 볼 수 있다.

아이가 참여하고 있다는 어떠한 단서도 보이지 않는다면, 아이를 들어 올리지 않음으로써 아이의 주의를 환기시킬 수 있는지 확인해보자. 아이를 안아주는 행위를 끝까지 마치는 대신 가만히 서서 몇 초간 기다려보는 것이다. 아이의 이름을 노래처럼 부르거나 혀로 똑딱 소리를 내는 식으로 이상한 소리를 내보자. 그리고 나서 아이가 정신이 들었는지, 현재 일어나고 있는 일을 자각하고 있는지 알아보기 위해 아이 안아 올리는 동작을 다시 해보자. 아이의 뇌가 깨어나 동작의 일부에 참여할 수 있도록 도우려면, 여러 상황에서 가능한 자주 이와 같은 방식으로 아이가 집중할 수 있는 상황을 계속 연출해주는 것이 좋다.

● **자신의 사고에 주의를 기울이게 한다**(In Thinking)

아이가 자신의 생각에 주의를 기울일 때 사고 과정이 향상된다. 부모를 비롯해 다른 사람들과 어떻게 의사소통하고 스스로 무슨 말을 하는지 주의를 기울이게 도와주라. 가장 간단한 방법 한 가지는 아이에게 질문하는 것이다. 만약 아이의 발음이나 단어 선택에 문제가 있어서 무슨 말을 하는지 알아듣기 힘들다면(이런 증상은 자폐 스펙트럼이나 주의력 결핍장애, 혹은 허약성 X증후군FXS, Fragile X Syndrome이 있는 아이들에게서 자주 나타난다) 아이의 말을 섣불리 추측하고 이해하려 들지 말라. 다시 말해, 아이가 말하지 못한 빈칸을 너무 성급하게 채워주어서는 안 된다는 이야기다.

또한 아이에게 더 정확히 말해보라고 요구해서도 안 된다. (할 수만 있었으면 아이는 이미 그렇게 했을 거라는 말을 다시 한 번 기억하자.) 대신 친절한 목소리로 이렇게 말해주자. "방금 뭐라고 말했는지 못 알아들었어. 바라는 게 따로 있는 거니?" 아이가 처음부터 답하지 않을 수도 있다. 자신의 발화가 분명하지 않다는 것을 아이 자신이 전혀 모르는 것은 충분히 있을 수 있는 일이다. 아이에게 정답을 뽑아내려 해서는 안 된다. 대신 아이가 다시 말할 때까지 기다려야 한다.

그러고 나서 아이가 뭔가 말하고자 한다는 느낌이 든다면 "_____를 말한 거니?" 하고 아이가 하고자 하는 말을 최대한 잘 추측해서 아이에게 다시 묻는다.[17] 그런 다음 "맞아? 아니야?"라고 물어본다. 시급한 경우가 아니라면 아이가 자신의 의사를 분명하게 말할 때까지 기다려야 하며, 이 과정을 성급히 뛰어넘어서는 안 된다. 기다렸는데도 아이에게 아무 반응이 없다면, 다음으로 넘어가면 된다.

아이에게 정답을 뽑아내려 해서는 안 된다. 대신 아이가 다시 말할 때까지 기다려야 한다.

이것은 아이가 자신의 발화에 주의를 집중하게 하는 한 가지 방법으로, 이를 통해 아이는 상대가 자신의 말을 이해한 것과 그렇지 않은 것 사이의 차이점을 인식하게 되며, 그 차이가 자신이 소리를 내는 방식과 관련이 있다는 것을 깨닫게 된다. 그러면 아이는 어떻게 발화했을 때 자신이 의도한 결과대로 되고 어떻게 발화했을 때 그렇지 않은지에 더욱 주의를 기울이기 시작할 것이며, 그것에 주의가 환기되는 경험을 할 것이다. 자신이 무슨 말을 하고 있는지 듣기 시작하면 아이의 뇌는 점진적으로 자신의 발음과 사용하는 단어를 세밀하게 조정하여 분화시킴으로 더 정확하게 발화하게 된다. 자신이 의도한 대로 더욱 말을 잘할 수 있게 되는 것이다. 이처럼 차별화 수준이 올라가면 언어 기술뿐 아니라 사고의 질적 수준과 명확성도 함께 향상된다.

## ● 아이를 만져서 집중력을 깨운다(The Power of Your Touch)

라이언의 사례에서도 볼 수 있듯, 당신의 손길은 아이의 집중력을 깨우고 높이는 힘을 지니고 있다. 이는 아이의 뇌와 소통하는 강력한 장치다. 아이를 만지면, 아이는 자신의 신체를 느끼며 그 손길을 통해 자신의 몸이 어디에서 시작되어 어디에서 끝나는지 알게 된다. 사랑을 가득 담아 주의를 기울여 만져주는 것은 성공적인 신체적, 감정적, 인지적 발달에 아주 중요하다. 아이를 만져주는 손길이 부족하면 아이의 성장에 심각한 결과를 초래할 수도 있다.[18] 가끔 고아원에서 충분한 사랑과 정성 어린 손길을 받지 못한 갓난아기들이 시름시름 앓다가 심지어 죽기도 한다는 말을 들어봤을 것이다. 우리 모두는 직관적으로 사랑이 담긴 신체적 접촉이 얼마나 중요한지 알고 있다.

당신의 손길은 아이의 집중력을 깨우고 높이는 힘을 지니고 있다.

신체적 접촉은 우리의 주의를 환기시킨다. 친구가 당신의 어깨를 만지면 고개를 돌려 그 친구를 쳐다볼 것이다. 친구의 손길이 당신의 주의를 환기시킨 것이다. 신체적 접촉을 통해 아이의 뇌가 제 역할을 더 잘 할 수 있도록 도우려면, 모든 접촉이 똑같지 않음을 깨달아야 한다. 손을 능숙하게 다룰 줄 알게 되면, 우리는 일상적인 일을 몰라보게 효율적이고 자동적으로 해낸다. 이것은 자동조종장치 모드가 되어 효율적으로 움직일 필요가 있는 있는 경우에 큰 도움이 된다.

| 아이를 만지는 여섯 가지 방법 | |
| --- | --- |
| 부드럽게 만진다<br>(Gentle touch) | 언제나 가능한 한 힘을 빼고 만진다. |
| 주의를 기울여 만진다<br>(Attentive touch) | 아이를 만질 때, 그것을 느끼고 항상 그 순간에 머문다. |
| 정감 있게 만진다<br>(Safe touch) | 아이를 온전히 지지하듯 아이를 잡고 만진다. |
| 아이와 연결된 듯 만진다<br>(Connected touch) | 마치 무도회에서 춤을 추는 사람처럼 아이의 몸과 하나로 연결된 듯 아이를 움직인다. |
| 사랑을 담아 만진다<br>(Loving touch) | 나의 손길에 아이가 어떻게 반응하는지에 주의를 기울인다. 또한 아이의 반응에 맞는 반응을 보이며 만진다. |
| 본다는 느낌으로 만진다<br>(Seeing touch) | 손가락과 손바닥에 눈이 있어 볼 수 있다고 생각하며 아이를 만진다. 아이를 바꾸려고 하거나 조종하려 해서는 안 된다. |

아침이면 아이가 옷 입는 것을 도와준다. 수백 번은 해온 일이다. 아이 옷을 다 입히고, 단추를 잠그고, 지퍼를 채워준다. 하지만 서두를 필요가 없을 때는 이 모든 일을 기계적으로 하지 않는 것이 좋다. 대신 시간을 두고 천천히 아이 옷을 입히고, 기저귀를 갈아주는 것이다.

식탁 의자에 앉힐 때도, 아이를 바닥에 눕힐 때도, 아이의 무게, 체온, 살갗의 느낌과 아이의 몸에서 감지되는 움직임이나 뻣뻣함 등 이 모든 것에서 오는 감각에 주의를 기울여보는 것이다. 이런 식으로 아이에게 주의를 기울이면, 자신에게 주의를 기울이는 아이의 집중력을 깨워 평범하고 일상적인 순간들을 아이의 성장을 위한 황금과도 같은 기회로 바꿀 수 있다.

내가 자동조종장치 모드가 되어 아이를 움직이고 만질 때는 아이에게 변화가 거의 생기지 않으며, 그럴 때면 아이들은 보통 내 손길을 받아들이지 않고 저항하기 시작한다는 것을 나는 일찍이 깨달았다. 이와는 반대로 아이가 무엇을 느끼는지, 아이의 반응은 어떤지 주의를 기울이며 나는 무엇을 느끼고 있는지에 세심한 주의를 기울이자, 아이 또한 나의 손길과 자신의 움직임에 고도로 집중하기 시작했다. 그새 나와 아이 사이에 확실한 연결고리가 생긴 것이다. 이런 심오한 경험을 할 때는 정말 기분이 좋아진다. 기계적 접촉에서 주의를 기울이는 접촉으로 태도를 바꾸며 아이와 연결되는 순간 아이에게 매우 극적이고 삶을 송두리째 바꾸는 변화가 시작된다. 이러한 발견은 내 작업의 터닝포인트가 되었고, 장담하건대 당신이 아이와 하는 상호작용에도 큰 전환점이 될 것이다.

● **마치 손에 눈이 달린 듯, 보듯이 만져서 집중력을 깨운다(Seeing Hands)**

워크숍에 참가한 한 사람이 사고 때문인지 사용을 잘 안 해서 그런 것인지 팔을 들어 올리기 힘들다며 어려움을 호소했다. 나는 그 사람의 등과 어깨 및 신체 특정 부분을 만져보면서 그가 자신을 좀 더 잘 알아야 할 필요가 있다고 느꼈다. 그러면 일반적으로 사람들은 같은 동작을 더 쉽게, 덜 아프거나 아예 아픔을 느끼지 않고 해낼 수 있다는 것을 알게 된다. 즉시 변화가 일어나는 것이다. 나는 상대방의 움직임을 조작하거나 통제하겠다는 듯이 만지는 것이 아니라 마치 내 손을 통해 그 사람을 보겠다는 느낌으로 만진다.

아이의 집중력을 깨우기 위해 어떻게 아이를 만지는지 시범을 보일 때가 있다. 그러면 나는 부모들에게 각자 손가락과 손바닥에 눈이 있다고 상상하라고 한다. 만약 워크숍 중이라면 동기생이 간단한 동작을 하고 있을 때 그를 만져보게 한다. 손바닥과 손가락에 존재하는 상상의 눈으로 그 사람을 본다는 심정으로 상대방을 만져보라고 한다. 그리고 동기생을 만지는 이유는 그를 알아보기See 위한 것이며 그를 바꾸기Change 위한 것이 아님을 상기시킨다. 신체적 조작을 수반하는 단계에서 아이와 함께 하는 경우라면 언제나, 자동조종장치 모드에서 주의를 기울이며 아이를 만지는 것으로 전환을 경험할 수 있는 또 다른 기회를 스스로에게 주는 셈이다.

이런 식으로 아이를 만진다면, 아이가 자신을 느끼는 데 도움이 될 뿐 아니라 성장의 동력이 되는 유용한 정보를 뇌에 제공하며 자신의 현재 모습 그 자체로 사랑받고 관심받고 있다는 느낌을 받게 될 것이다.

이런 식으로 마치 손에 눈이 있는 것처럼 아이를 만지면서 아이와 연결되는 것은 어렵지 않을 뿐더러 매우 만족스럽다는 것을 누구나 쉽게 경험할 수 있다. 이는 아이에게 강요하기 위함이 아니라 아이가 자신에게 집중하고 현재 무엇을 하고 있는지에 주의를 기울일 수 있는 길로 아이를 인도하는 방법으로서 아이를 만져주는 것이다. 상상의 눈이 달린 당신의 손을 통해 아이는 자신을 좀 더 명확하게 느낄 수 있을 것이며, 이는 아이의 뇌가 스스로를 이해하고 문제를 해결해내는 데 도움이 된다.

## ● 아이의 행동에 동참한다(Go with the System)

'아이의 행동에 동참한다'는 것은 아이가 하는 움직임이나 행동을 바꾸려고 하는 대신, 현재 상태 그대로의 움직임이나 동작을 계속 할 수 있도록 실제로 도와주는 것을 의미한다. 오히려 그런 행동을 더 하도록 부추겨도 된다. 이렇게 하면 아이가 자신이 현재 무엇을 하고 있는지 주의를 기울이게 되고, 그 결과 오히려 더 많은 선택과 자유를 얻게 된다.

메이슨은 여섯 살이 된 남자아이로 심각한 주의력결핍 과잉행동장애 진단을 받았다. 엄마가 메이슨을 첫 수업에 데려온 지 얼마 지나지 않아, 메이슨은 바닥에 앉더니 신발을 벗었다. 레슨을 받으러 오는 길에 새 신발을 사서 신고 왔다고 엄마가 말했다.

당시 내 사무실은 맨해튼 미드타운에 있는 건물의 40층에 있었고, 창문 하나가 살짝 열려 있었다. 메이슨은 손에 신발을 하나씩 쥐고 일어섰다. 방을 쭉 훑어보더니, 열린 창문을 발견하고 그 방향으로 재빨리 걸어가기 시작했다. 엄마가 창문 밖으로 신발을 던지면 안 된다고 메이슨에게 말했다. 엄마의 목소리에 팽팽한 긴장감이 감돌았다. 엄마가 깨닫지 못한 것이 있는데 그것은 메이슨도 자신이 뭘 하고 있는지 온전히 알지 못하고 있다는 점이었다. 물론 확실히 신발을 던져버리기로 작정한 듯 보였지만 말이다. 메이슨의 움직임과 행동은 그냥 '저절로 흘러나왔다.' 나도 재빨리 창문 쪽으로 걸음을 옮기며 메이슨에게 물었다. "지금 걷고 있니? 우리 창문에서 만나겠구나." 메이슨은 나를 힐끗 쳐다보더니 계속해서 창문을 향해 걸어갔다. 나는 다시 메이슨에게 말했다. "우리 중에 누가 먼저 창문에 도착할까? 메이슨? 아니면 나?" 내가 반드시 창가에 먼저 가 있어야 했고, 창가에 먼저 도착해서는 말했다. "메이슨도 거의 다 왔네."

나는 몸으로 열린 창문을 가려 막아서고는 물었다. "손에 뭘 쥐고 있는 거야? 뭐라도 쥐고 싶은 거야?" 그 순간 메이슨은 자기 손을 봤고 신발을 발견했다. 그러고 나서 나는 메이슨의 엄마에게 종이 한 장을 달라고 했다. 나는 종이를 두 장으로 찢어서 그걸 메이슨에게 보여주었다. 그러고는 신발 대신에 종잇조각을 한 손에 하나씩 쥐고 있는 건 어떤지 물어보았다. 메이슨은 신발을 고수했다. 나는 창밖으로 종잇조각을 던질 거라고 메이슨에게 말해주었다. 내가 종잇조각 하나를 집어서 실제로 보란 듯이 창밖으로 던지자 메이슨의 두 눈이 동그래졌다. 내가 메이슨에게 물었다. "너도 창밖으로 던져보고 싶어?" 메이슨이 내게 다가오더니 그렇다며 고개를 끄덕였다. 그때 나는 메이슨에게 말했다. "안 될 건 없지. 그런데 신발을 던지는 건 안 돼. 종이는 괜찮아."

메이슨은 몸을 숙여 신발을 바닥에 내려놓더니 종이를 잡으려고 손을 뻗었다. 그러더니 천천히 창문 가까이 가서는 그 작은 팔을 창밖으로 내밀어 손에 있던 종이를 살며시 놓아주었다. 아이의 행동을 바꾸려고 하기보다 오히려 현재 진행 중인 그 행동을 도우면, 아이가 자신이 무엇을 하고 있는지 그리고 어떻게 하고 있는지 알아차리는 데 도움이 된다. 이로써 아이의 뇌는 더 자유로워진다. 아마도 아이는 생전 처음으로 새로운, 그리고 더 나은 뭔가를 하게 될지 모른다.

아이의 행동을 바꾸려고 하기보다 오히려 현재 진행 중인 그 행동을 도우면, 아이가 자신이 무엇을 하고 있는지 그리고 어떻게 하고 있는지 알아차리는 데 도움이 된다. 이로써 아이의 뇌는 더 자유로워진다.

### ● 아이를 위한 연기자, 댄서가 되어준다(Be an Actor, Dancer, and Mime)

어린이용 연극을 보러 간 적이 있는가? 무대에서 연기를 하는 배우들을 보며 아이들은 그 상황을 마치 현실에서 일어나는 일처럼 느끼며 흠뻑 빠져든다. 위험이 다가오면 주인공에게 조심하라고 외치고 신이 나서 위아래로 점프를 해댄다. 긴장감이 극에 달하면 어떤 아이들은 주인공을 도우려 무대로 달려가기도 한다.

내성적인 사람들도 부모가 되면 자녀를 위해 기꺼이 연기자, 가수, 댄서가 되곤 한다. 부모들은 이렇게 연기력을 발휘하여 아이의 집중력을 깨우고 가능한 대안으로 아이를 인도할 수 있다. 나는 라이언의 사례에서 "이제 라이언 발이 이쪽으로 움직이네. 이제는 저쪽으로 움직이네" 라며 세상에서 가장 신기한 것을 본다는 듯이 말했다. 이 방식으로 나는 라이언이 자신의 발과 다리를 인식할 수 있게 도와주었다. 메이슨과 레슨할 때도 나는 창문으로 먼저 가서 종이를 던지는 상황을 연출을 해서 메이슨이 스스로 무얼 하고 있었는지 알아차리도록 도왔다.

주의를 기울이는 행위를 우리 주변에 항상 존재하는 공기와 같다고 생각해보자. 아이가 주의를 기울일 수 있도록 유도할 기회는 공기처럼 언제나 존재하며, 누구나 힘들이지 않고 아이들이 집중력을 발휘하게도 거두어들이게도 할 수 있다.

## ❧ 아이의 변화는 부모에게서 시작된다 ❧

'주의를 기울이는 움직임'이 지니는 힘, 즉 아이를 변화시키는 힘은 부모에게서 시작된다. 아이에게 무슨 일이 일어나고 있는 것인지 몰라 걱정하고 전전긍긍할 수도 있을 것이며 혹은 너무나 바빠서 더는 뭔가를 받아들일 시간적 여유가 없다고 느낄지도 모른다. 부모가 마음챙김 명상이나 집중적으로 주의를 기울이는 것을 수련하는 데 매일 많은 시간을 들이는 불교 수도승도 아니고, 치료사나 행동 전문가도 아닐 것이다. 희소식은 아이에게 도움을 주기 위해서 부모가 특정 분야의 전문가일 필요가 없다는 것이다.

움직임에 주의를 기울이는 부분에서 양육자도 아이도 조금씩 향상되어 실력을 쌓아간다면 아이의 발전에 엄청난 차이를 만들어낼 것이다. 앞에서 설명했듯, 신체적, 정서적, 정신적 움직임은 어디에나 존재한다. 아이와 함께하는 행동과 상호작용이라면 어느 것이든 이 책에서 설명한 도구를 활용할 기회가 될 수 있으며, 그것은 곧 아이를 성장시키고 발전시키는 데 도움이 된다.

꾸준히 연습한다면, 일상의 한 부분처럼 '주의를 기울이는 움직임'의 원칙은 어느새 우리의 제2의 천성이 된다. 많은 부모들이 내게 들려주었듯, 이 원칙은 아이들이 현재의 제약을 뛰어넘어 한층 더 발전해나갈 수 있도록 할 뿐만 아니라 삶을 끝까지 완전이 바꿔놓을 수 있는 값진 선물이다.

# 천천히 배운다

## : 쉬지 않고 돌진하던 아이가 스스로 잠잠해지다

가파른 산도 처음에는 천천히 올라야 한다.

**_윌리엄 셰익스피어**

장애가 있는 아이를 둔 부모들은 대부분 '느리다Slow'는 말에 부정적 의미가 내포되어 있다고 생각한다. 발달이 느리다는 것이 아이에게 장애가 있다는 첫 번째 지표라고 믿어 의심치 않는다. 더군다나 '느리다'는 말은 '둔하다, 미련하다, 멍청하다, 부진하다, 태만하다' 같은 단어를 연상시킨다.

그런 부정적 이미지 때문에 아이들을 '느리게' 도와야 한다는 말이 직관과 부딪히는 것처럼 느낄 수도 있다. 하지만 '느리게'는 무엇보다도 강력한 방법이다. 아이의 뇌가 더 잘 작동하도록 도우며 상상 이상의 것을 해내도록 만든다.

이번 장에서 '느리게'라는 단어는 지금까지와 완전히 다른 의미로 쓰일 것이다. 아이의 뇌가 차별화 과정을 통해 더욱 세밀하게 분화하고, 이를 통해 새로운 기술을 만들어내도록 돕는 것이 바로 '느리게'의 원칙이다. 이 원칙을 따를 때 아이의 손의 움직임이 더 좋아지고, 더 좋은 의사소통 방법을 찾아내게 되며, 아이가 겪는 학습적인 문제 또한 해결할 수 있다.

## ❧ 온몸이 굳어버린 아이 ❧

'느리게'는 나의 스승 펠덴크라이스 박사님에게 배운 개념이다. 당시 심각한 뇌성마비를 겪고 있던 22개월 여자 아기와 레슨을 하게 되었다. 그런 증상의 아이를 마주한 것은 처음이었다. 그때 내가 발견한 것들은, 이후 30년 넘는 세월 동안 다양한 증상의 아이들을 만나는 데 더없이 소중한 가르침을 주었다.

내가 알리를 처음 만났을 때, 알리는 아빠 품에 안겨 있었다. 아빠는 아이를 안고 내 사무실로 들어왔고 딸을 무릎에 앉힌 채 작업 테이블의 가장자리에 앉았다. 알리의 엄마는 남편과 딸을 정면으로 볼 수 있는 맞은편 의자에 앉았다. 나는 알리 옆에 앉아 알리를 바라보았다. 알리는 크고 깊은 갈색 눈을 가진 매우 여윈 아이였다. 눈 하나는 완전히 내사시였고, 양팔은 팔꿈치를 단단히 구부린 상태였으며, 손은 주먹을 쥐고 있었는데 양손의 엄지 모두 검지와 중지 사이로 삐져나와 있었다. 다리는 꽉 맞물려 고정되다시피 했고, 무릎은 떨렸으며, 발목이 돌아가 발등이 안쪽으로 휘어 있었다.

작은 아기는 어떤 움직임도 없이 조용히 앉아 있었다. 내가 누구인지 궁금한 마음에 움직일 수 있는 한쪽 눈으로 나를 좇을 뿐이었다. 부모의 설명에 따르면, 쌍둥이를 조산했는데 그중 한 명이 알리라고 했다. 출산 직후 쌍둥이는 각자 인큐베이터에 들어갔는데 며칠 후 끔찍한 일이 일어났다. 알리의 인큐베이터에 갑자기 산소 공급이 끊겨졌고, 그 사이 알리는 심각한 뇌 손상을 입어 뇌성마비라는 진단을 받게 되었다. 현재 물리치료를 받고 있지만 큰 차도는 없었다. 여전히 자발적으로 움직이지 못했고, 팔다리는 언제나 뻣뻣했으며, 아직 말을 하지 못했다.

나는 어떻게 해야 할지 감이 오지 않았다. 내가 참고할 만한 처방, 혹은 일반적인 치료 순서나 방법이 있는 것도 아니었다. 나는 시간을 가지고 알리를 관찰할 필요가 있다고 느꼈고, 알리에게 나와 친숙해질 시간을 주었다. 아이에 대해 아직 잘 모르는 상태에서는 서두르지 말아야 중요한 사실을 발견할 수 있음을 알리와의 만남을 통해 깨달았다. 그 이후로 나는 레슨을 시작하기 전에 '아직 무엇을 어떻게 해야 할지 잘 모른다'는 태도로 일부러 모든 것을 천천히 시도한다.

어느 순간, 내 손길이 닿을 때 알리가 다리에 어떤 느낌을 받을지 궁금했다. 내가 알리의 다리를 움직이려 한다면 무슨 일이 일어날까? 나는 그때까지 알리와 같은 아이를 만져본 적이 없었다. 강직성 뇌성마비가 있는 아이의 부모라면 알겠지만, 이런 증상을 지닌 아이를 억지로 움직이려고 하거나 아이가 스스로 움직이려 하는 순간, 아이의 근육은 더욱 뻣뻣하게 굳어버린다. 그러면 아이는 몸을 전체적으로 움직이는 것이 극도로 어려워진다.

알리의 경우도 마찬가지였다. 내가 오른손을 부드럽게 알리의 왼쪽 허벅지에 올려놓자 그 야윈 다리 근육이 수축하며 뻣뻣하게 굳어버리는 것이 느껴졌다. 알리의 다리를 움직여보고 싶었지만, 그렇게 시도할 때마다 즉시 다리에서 저항이 느껴졌다. 알리의 다리는 마치 서로 완전히 붙어버린 듯했다. 그래서 나는 알리의 다리를 부드럽게 잡고 아주 천천히 움직여보았다. 다른 사람이 곁에서 봤을 때는 감지하지도 못할 만큼 조금씩 조금씩 시도하자, 알리의 다리가 미세하게 움직이기 시작하는 것을 느낄 수 있었다.

계속해서 아주 조금씩, 아주 천천히 알리의 다리를 움직이니 알리도 주의를 기울이는 듯했다. 자신에게 무슨 일이 일어나고 있으며 자신이 무엇을 느끼고 있는지에 주의를 기울이기 시작한 것이다. 그리고 얼마 지나지 않아 놀랍게도 알리의 다리 근육이 갑자기 풀렸다! 알리의 왼쪽 무릎이 측면으로 열렸고 심지어 발목도 자연스럽게 움직였다. 나는 전에도 이런 경우가 있었는지 궁금해서 알리의 엄마를 쳐다보았다. 알리의 엄마는 눈이 휘둥그레진 채 입을 다물지 못하고 있었다. 알리 엄마의 말로는 알리에게 이런 일이 있었던 적이 한 번도 없었다고 했다.

나는 처음 보는 결과에 놀라기도 했고 가슴이 벅차올라 ('느리게'의 원칙이라고 부르게 된) 지금까지 내가 했던 과정을 다시 재현해보았고, 그것을 다른 쪽 다리에도 적용해보기로 했다. 알리와의 교감을 유지하며 알리의 다른 쪽 다리를 아주 천천히 움직이는 데 공을 들였다. 그리고 몇 분 만에 다른 쪽 다리의 근육 또한 완전히 풀렸다. 이제 알리의 양 무릎이 바깥쪽을 향해 벌어질 수 있었다. 태어나 처음으로 알리의 뇌가 자신의 다리 근육을 수축시키지 않고 있었다.

나는 알리가 다리 꼬기 자세도 할 수 있을지 궁금했다. 그래서 아주 천천히 그리고 부드럽게 다리를 움직여야 한다는 것을 주지하며 알리의 다리를 꼬는 것이 가능한지 살펴보기로 했다. 알리의 다리를 천천히 들어 올리자, 두 다리가 매우 가볍게 느껴졌고 무릎이 바깥쪽을 향하며 다리를 꼰 상태로 쉽사리 움직였다. 알리는 이제 반가부좌를 한 상태로 아빠의 무릎에 앉아 있었다. 방에는 정적이 흘렀다. 핀이 떨어지는 소리도 들릴 정도였다. 모두가 감탄해서 알리를 쳐다보며 한마디도 하지 않았다. 알리가 레슨을 받는 내내 조용히 있었던 아빠가 말했다. "믿을 수가 없네요. 기적 같아요."

## 🌿 자신의 몸을 느낄 수 있는 시간 🌿

빨리 움직이고 빨리 생각하며, 빠르고 효율적으로 작동하는 기계의 도움을 받고자 하는 인간의 능력은 생존하고 번영하고자 하는 우리의 본능과 긴밀하게 관련되어 있다. 그러나 '빨리'는 우리가 이미 아는 것을 할 때만 가능하다는 사실을 이해하는 것이 중요하다.[1] 무언가를 빨리 할 때, 우리 뇌는 자동으로 이미 존재하거나 매우 깊이 뿌리박혀 있는 패턴을 사용하는 단계로 넘어가버린다.

새로운 기술을 배우거나, 새로운 개념을 발견하거나, 새로운 것을 이해하거나, 새로운 행동을 배워서 시작할 때, 우리는 처음부터 빨리 해낼 수 없다. 뇌에서 해당 기술을 수행하는 데 필요한 연결과 패턴을 만들어내기 전까지는 빨리 하는 것에서 잠시 거리를 두는 것이 무엇보다 중요하다.[2] 그래야만 그 기술을 점진적으로 빨리 해낼 수 있게 된다. 새로운 패턴이 뇌에 좀 더 깊게 새겨지고 나면 빠르고 능숙한 행동도 할 수 있게 된다. 공을 던지고, 키보드를 치고, 덧셈과 뺄셈을 하는 법을 뇌가 이해하기 전까지 그것은 아직 존재하지 않는 능력이다. 이 사실을 표면적으로 이해하는 것은 쉽다. 하지만 자신이나 다른 사람에게, 특히 아이들에 대한 기대를 갖게 될 때 이 말을 실천하는 것은 쉽지 않다.

무언가를 빨리 할 때, 우리 뇌는 자동으로 이미 존재하거나 매우 깊이 뿌리박혀 있는 패턴을 사용하는 단계로 넘어가버린다.

이 문제와 관련하여 결코 잊히지 않는 아이가 있다. 맥스의 엄마는 맥스를 나에게 데리고 오며 짧은 덧셈 문제 100개로 채워진 학습지 한 장을 함께 가져와 맥스와 함께 풀어달라고 했다. 그것은 맥스가 지금까지 학교에서 받은 시험지의 사본 중 하나였고, 맥스는 시험에 계속 낙제했다. 맥스 엄마의 말에 따르면, 1학년의 수학 능력 수준은 얼마나 많은 문제를 정확하게 풀어내는지뿐만 아니라 얼마나 빨리 문제를 풀 수 있는지에 의해 결정된다고 했다. 시험에 통과하려면 100개의 덧셈 문제를 20분 안에 풀어야 했다. 맥스는 여섯 살이 된 남자아이로, 그 덧셈 문제가 자신에게 요구하는 것이 무엇인지 전혀 알지 못했고, 숫자에 대한 이해도 전무했다. 따라서 맥스가 수학 문제를 빨리 풀 준비가 안 되어 있는 것이 당연했다. 맥스가 터득한 것은 문제를 푸는 방법이 아니라 정답을 찍는 것이었다.

맥스와 레슨을 하면서 우리는 '느리게'의 원칙을 비롯해 다른 핵심 원칙을 사용하여 맥스의 뇌에 숫자를 이해할 수 있는 시간과 정보를 주었다. 이는 맥스의 뇌가 수학 문제를 이해하고 풀어내기 위한 패턴을 만들어내는 데 필요한 과정이었다. 맥스는 더 이상 정답을 찍을 필요가 없어졌다.

뭔가에 능숙하다면, 우리는 그것을 빠르고 확실하게 해낼 수 있다. 하지만 그 반대의 상황은 얘기가 다르다. 새로운 것을 처음부터 빨리 하려 한다면, 우리는 그것에 능숙해지지 못할 것이다. '느리게'는 학습의 필수적인 요소다. '느리게' 할 때 새로운 가능성이 열린다. 아인슈타인은 자신의 전기에서 어떻게 상대성이론을 생각해냈는지 설명한다. 빛줄기를 타는 상상을 하는 과정에서 그는 자신의 움직임이 어땠는지를 느꼈고 자신의 신체와 자신을 둘러싼 공간의 관계에 대해서도 느꼈다. 그는 이 작업을 몇 시간이고 하다가 천천히 상대성이론을 발전시켰고, 상상 속에서 자신이 경험한 것을 숫자라는 언어로 바꾸어 표현해냈다. 놀라울 정도로 풍부하고도 복잡한 이 과정이 아인슈타인의 뇌에서 일어나고 있는 광경을 상상해보라. 수십억 개의 신경세포가 깨어나 여러 갈래로 나뉘어 돌아다니다 결국 엄청난 창조와 발견을 이루어내는 광경을 말이다. 그런데 만약 누군가가 아인슈타인에게 시간의 제약을 두어 정답을 맞히기까지 20분이 남았다고 알려주고는 갑자기 시간이 다 되었으니 그만하라고 했다면 무슨 일이 일어났겠는가?

'느리게'는 학습의 필수적인 요소다. '느리게' 할 때 새로운 가능성이 열린다.

누군가가 어떤 기술을 아직 사용할 수 없다면, 그에게 그 기술은 아직 실제로 존재하지 않는 것과 같다. 그 기술이 자리 잡기 위해서는 먼저 뇌 속에서 수백 개의 새로운 신경 연결과 무수히 많은 차별화를 통한 분화가 이루어지고 그 모든 과정이 통합될 필요가 있다. 뇌에 이를 위한 기회를 최대한 제공하기 위해서는 이 과정 자체를 아주 아주 느리게 진행할 필요가 있다. 두 번째 핵심 원칙인 '느리게'는 뇌가 주의를 기울이게 하며, 이는 아이가 자신에게 일어나는 모든 과정을 느낄 수 있는 시간의 여유를 가져다준다. 무슨 일이 일어나는지 느낀다는 것은 모든 일의 중심이자, 생각하고 움직일 줄 아는 능력의 핵심이다.[3] 빨리 하려고 하면 뇌는 이미 존재하는 패턴, 즉 우리에게 깊이 새겨져 있어 눈을 감고도 해내는 패턴으로 돌아가는 방법밖에는 없다.[4]

무엇이 일어나는지 느낀다는 것은 모든 일의 중심이자, 생각하고 움직일 줄 아는 능력의 핵심이다.

앞에서 이야기한, 엘리자베스가 공을 잡으려 했던 순간을 생각해보자. 공이 너무 빨리 날아오자, 엘리자베스가 공을 잡으려고 아무리 노력해도 그 의도가 뇌에 전달될 때는 기존의 뿌리박힌 패턴이 가동되었다. 그래서 엘리자베스는 뻣뻣하게 손을 맞잡아버렸고, 얼어붙은 시선으로 나를 바라볼 뿐이었다. 알리의 경우도 마찬가지였다. 다른 사람이 자신의 다리를 움직이려 할 때마다 알리는 더 심한 강직으로 반응하는 것 외에 다른 선택지가 없었다. 하지만 아주 천천히 다리를 움직이자, 알리는 그 움직임을 느껴볼 수 있는 시간을 갖게 되었다. 그러자 알리의 뇌는 새로운 가능성을 발견하고 차이점을 구별해내기 시작했다. 뇌에서 근육을 수축시키라는 메시지 보내는 것을 중단하자 다리 근육이 풀리기 시작했다. 맥스의 사례도 마찬가지다. 수학 문제를 빨리 풀려고 할 때면 답을 추측해버리는 과거의 패턴으로 돌아가곤 했다.

아인슈타인과 같은 천재든 매우 심각한 장애를 지닌 아이든, '느리게'는 학습의 필수적인 요소다. '느리게'의 원칙을 사용하면 아이들이 자신에게 무슨 일이 일어나고 있는지를 자각하고 알아차릴 수 있는 시간을 줄 수 있다. 이는 우리에게 현재의 순간에 머물며 그 순간을 온전히 느낄 것을 요구한다. '느리게'의 원칙은 아이들이 느끼는 것을 증폭시켜 뇌가 더 쉽게 차이점을 식별해낼 수 있도록 한다. 그 결과 아이들은 새로운 것을 할 수 있는 첫 단추를 채울 수 있다.

아인슈타인과 같은 천재든 매우 심각한 장애를 지닌 아이든, '느리게'는 학습에 필수적인 요소다.

"우리 아이는 아인슈타인 같은 천재가 아니에요. 오히려 발달이 한참 뒤처지고 있죠"라고 말하는 부모도 있다. 물론 그 말이 틀린 것은 아니다. 하지만 아이를 천천히 만지고 천천히 움직이거나 아이가 '느리게'의 원칙을 적용할 수 있도록 안내하면, 아이가 그 과정을 음미할 줄 아는 능력을 강화하는 데 도움이 된다. 이는 결국 아이의 뇌가 새로운 것을 식별해내고 창조해내도록 돕는 셈이다. 처음으로 뒤집기를 하는 방법을 깨우친 아이의 뇌, 혹은 엄지와 검지로 물건을 잡는 법을 깨우친 뇌, '엄마'나 '물병'이라고 말하는 법과 12 나누기 4는 3이라는 것을 깨우친 뇌는 그것을 깨우친 그 순간 아주 명석한 뇌가 된다. 중요한 것은 아이가 가지고 있는 현재의 제약을 아이의 뇌가 지닌 엄청난 능력과 혼동하지 않는 것이다. 아이가 지금 당장 걷지 못하고, 말하지 못하고, 수학 문제를 풀지 못한다는 사실이 그 아이의 뇌가 최고 수준의 기능을 해낼 가망이 없다는 의미는 아니다. 덧붙이자면, '느리게'의 원칙은 뇌가 최고의 수준에 이르게 하는 가장 중요한 도구다.[5]

그것을 깨우친 그 순간 아주 명석한 뇌가 된다.

## 🌿 제 속도 좀 늦춰주세요 🌿

날씬하고 다정하게 생긴 세 살짜리 조시가 바로 뒤에 엄마를 대동하고 내 사무실에 뛰어 들어왔다. 조시는 끊임없이 조잘거렸는데, 대부분 무슨 말인지 알아듣기 힘든 소리를 계속해서 쏟아내고 있었다. 그렇게 모음과 자음의 음절을 퍼붓듯이 토해내다가도 이따금 내가 알아들을 수 있는 단어 하나를 말하기도 했다. 조시는 장난감 상자가 있는 방 한쪽 구석을 향해 돌진하다가, 이내 장난감에는 애당초 관심도 없었던 듯 방향을 바꿔 다른 쪽으로 달려갔다. 조시는 알아듣기도 힘든 말을 쏟아내며 끊임없이 조잘거렸고 여기저기 돌아다니다 균형을 잃기도 했다. 뿐만 아니라 한시도 가만히 있지를 못했다.

아이가 자폐 스펙트럼이나 허약성 X 증후군을 진단받거나, 주의력결핍증이나 주의력결핍 과잉행동장애가 있거나, 그와 유사한 증상이 있다는 진단을 받은 부모들은 아이가 항상 빨리 움직인다는 것이 얼마나 부모의 심신을 지치게 하는지 알고 있다. 그런 아이들이 경험하는 세상은 혼돈 그 자체다.

또한 이 아이들은 스스로 자신의 속도를 제어할 수 없기 때문에 학습하는 데에도 어려움을 겪는다. 이 아이들은 집중하는 대상이 너무 빨리 바뀌기 때문에 자신과 자신을 둘러싼 세계를 이해할 수 있을 만큼 충분히 느끼고 알아차릴 시간을 결코 갖지 못한다. 자전거 타기와 같이 복잡한 균형 감각을 배우거나, 공을 잡기 위해 반드시 필요한 눈과 손의 협응 능력을 발달시키거나, 읽고 쓰는 법을 배우거나, 좀 더 정확하고 명확한 언어 기술을 발달시키는 등의 새로운 요구에 직면하게 되면, 이 아이들의 뇌는 이런 복잡한 활동을 수행하고 체계화할 수 있을 만큼 충분히 차별화 과정을 진행시키지 못한다. 이런 아이들에게서 우리는 주로 과잉 행동이 증가하는 것을 목격하게 된다.

## ✤ 자극은 덜고, 정보는 더한다 ✤

아이에게 더 많은 자극이 필요하다고 생각해 바람직한 행동을 반복하게 하는 경우가 많다. 하지만 아이들에게 부족한 것은 자극이 아니다. 모든 감각적 인풋은 아이들에게 자극이 된다. 문제는 아이의 뇌가 그 자극을 유의미하고 일관적인 방식으로 체계화하지 못한다는 점이다.

이런 아이들에게 오히려 자극을 덜 주어야 한다. 다시 말해, 아이들에게 제공하는 자극의 강도와 속도 모두 줄일 필요가 있다. 아이의 뇌는 '느림'을 경험할 기회가 필요하다. 무슨 일이 일어나고 있는지 감지하고 느끼며 차이점을 인식하고, 안팎으로 흘러 들어오는 자극을 구별해 내고 체계화하여 통합된 정보로 전환할 수 있는 기회가 필요하다. 이런 기회가 주어지지 않는다면, 외적 자극이든 내적 자극이든 아이들은 이런 자극에 휘둘리며 더욱 빠르고 부산스럽게 행동하게 된다. 이같은 사실은 오늘날의 뇌과학을 통해 밝혀졌다. 또한 뇌과학에서는 너무 많은 자극은 고쳐야 할 아이들의 증상을 악화할 뿐이며 따라서 '느리게'의 원칙이 중요하다는 견해를 밝히고 있다.[6]

아이의 뇌는 '느림'을 경험할 기회가 필요하다. 무슨 일이 일어나고 있는지 감지하고 느끼며 차이점을 인식하고, 안팎으로 흘러 들어오는 자극을 구별해내고 체계화하여 통합된 정보로 전환할 수 있는 기회가 필요하다.

## ❧ 속도를 제어하지 못하는 아이 ❧

조시와 첫 수업을 하던 날, 나는 조시가 방 안을 돌아다니는 모습을 몇 분 동안 조용히 관찰했다. 그리고 나서 조시가 특정 방향으로 돌진하려고 할 때마다 아무 말도 하지 않고 부드럽게 아이 앞에 끼어들어 아이의 시선을 막았다. 조시는 처음에는 내가 앞을 가로막아도 그것을 알아차리지 못하는 듯했다. 내가 막아서면 그저 다른 방향으로 내달리기만 할 뿐이었다. 여섯 번 정도 앞을 막아서자 조시는 멈춰서서 나를 올려다보았다. 마치 나를 처음 발견한 듯했고 무슨 일이 일어나고 있는지 의아해하는 듯했다. 조시는 몇 초간 주의를 기울였다. 그러고는 다시 이곳저곳으로 돌진했다. 나는 다시 조시 앞을 가로막아 섰다. 조시가 나를 올려보았다. 그 순간 나는 천천히 조시에게 말했다. "조시, 안녕! 나는 아낫이야. 이제 너를 안아서 내 테이블 위에 올려놓을까 하는데." 나는 천천히 조시에게 다가가 아이를 안았고 작업용 테이블에 조시를 앉혔다.

지난 수년 동안의 경험으로 볼 때, 일단 몇 초만이라도 속도를 늦추는 경험을 하고 좀 더 효과적으로 집중할 기회를 얻고 나면, 그 아이는 속도를 더 잘 늦출 수 있을 뿐만 아니라 혼자서도 두 번째 핵심 원칙인 '느리게'를 즉각적으로 실행할 수 있다. 우리가 '주의력 결핍Attention Deficit'이라고 부르는 것을 나는 가끔 '속도 제어력 결핍Slowing Down Deficit'이라고 보는 것이 문제를 해결하는 데 도움이 되리라고 생각한다.

처음으로 내 테이블에 올라간 조시는 조금 불편한 듯 몸을 꼼지락거렸다. 조시는 누웠다가, 일어나 앉았다가, 다시 누워서 다리를 이쪽저

쪽으로 움직였다. 나는 조시에게 아주 가까이 다가가서 앉았다. 내 손을 조시의 양 옆으로 올리고는 아이 가까이에서 서성이며 조시가 테이블에서 떨어지지 않도록 했다. 그러고는 아주 천천히 그리고 아주 부드럽게 조시를 움직여보기 시작했고, 한 번에 아주 조금씩만 변화할 수 있도록 유도했다. 이전과 마찬가지로 처음에 조시는 내가 자신을 움직이고 있다는 것과 내가 자기 앞에 앉아 있다는 것도 알아차리지 못한 듯했다. 조시의 입에서는 쉴 새 없이 이런저런 소리가 쏟아져 나왔다.

조시가 무엇을 하든 나는 아이를 말리지 않았다. 나는 그저 계속해서 천천히 의도적으로 조시에게 주의를 기울였다. 다리를 움직여보고, 골반과 가슴도 움직여보았다. 이 책에서 계속 설명한 것처럼 아주 단순하고 기본적인 방식으로 매우 부드럽게 조시의 몸을 움직였다. 천천히 진행되어 주의를 기울일 수밖에 없는 동작을 한다는 것은 신체의 움직임을 통해 아이의 뇌에 '말을 거는' 것과 같다. 말하자면 아이의 뇌에 신체여러 부분을 느낄 기회, 움직임과 감각을 알아차리고 이해할 수 있을 정도로 천천히 그것들을 경험해볼 기회를 제공한 것이다.

천천히 진행되어 주의를 기울일 수밖에 없는 동작을 한다는 것은 신체의 움직임을 통해 아이의 뇌에 '말을 거는' 것과 같다.

조시와 수업을 하는 내내, 나는 조시가 쏟아내는 잡음을 담아내는 '그릇'과 같은 역할을 했다. 조시가 만들어내는 소리는 대부분 빠르고 체계가 잡히지 않은 행동과 움직임으로 발생하는 소음이었다. 나는 일관성 있게, 그리고 아주 천천히, '느리게' 그 역할을 했다. 이렇게 하자 얼마 뒤 조시는 스스로 속도를 늦추기 시작하더니 더욱 차분히 누워 있게 되었다. 조시는 그렇게 조용해졌다. 아주 조용해졌다. 아무렇게나 쫑알거리던 것도 멈추었고, 몸을 꼼지락거리지도 않았다. 조시의 뇌가 흥분을 가라앉힌 것이다! 이제 조시는 마음껏 집중하고 배울 수 있는 상태가 되었다. 전에 없던 방식으로 자기 자신이라는 집에 온전히 머물게 된 것이다. 레슨이 끝날 무렵 조시의 엄마가 말했다. "조시가 이렇게 차분히 있는 것은 지금까지 본 적이 없어요."

다음날 조시가 왔을 때, 조시는 두 개 혹은 그 이상의 단어로 구성된 문장으로 말을 하고 있었다. 가끔 엉성한 말투로 이야기하고 불안한 듯 빨리 움직이는 등 이전의 상태로 돌아가기도 했지만, 곧바로 다시 체계가 잡힌 듯 알아듣기 쉽게 말했다.

조시는 발화뿐만 아니라 자세, 힘, 균형, 먹는 것, 잠자는 것, 생각하는 것에서도 급속도로 향상되었다. 이는 나에게 레슨을 받는 아이들에게서 자주 일어나는 일이다. 아이들은 한 부분에서만 좋아지는 것이 아니라 누구도 예상하지 못했던 방식으로 다른 부분들에서도 향상되곤 한다. 이 결과를 일반적으로 말하자면, 아이들의 행동과 사고의 기저에 있는 뇌의 처리 과정이 향상되면서 아이들의 증상이 전반적으로 좋아진 것이라고 할 수 있다.

# ❧ 시간이 곧 사랑이다 ❧

시간이 곧 사랑이다. 이는 우리가 아이를 위해 우리 시간을 쓸 때, 즉 현재 아이가 어디 있는지를 파악하고[3] 그 곁에 있어줄 때 아이가 우리의 사랑을 경험할 수 있다는 의미이다. 우리도 모르는 사이에 아이를 서두르게 하거나, 못 하는 것을 빨리 해내도록 아이를 재촉하거나, 혹은 아이가 할 수 있는 것보다 더 빨리 뭔가를 해내도록 독촉하는 것은 일반적으로 실패할 수밖에 없는 상황을 조장하고 있는 셈이다. 아무리 좋은 의도를 가지고 그렇게 한 것일지라도 아이는 스스로 제대로 해내지 못했다고 느끼거나 혹은 우리의 기대치를 맞춰주지 못했다는 느낌을 받게 된다.

허약성 X 증후군이라는 유전질환을 가진 찰리의 사례를 살펴보자. 찰리는 나와 수년간 작업했다. 찰리의 엄마 셰일라는 찰리에게 읽기 프로그램이 탑재되어 있는 노트북을 주었다. 나를 기다리고 있는 동안 찰리의 엄마는 찰리가 글자를 읽는 것을 도와주고 있었다. 내 사무실로 가는 길에 나는 찰리와 엄마의 대화를 들을 수 있었다. 엄마의 노력은 확실히 도움이 되지 않았다. 찰리는 고통스러워했으며, 화를 내고 저항하다 결국엔 꼼짝없이 갇힌 기분에 빠지고 말았다. 나는 '속도를 더 늦춰야 할 텐데'라고 생각했다.

---

**3** 아이의 물리적 위치를 말하는 것이 아니라 아이가 현재 무엇을 할 수 있는지, 그 능력의 수준을 파악하는 것을 말한다.

사무실에 들어서서 자리에 앉은 후 나는 찰리의 엄마에게 스크린에 뜨는 단어의 속도를 조정하는 기능이 있는지 물어보았다. 그녀는 그렇다고 했다. 엄마가 속도를 조절하는 법을 살피고 있는 동안 나는 찰리를 내 테이블 위에 앉혔다. 찰리가 나를 쳐다보더니 말했다. "선생님, 저는 멍청해요. 글을 읽을 줄 몰라요." 나는 찰리에게 "그렇지 않아. 너는 멍청하지 않아. 컴퓨터에 뜨는 글자가 너무 빨리 지나가서 그런 것뿐이야"라고 말해주었다. 그 순간 찰리는 당황스러운 표정으로 나를 쳐다보더니 이내 살짝 미소를 지어 보였다.

얼마 후 찰리의 엄마가 읽기 프로그램의 속도를 늦추는 법을 알아냈고, 우리는 속도를 늦춘 읽기 프로그램을 찰리에게 보여주었다. 아니나 다를까, 스크린에 뜨는 단어가 찰리가 읽을 수 있을 만큼 충분히 천천히 지나가자 찰리는 단어를 읽을 수 있었다. 조금 지나자 찰리는 용기를 얻은 듯했으며 자신에 대해 긍정적인 감정을 갖게 되었다. 그러고는 나에게 분명히 말했다. "나는 멍청하지 않아요!"

컴퓨터의 속도를 줄임으로써 찰리는 자신이 읽을 수 있다는 것을 경험했고, 이 경험은 엄마의 속도 또한 늦추게 해주었다. 그날 엄마가 여유 있는 마음으로 속도를 늦추자 찰리도 덩달아 차분해졌다. 찰리가 자신이 안전하고 사랑받고 있으며, 자신의 있는 모습 그대로 인정받고 있다는 느낌을 받으면서 두 모자는 서로 더 끈끈하게 연결될 수 있었다. 찰리의 뇌가 이 모든 것을 이해할 수 있는 기회를 얻은 것이다.

아이와 함께 있을 때 속도를 늦춰보는 시간을 갖는다면, 아이의 곁에 온전히 머물 수 있는 기회를 얻게 된다. 그리고 이를 통해 진정한 아이의 반응과 능력을 알 수 있게 된다. 이는 마치 아이와 함께 춤을 추는 것과 같다. 두 사람이 춤을 추며 한 사람은 리드하고 다른 한 사람은 거기에 몸을 맡기며, 무도회장에서 마치 하나가 된 듯이 움직이는 것이다.

아이와 함께 있을 때 속도를 늦춰보는 시간을 갖는다면, 아이의 곁에 온전히 머물 수 있는 기회를 얻게 된다.

## ❧ 느림에도 차원이 있다 ❧

최근 들어 아이들의 발달에 대한 예상 시간표를 알려주는 발달 단계표나 시기별 발달 정도에 대한 부모들의 인식이 점점 더 높아지고 있다. 아이가 머리를 가눌 것이라 예상되는 시기, 움직이는 물체를 눈으로 좇는 시기, 뒤집고, 서고, 말하고, 걷는 등의 행동을 하는 시기에 대한 관심과 인식이 점점 높아지고 있는 것이다.

지난 몇 년 동안 예상 시기보다 빠른 발달을 보이는 아이들이 주목을 받으면서 아이를 더 빨리 발달 단계에 도달하게 하는 것이 장려되기도 했다. 전문가나 이에 준하는 이들에게 고무받은 부모들은 아이가 더 빠른 속도로 발달 단계에 도달하게 하기 위해 노력한다. 다른 아이들의 발달 단계를 앞지르면 왠지 신체적, 정서적, 정신적으로 상위권에 들어갈 수 있으리라고 생각하는 것이다. 부모는 두 주밖에 안 된 신생아를 배로 엎드린 상태로 있게 하는 일명 '터미 타임Tummy Time'을 갖는 것이 좋다는 이야기를 듣는다.[7] 이는 실제로 아이 스스로 엎드려 있을 수 있기 시기보다 몇 달이나 앞선 시점이다. 그런가 하면 점퍼루나 걸음마 보조기 등 아이의 발달을 촉진하는 기구들이 넘쳐난다.

하지만 인간이 다른 모든 포유류와 구분되는 매우 중요한 방식 중 하나는 '우리가 얼마나 느리게 성장하는가'에 있다. 아이의 성장과 발달의 전문가인 윌튼 크로그만W. M. Krogman은 "인간은 그 어떤 생명체보다 독보적으로 가장 오랜 기간 동안 유아기, 아동기, 청소년기를 보낸다"라고 말했다.[8]

인간과 (진화의 단계나 유전적인 면에서 인간과 가장 유사한 동물 중 하나인) 침팬지의 발달 속도를 비교하면, 생후 두 달이 되었을 때 침팬지는 이미 엄마를 잡고 똑바로 설 수 있다.[9] 같은 개월 수의 인간 아기는 그에 비하면 스스로 할 수 있는 것이 아무것도 없으며, 모든 것을 양육자에게 의존해야 한다.

5개월이 되면 침팬지는 독립 보행을 시작하며, 작은 나무나 가지를 타고 오르고 짧은 시간 동안은 엄마와 아기 사이의 유대가 깨지기도 한다. 같은 개월 수의 인간 아기는 5개월에 접어들어서야 옆으로 뒤집기 시작한다.

침팬지가 두 살이 되면 대부분의 운동 기능이 충분히 발달한 상태가 된다. 반면에 두 살의 인간 아기는 걸을 수는 있지만 균형을 잡는 것이 불안정하다. 아장아장 걷지만 아직은 점프를 하거나 다리 하나로만 균형을 잡고 설 수 없다. 앞으로 습득하게 될 움직임의 기술이나 사회적, 인지적 기술의 상당 부분이 아직 다 발달되지 않은 상태다.

침팬지와 비교할 때 인간 아기는 발달 단계상 비슷한 운동 기능과 사회 기능을 성취해내는 데 훨씬 더 오랜 시간이 걸린다. 하지만 그 이면에 아주 중요한 일이 일어나고 있다. 두 살배기 인간 아기는 걸을 때 여전히 휘청거리지만, 20~30개 정도의 어휘를 가지고 말을 할 줄 안다. 그리고 최소한 두 개 정도의 단어를 연결하여 유의미한 문장을 만들어낼 수도 있다. 다섯 살이 되면 인간은 대략 2,500개 정도의 어휘를 사용한다.

그 사이에 침팬지는 분노, 두려움, 기쁨의 감정을 기본적인 몇 가지 소리로 변형하여 표현한다. 침팬지는 우리가 쓰는 것과 같은 언어를 사용하는 법을 결코 배우지 못할 것이다. 또한 침팬지는 인간이라면 보통 아홉 살 때 할 줄 아는 개념적, 추상적 사고를 결코 발달시키지 못할 것이다.

아홉 살이면 인간은 쇼팽의 소나타를 연주하거나, 비디오게임을 하거나, 수학 문제를 풀 수도 있다. 반면 같은 나이의 침팬지는 완전히 성장을 마치고 가족을 이루었겠지만, 침팬지의 뇌는 인간이 할 줄 아는 예술적, 운동적, 지적 성취를 이루어내지 못한다. 인간 아기가 빨리 달리기 선수가 될지, 노련한 테니스 선수가 될지, 발레리나가 될지, 피아니스트가 될지, 아니면 수학자가 될지 아무도 알 수 없지만, 침팬지가 이런 것들을 결코 해낼 수 없다는 것을 우리는 너무나 잘 알고 있다.

# 🌿 뇌의 발달에 시간이 필요한 이유 🌿

인간의 잠재력은 유인원과 비교해 엄청난 차이를 보이는데, 인간이 유인원보다 큰 뇌를 가지고 있다는 사실은 인간이 지닌 잠재력을 일부밖에 설명하지 못한다. 뇌의 크기만큼 중요한 것은 바로 인간이 각각의 발달 단계에 도달하는 속도가 느리다는 것이다. 미국의 생물학자인 스티븐 제이 굴드Stephen Jay Gould에 따르면, "인간의 아기는 성인 뇌의 23퍼센트밖에 안 되는 크기의 뇌를 가지고 배아 상태로 태어난다."[10] 이는 모든 포유류 중에서 가장 작은 크기다. 우리는 매우 미숙한 상태로 태어나며 다른 포유류와 비교해서 성장하는 데 오랜 시간이 걸린다. 인간이 더디게 성장하면서 얻는 이익은 무엇일까? 굴드는 유독 느린 인간의 성장과 우리 뇌의 성장이 다른 생명체를 훨씬 능가해 진화할 기회와 다른 어느 생명체도 이루어낼 수 없는 것을 성취할 기회를 제공한다고 주장한다.

느린 속도로 진행되는 인간의 발달은 더 오랜 시간 동안 더 광범위한 차별화 과정을 거칠 수 있도록 해줄 뿐만 아니라 뇌 구조가 더욱 복잡해질 수 있는 시간을 벌어준다. 이러한 복잡성으로부터 인간만의 독특한 기술이 발달할 수 있다. 이렇듯 느리게 진행되는 발달을 통해 인간은 더 큰 뇌가 가져다주는 이익을 누릴 수 있다. 수년 혹은 수십 년에 걸쳐 발달하게 될 더 큰 인간의 뇌가 지니는 이익을 온전히 누리게 되는 것이다.

**3개월**

엄마를 잡고 걷는다. 인간 아기보다 훨씬 빠르다.

다른 사람에게 온전히 의지할 수밖에 없는 무력한 상태. 발달이 진행되고 있는 것처럼 보이지 않는다.

**9개월**

완전히 독립적으로 움직이며 벌써 암컷 위에 타거나 암컷을 밀치는 연습을 한다.

아직 걷지 못하고 두 팔과 두 다리를 이용해 기어 다닌다. 침팬지에 비하면 발달 단계에서 많이 뒤처져 있는 듯 보인다.

**8세**

성적으로 성숙한 상태. 생애 전반에 걸친 잠재력의 상당 부분에 이미 도달했다.

아직 아이지만 피아노를 친다. 침팬지가 앞으로 하게 될 것을 능가하는 수준이다. 앞으로 무궁무진하게 성장할 잠재력을 지니고 있다.

## ❧ 성급히 결론짓지 않는다 ❧

건강한 아기의 초기 발달 속도를 가속화하려는 노력이 전반적인 발달 속도에 유의미한 차이를 가져오지 못한다는 사실은 이미 연구를 통해 밝혀졌다. 그러한 노력을 한다고 아이가 성장했을 때 더 나은 성취를 이룰 수 있다는 증거는 없다. 반면에 아기의 초기 발달을 가속화는 것이 오히려 아이의 발달에 해로울 수 있다는 증거는 상당히 존재한다. 장애가 있는 아이는 발달 단계상 한 가지 혹은 그 이상의 부분에서 보통 뒤처진다. 발달 단계에서 아이가 놓친 부분을 수행하도록 하고, 속도를 내서 그 부분을 따라잡도록 하려는 욕구는 충분히 이해한다. 하지만 중요한 것은 발달 단계에 이르는 것이 아니다. 진짜 중요한 것은 아이가 각각의 발달 단계에 도달하는 그 기저에 있는 과정이다.[11]

아기가 무작위로 신체를 움직이며 누워 있는 수개월 동안, 그리고 더 많은 움직임과 다른 기술을 습득해가는 과정에서 아이의 뇌에서는 믿을 수 없을 정도로 풍부한 활동이 일어난다. 뇌 안에서 수십억 개의 연결이 형성되고 있으며, 신체 지도도 만들어지고 있다. (차별화 과정에서 살펴보았던 것처럼) 시간이 지남에 따라 수십억 개의 조각과 파편들이 발달 단계표에서 설명하는 완성된 형태로 통합되며, 이는 앞으로 살면서 이후에 이루게 될 성취로 이어진다.

장애가 있는 사람이든 그렇지 않은 사람이든 너무 빨리 성장하거나 너무 빨리 모든 것이 결정되지 않는 것이 바로 인간이 가진 특징이다. 또한 사고, 감정, 행동 등 우리의 움직임에 너무 빨리 각인되어버리는 최종 패턴에 완전히 좌우되지도 않는다. 이것이 바로 우리가 최고 수준의 발달 단계에 이르고 다양한 기술을 수행할 수 있는 이유이다. 속도를 늦추고 너무 빨리 모든 것을 결정짓지 않음으로써 우리는 매우 복잡한 일련의 기술을 개발할 수 있다. 뿐만이 아니라 평생 동안 새롭고 더 높은 기술을 지속적으로 개발할 시간을 얻을 수 있다.

속도를 늦추고 너무 빨리 모든 것을 결정짓지 않음으로써 우리는 매우 복잡한 일련의 기술을 개발할 수 있다.

장애가 있는 아이를 돕고자 할 때, 우리는 서두르거나 그 과정의 결과를 급하게 제한하지 말고, 아이와 아이의 뇌 성장을 위한 더 많은 선택지를 제공해주어야 한다. 제아무리 똑똑한 침팬지라도 침팬지의 뇌와 침팬지에게 일어나는 성장은 오래 지속되지 않는다. 이는 침팬지의 성장은 인간이 일생을 살며 할 수 있는 것에 비해 극도로 제한적임을 의미한다.

## 🌿 천천히 배워야 하는 과학적 근거 🌿

아이가 속도를 늦추어 차이점을 알아차리고, 그 차이점을 더욱 잘 인식할 수 있게 되며, 몸을 움직여 자신의 신체 및 주변 환경을 경험할 수 있게 되면, 아이의 뇌에서 엄청난 속도로 실질적인 물리적 변화와 성장이 일어나기 시작한다. 뉴런이라 불리는 신경세포에서 길고 가늘게 뻗어 나온 축색돌기는 지방질로 싸여 있다. 이것은 수초형성이라고 알려진 것으로 전기 자극이 세포를 통해 더욱 빨리 전달되고 다른 신경세포와 소통할 수 있도록 해준다. 신경세포들은 수상돌기를 통해 서로 연결되며 소통한다. 수상돌기는 축색돌기의 끝부분에 있으며 마치 나무에 난 여러 개의 나뭇가지처럼 생겼다. 차별화 과정이 일어나는 동안, 신경세포 간에 엄청난 양의 새로운 연결이 만들어진다. 정확하게 말하자면 지나치게 많은 새로운 연결이 만들어진다.

이러한 연결 중 일부는 뇌에 의해 선택되어 새로운 패턴을 만드는 데 이용된다. 선택되지 않은 연결고리들은 시간이 지남에 따라 가지치기라고 불리는 과정을 통해 사라진다. 아이가 새로운 기술을 습득한 초기 단계, 즉 새로운 패턴이 만들어진 단계에서는 뇌 속의 새로운 연결은 언제 끊어져도 이상하지 않을 만큼 다소 헐겁게 연결되어 있다. 새로 만들어진 연결이 선택되고 관련 신경세포의 수초형성이 이루어질 때까지 깨지기 쉬운 상태로 여전히 연약하게 연결되어 있는 것이다. 이러한 변화를 겪는 단계에서도 '느리게'와 부드럽게는 여전히 뇌에서 새로운 연결이 형성되기 위해 필수적인 부분이다.

아이가 새로운 기술을 터득하고 온전히 익혔다면, 이는 아이가 자신이 배운 것을 조절하고 실행할 수 있을 만큼 관련 체계가 뇌 속에서 충분히 자리를 잡았다는 것을 의미한다. 그리고 난 후에야 아이는 그 기술을 빨리 해낼 수 있게 된다. 이런 이유로 나는 '빨리'는 우리가 이미 아는 것을 할 때만 가능하다고 말한다.

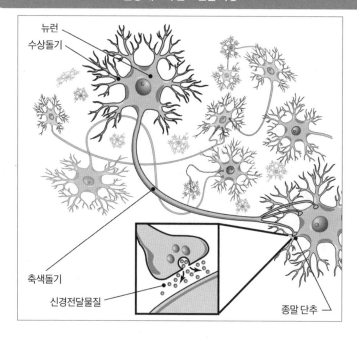

신경 세포의 신호 전달 과정

뉴런
수상돌기
축색돌기
신경전달물질
종말 단추

　아이에게 '느리게'의 원칙을 적용하고 그 과정까지도 천천히 진행하는 원리를 이용하여 머제니치는 수백만 명의 아이들이 읽고 쓰는 것을 배우는 데 도움이 되는 '패스트포워드Fast ForWord'라는 프로그램을 개발했다.[12] 그리고 아이들의 언어 능력 발달을 위해 고안된 이 프로그램이 예상치 못했던 무수히 많은 파급효과를 낳고 있다는 결과가 나오기 시작했다. 예를 들면, 자폐 진단을 받은 아이들이 듣기, 주의, 집중력에서 향상을 보인 것이다. 또한 필체와 전반적인 정신 작용을 처리하는 과정도 향상되었다. 이는 이 아이들의 뇌가 전체적으로 향상되었음을 의미한다.[13]

아이를 위한 속도 늦추기는 부모가 먼저 이 원칙을 적용하는 것에서부터 시작해야 한다. 아이를 위해 '느리게'의 모범이 되어 아이의 뇌가 따라할 수 있는 길을 닦아주는 것이다. 두 번째 핵심 원칙인 '느리게'는 아이와 부모가 함께 발달시킬 수 있는 기술이다. '느리게'의 원칙에 따라 일부러 모든 행동을 천천히 하기 위해서는 기술과 조절이 필요하다. 아홉 가지 핵심 원칙 하나하나가 뇌의 기능을 총체적으로 향상시키기 위한 것임을 기억해야 한다. '느리게'의 원칙을 아이에게 적용할 때는 아이에게 변화가 일어나고 있는지 관찰해야 한다. 어떤 변화라도 괜찮다. 이러한 변화의 조각들이 모이고 모여 아이의 뇌는 자라고 성장한다. 이런 변화는 우리가 원하는 최종 결과가 아니기에 간과하기 쉽고 놓치기 쉽다. 하지만 뇌에서 일어나는 이렇게 작고 사소한 변화들이 모든 주요한 변혁의 시작이자 핵심이다. 따라서 아주 작은 변화도 놓치지 않도록 해야 한다. 아이의 삶에 '느리게'의 원칙을 실천하는 데 도움이 되는 몇 가지 방법을 살펴보자.

## ● 아이 곁에 있어준다(Be with Your Child)

매일 10분 동안 시간을 내어 그냥 아이 곁에 있어준다. 휴대전화를 끄고 컴퓨터도 멀리한다. 읽고 있던 책도 내려놓고, TV를 끄고, 요리를 하거나 청소를 하거나, 아이의 얼굴을 씻어주지도 않는다. 아이를 차에 태우고 드라이브를 해서도 안 된다. 왜냐하면 당신의 집중력이 흐트러지기 때문이다. 러그나 침대 위, 소파 위나 마당, 혹은 아이가 뛰어놀 수 있는 곳에 아이와 함께 있는 것이 유일한 과제다. 10분 동안 엄마와 아이가 해야 할 일은 아무것도 없다. 그저 '천천히'라는 느낌이 엄마와 아이의 경험에 스며들도록 내버려두는 것이다. 동시에 그 순간 아이의 안전만 보장된다면 엄마 옆에서 아이가 어떤 방식으로 무엇을 하든 가만히 둔다. 리더는 아이이고, 엄마는 아이가 하라는 대로 따르기만 하면 된다.

아이가 주변을 돌아다니고 싶어 한다면 그렇게 해주고 그동안 아이 곁에 있어주는 것이다. 아이가 엄마의 머리카락을 가지고 놀고 싶어 한다면, 아이가 그렇게 하는 동안 그저 아이 곁을 지켜주면 된다. 공이나 장난감 자동차를 가지고 놀고 싶어 한다면, 역시나 아이가 그렇게 노는 동안 아이 옆에 있어준다. 아이가 주는 신호가 무엇이든 그 신호에 따르면 된다. 아이와 함께 오직 둘만 존재하는 느낌을 온전히 느끼는 것이다. 처음에는 다소 어렵다고 느껴질 수도 있지만, 이렇게 해주는 것이 얼마나 쉽고 즐거운 일인지 곧 알게 될 것이다. 우리는 원래 '천천히' 할 수 있는 존재다.

아이가 주는 신호가 무엇이든 그 신호에 따르면 된다. 아이와 함께 오직 둘만 존재하는 느낌을 온전히 느끼는 것이다.

● **판단하지 않고 관찰한다**(Observe Without Judgment)
아이와 상호작용을 하는 과정에서 속도를 늦추면, 아이가 보내는 반응에 주목할 시간을 가질 수 있다. 이전이라면 결코 알아차리지 못했을 것들을 발견하게 될 수도 있다. 누구와도 비교하지 않고, 아이를 바꾸거나 통제하려 하지도 않고 아이를 바라본다면, 함께하는 활동에서 아이가 어떤 반응을 보이는지 더 잘 파악할 수 있다. 아이에게 밥을 먹일 때, 숙제하는 걸 도와줄 때, 옷 입는 것을 도와줄 때, 목욕을 시킬 때 등 아이와 무슨 활동을 하든 아이를 판단하지 않고 아이의 반응에 더욱 세심한 주의를 기울이는 것이다. 그러면 자신을 둘러싼 세상에서 아이가 어떤 반응을 보이는지 더 잘 알아차릴 수 있을 것이다. 이러한 값진 정보는 엄마의 뇌가 밝게 켜지도록 하며 엄마가 아이에게 더욱 잘 조율될 수 있게 도와준다. 엄마가 아이와 잘 조율되어 있을수록, 아이의 뇌는 엄마와의 상호작용을 통해 더 많은 도움을 받을 수 있다. 엄마 돌고래가 헤엄치며 새끼가 헤엄칠 수 있는 해류를 만드는 것처럼, 새끼와 하나가 되어 함께 헤엄치는 엄마 돌고래가 되는 것이다. 그 과정에서 새끼 돌고래는 엄마와 떨어져 헤엄칠 수 있을 정도로 충분히 숙련된다.

## ● 속도를 늦춘다(Oops, Time to Slow Down)

아이가 어떤 활동에 실패하는 순간, 다시 말해 악기를 연주하려고 하다가, 읽고 쓰려 하다가, 숟가락을 입에 가져가려고 하다가 실패하는 순간 부모는 항상 더 속도를 내서 실패한 활동을 강요하려는 경향을 보이곤 한다. 이것은 흔하게 나타나는 일반적인 반응이다. 하지만 우리는 보통이 아니라 뛰어남을 지향하고 있다는 것을 기억하길 바란다. 이러한 실패의 순간에는 그저 자신과 아이를 차분히 가라앉힌다. 더욱 속도를 늦추는 것이다. 엄마가 더욱 천천히 움직이고, 아이에게 말하는 속도도 늦추고, 아이를 움직이는 엄마의 속도도 늦추어 모든 것을 더 천천히 해보자. 만약 아이가 새로운 것을 시도하다가 실패한 다음 그것을 더 빠른 속도로 다시 시도하려 한다면, 아이가 속도를 늦추고 더욱 천천히 다시 해보도록 하자. 엄마가 잠시 그 활동에서 물러나 있어도 좋다. 그러고는 나중에 다시 다가와 '느리게'의 원칙을 적용해보는 것이다. 아이가 천천히 할 수 있도록 속도를 늦추는 것이 곧 아이의 뇌에 새로운 해결책을 만드는 기회를 제공하는 것이라는 점을 기억하길 바란다. 지금 당장 목표한 과제에 완전히 성공하지 못할지 몰라도 엄마도 아이도 즉각적인 변화를 경험하게 될 것이다. 그리고 그러한 변화 하나하나가 아이가 성공적 활동을 위한 밑거름이 된다.

이러한 실패의 순간에는 그저 자신과 아이를 차분히 가라앉힌다. 더욱 속도를 늦추는 것이다.

● **'슬로우 게임'을 한다**(The Slow Game)
'슬로우 게임'의 기본적인 규칙은 무엇을 하든 아이와 함께 가능한 한 천천히ASAP, As Slow As Possible 해보는 것이다. 둘 중 하나가 속도를 높이기 시작한다면, 다른 한 사람은 속도를 내는 사람이 그것을 인지할 수 있도록 한다. 예를 들어, 아이와 함께 퍼즐 조각을 맞추며 이 게임을 한다면 아이에게 이렇게 말할 수 있다. "내가 이 퍼즐 조각을 정말 정말 천천히 놓을 수 있는지 보자." 그러고는 실제로 천천히 퍼즐 조각을 놓는다. 그다음 아이에게 말한다. "너는 얼마나 천천히 할 수 있는지 한번 보자."

아이가 만약 너무 빠르다면, 아이가 자신의 빠른 속도에 주의를 기울일 수 있도록 해주고, 아이의 손을 부드럽게 잡아 아이가 좀 더 천천히 움직일 수 있도록 도울 수도 있다. 그다음에는 엄마가 일부러 속도를 내서 아이가 엄마의 속도를 지적하고 천천히 하라고 말할 수 있는 기회를 준다. 아이가 이 게임을 완전히 이해하는 데 몇 번의 반복이 필요할지도 모른다. 천천히 움직이는 것, 무엇이든 의도적으로 천천히 해보는 것은 속도를 내서 서두르는 것보다 훨씬 많은 조절력과 기술을 필요로 한다. 신발 끈을 묶고 풀기, 세발자전거 타기 등 다른 여러 활동에도 '슬로우 게임'을 적용할 수 있다.

'슬로우 게임'은 아이가 무언가를 제대로 해내지 못할 때 특히 유용하다. 아이가 너무 어려서 처음에 이 게임을 이해하지 못하거나 속도를 늦추지 못한다면, 아이가 하고 있거나 하려고 하는 활동 중 몇 가지 부분에서만 속도를 늦추어보자. 엄마가 계속 느린 속도를 유지해야 아이도 엄마를 거울 삼아 속도를 늦출 수 있다. 아이의 속도가 느려졌다면, 미세하지만 좀 더 명확한 변화가 일어났는지 찾아보자. 아이 근육의 긴장도가 떨어졌거나 조금 높아졌다는 것을 알게 될 수도 있고, 아이의 협응력이나 사고 면에서 실제적인 향상이 이루어졌다는 것을 알게 될 수도 있다.

### ● 천천히 만진다(Slow Touch)

장애를 가진 아이를 둔 부모들은 보통 자주 아이를 만지고 움직여보곤 한다. 이러한 손길과 접촉은 아이의 뇌 성장에 매우 중요하다. '천천히 만지기'는 아이의 뇌가 놀랄 만큼 진화하는 데 도움이 된다. 아이의 머리카락을 만지고 있다면, 손을 아주 천천히 움직여보자. 아이를 천천히 움직이고 천천히 신체적 접촉을 하면, 아이의 뇌는 자신의 움직임을 느끼고 현재 무슨 일이 일어나고 있는지 좀 더 명확히 알아차릴 수 있는 기회를 얻게 된다. 아이와 이미 일상적으로 하는 상호작용 속에서 이를 어떻게 활용할 수 있을지 방법을 찾아보자. 예를 들어, 아이가 코트를 입는 걸 도와줄 때, 휠체어에서 앉아 있다가 누울 수 있도록 아이를 옮길 때, 혹은 박수를 치거나 다른 게임을 하는 등 아이를 만질 수밖에 없는 활동을 할 때, '천천히 만지기'를 해보는 것이다. '천천히'는 아이의 경험뿐 아니라 엄마의 경험도 한층 증폭시킨다. 속도를 늦추면 아이의 뇌에 무슨 일이 일어나고 있는지 알아차리는 데 도움이 될 뿐만 아니라, 어떤 활동을 하든 그 활동에 더욱 집중할 수 있게 되기 때문이다.

'천천히'는 아이의 경험뿐 아니라 엄마의 경험도 한층 증폭시킨다.

● **경청한다(Slow Listening)**

인간의 가장 중요한 욕구 중 하나는 다른 사람들이 나를 알아보는 것이며 또한 그들이 내가 하는 말을 경청해 내가 인정받고 있다고 느끼는 것이다. 이런 면에서 장애가 있는 많은 아이들은 주변 성인들과 의사소통을 하는 데 특히 어려움을 겪는다. 이 아이들은 자신과 자신의 경험을 다른 사람에게 이해시키는 데 어려움을 겪는데, 특히 자신도 자신의 세계를 이해하는 데 어려움을 겪고 있는 경우에 더욱 그렇다. 아이가 부모에게 바라는 것은 자신의 말을 잘 알아듣는 유능한 경청자로서의 모습이다. 아이의 이야기에 천천히 귀를 기울여줌으로써 부모는 경청자가 될 수 있다. 즉, 아이가 하는 말뿐 아니라 아이가 내는 소리, 움직임, 억양, 얼굴 표정, 몸짓 등 아이가 모든 표현 수단을 동원해 전달하고자 하는 내용을 알아듣는 것이다.

아이가 부모에게 바라는 것은 자신의 말을 잘 알아듣는 유능한 경청자로서의 모습이다.

이렇게 하기 위해서는 먼저 내면의 속도를 늦출 필요가 있다. 마음속에서 일어나는 내부의 재잘거림을 조용히 시키는 것이다. 천천히 심호흡을 몇 번 한 다음 아이에게 주의를 기울여보자. 아이가 내뱉은 말이나 몸짓을 통해, 아니면 아이가 움직이는 방식이나 엄마와 상호작용하는 방식으로 미루어볼 때 아이가 전하고 싶은 말이 무엇인지 생각해보자. 혹은 사랑스럽고 재미있는 방식으로 아이를 흉내 내보거나 아이에게 하고 싶은 말이 이런 것이 맞는지 물어봐도 좋다. 아이의 반응을 보면 자신이 제대로 이해했는지 아닌지를 알 수 있다. 아이의 반응을 제대로 이해해주면, 아이는 즉시 긴장을 풀고 좀 더 잘 반응하고 좀 더 소통하려 할 것이다. 아주 즐거워할 수도 있다. 반대의 경우에 아이는 거부 의사를 표현하거나 아주 언짢아하거나 화를 낼 수도 있다. 그럴 경우 아이와 연결되었다는 느낌을 받을 때까지 계속해서 아이의 모든 이야기에 귀를 기울여보자.

## ● 최대한 친절한 모습을 보여준다(Be a Master of Kindness)

아이도 자신이 실패하는 순간을 잘 안다. 아이는 마음속으로 어려움과 혼란을 느끼며 주변의 어른들이 강요하는 것을 해낼 수 없는 순간을 확실히 인지하고 있다. 그럴 때는 아이에게 최대한 관대해지고 친절해지자. '모든 것을 천천히 하는 부모가 되어 아이에게 이렇게 말하는 것이다. "천천히 해도 괜찮아. 서두르지 않아도 돼. 걱정할 것 없어." 아이를 안심시키는 것이 무엇보다 중요하다. 아이가 성공적으로 해내고 있지 않은 상황에서도 아이에게 잘하고 있다고 말해야 한다는 의미가 아니다. 자신이 잘하고 있지 않다는 것을 아이가 아는 상황에서 소위 '정적 강화Positive Reinforcement'라는 것으로 아이에게 환호를 보내서는 안 된다. 그런 행동은 아이의 집중력을 흐트러뜨리며, 아이의 뇌에 혼란을 준다. 진정성을 가지고 아이에게 친절하게 대하되 '느리게'의 원칙을 활용하여 아이를 도와주어야 한다. 아이를 가까이 안은 채로 엄마가 자신의 몸을 이용해 아이가 천천히 과제를 해낼 수 있도록 이끌어줄 수도 있다. 그런 행동은 결국 아이에게 "있는 그대로의 너로도 괜찮아. 잘하고 있어. 너는 안전해"라는 메시지를 전달하는 것과 같다. 자신이 사랑받고, 있는 그대로 받아들여지고, 안전하다고 느끼면 아이의 뇌는 비로소 강력한 학습 기계로 변모하게 된다.

# 다양성을 열어둔다

## : 생후 10개월간 깁스를 착용한 마이클의 뇌,
## 유령의 깁스를 부수다

자연은 몇 안 되는 자연법칙을 끝없이 조합하기를 반복한다.
자연은 익숙한 공기를 무수히 변형시켜 흥얼거린다.

**_랄프 월도 에머슨**

'다양성Variation'에는 두 가지 종류가 있다. 첫 번째 다양성은 '무엇을' 하는지와 관련이 있고, 두 번째 다양성은 '어떻게' 하는가와 관계가 있다. 첫 번째 유형의 다양성에 대한 예를 들어보자. 월요일이면 늘 아이를 언어 치료 수업에 보냈다면 어느 하루는 동네를 드라이브해서 아이들이 모여 노는 곳에 아이를 데려가는 것이다. 두 번째 다양성의 예는, 숟가락으로 아이에게 밥을 떠먹여주는 대신 아이가 손으로 먹어보도록 하는 것이다. 이런 다양성이 장애가 있는 아이를 돕는 데 어떻게 적용될까? 지금부터 이 질문에 대해 자세히 살펴볼 것이다.

# 🌿 뇌 성장의 핵심은 다양성이다 🌿

아이의 뇌는 막중한 임무를 지니고 있다. 뇌는 태어나서 3년 동안 네 배나 커져서 성인 뇌 무게의 80퍼센트 수준까지 성장한다.[1] 이렇게 크게 성장하는 주요 이유는 신경세포 사이의 연결의 수가 증가하기 때문이다. 이 연결을 통해 뇌는 스스로 체계를 잡아간다. 또한 신체와 움직임에 대한 뇌 지도를 형성해나가고, 인지 구조를 만들고, 감정의 체계를 형성해나간다.

이 엄청난 성장과 발전은 새롭고 색다른 것을 인지할 때 이루어진다. 그러니까 우리의 신체, 정신, 삶에 늘 배경처럼 존재하거나 습관처럼 작용하는 것들 사이에서 두드러지는 무언가를 인지할 때, 바로 그 지점에서 내가 '다양성'이라고 부르는 핵심 원칙이 개입하기 시작한다. 일상적인 활동을 새롭고 색다르게 해보며 다양성의 원칙을 아이의 삶에 접목하면, 그런 경험들은 아이에게 특별한 것이 된다. (차별화 과정으로 이어지는) 차이점을 인식하면, 이는 새로운 가능성을 만들기 위해 뇌가 필요로 하는 정보를 뇌에 제공한다. 뇌가 차이점을 식별해내도록 하기 위해 아이와 상호작용을 하면서 의도적으로 차이점, 즉 '다양성'을 만들어 뇌에 제공하는 것보다 더 확실한 방법은 없다.

이 엄청난 성장과 발전은 새롭고 색다른 것을 인지할 때 이루어진다.

이번 장에서는 이처럼 아이와 함께하는 과정에서 다양성을 만들어내는 방법에 대해 살펴볼 것이다. 더 강력하고 더 잘 기능하는 뇌가 되기 위한 여정에서 아이의 뇌는 차이점을 식별하고 그것을 이용할 줄 알아야 한다. 그러한 차이점을 의도적으로 만들어주는 것이 바로 다양성의 원칙이다. 이는 불가능을 가능으로 바꾸어주는 방법을 알아내는 것이자 어떤 어려움에 직면해서도 자신에게 맞는 독특한 해결책을 찾아내는 것이다.

## ﹋ 다양성은 어디에나 존재한다 ﹋

'다양성'은 우리 주변 어디에나 있다. 우리가 보고 듣고 냄새 맡는 것, 맛보고 느끼는 것 등 모든 것에서 다양성을 경험할 수 있다. 다양성은 또한 내부로부터 나오기도 한다. 우리가 하는 생각이나 경험하는 여러 가지 감정, 그리고 우리의 다양한 움직임 등은 우리 자신에게서 나온 다양성의 발현이다. 걷기처럼 우리가 능숙하게 해내는 움직임조차 보이는 것과는 달리 완전히 똑같은 방식으로 두 걸음을 떼지 않는다. 걸을 때 뇌는 계속해서 새로운 정보를 받아들여 걸음 하나하나를 구조화한다. 그리고는 우리의 움직임을 끊임없이 변화하는 하나의 전체로 통합시킨다. 이처럼 뇌는 스스로 항상 다양성을 만들어낸다.[2]

우리를 둘러싼 환경에 존재하는 다양성을 모두 없애버린다면 우리는 사실상 제대로 기능하지 못할 것이다.[3] 심한 눈보라 속을 헤치고 나아가야 하는 전문 스키선수에게나 일어날 법한 일이지만, 만약 주변의 모든 것이 똑같아 구분이 안 되는 곳에 있게 된다면 거리를 인식할 수 있는 감각은 사라질 것이다. 빛 때문에 주변 풍광을 제대로 구분할 수 없다면, 어디가 오르막이고 어디가 내리막인지 분간하는 것은 불가능하며, 내가 어떤 물체로부터 얼마나 떨어져 있는지를 알아차리기도 힘들어진다.

다양성이 없는 삶을 상상하기란 불가능하다. 마찬가지로 충분한 다양성이 부재한 상태에서는 뇌가 제대로 기능할 수 없다. 아이의 뇌가 잘 자라기 위해서는 반드시 다양성을 풍부하게 경험해야 한다. 건강한 아이는 움직이고, 생각하고, 느끼고, 감정을 표출하면서 자연스럽게 엄청난 양의 다양성을 만들어낸다.

장애가 있는 아이는 자신의 특수한 상황 때문에 다양성을 생성하는 능력을 발휘하는 데 제약을 받는다. 예를 들어, 자폐 스펙트럼이 있는 아이는 강박적으로 특정한 말이나 몸짓을 반복하는 경우가 있는데, 이러한 행동은 뇌가 성공적으로 자라고 발전하는 데 필요한 정보와 다양성을 받아들이지 못하게 만든다. 이러한 강박적 행동은 장애 때문에 나타나는 하나의 '증상'으로, 우리는 아이가 이러한 증상에서 벗어날 수 있도록 도와야 한다. 아이의 발달에 가장 치명적인 것이 바로 다양성의 부족이기 때문이다. 우리의 역할은 아이가 스스로 얻지 못하고 놓쳐버린 다양성을 조금이나마 아이가 느낄 수 있도록 돕는 것이다. 반가운 소식은 다양성은 만들기도 쉽고, 그것을 아이에게 접목하는 것도 어렵지 않다는 점이다.

장애가 있는 아이는 자신의 특수한 상황 때문에 다양성을 생성하는 능력을 발휘하는 데 제약을 받는다.

마이클의 사례는 다양성을 경험하지 못하는 것이 아이의 삶에 얼마나 치명적인지를 보여준다. 또한 다양성의 원칙이 어떻게 마이클의 뇌에 필요한 기회를 제공해주었으며, 다양성을 경험하지 못했다면 결코 발전시키지 못했을 능력을 어떻게 발현하게 되었는지도 알 수 있을 것이다.

## ❧ 깁스 안에 갇힌 아이 ❧

마이클의 담당의에 의하면, 마이클은 고관절 탈구 상태로 태어났다. 이는 고관절 발달장애 DDH, Developmental Dysplasia of the Eip 라고도 알려져 있다.[4] 마이클의 고관절Hip Socket[4]은 완전히 발달하지 못한 상태였다. 의사는 고관절이 정상적으로 발달할 수 있도록 고관절Hip Socket에 대퇴골두the Femoral Heads를 잡아 유지해줄 수 있는 전신 깁스를 처방했다. 마이클은 태어난 지 3주가 되었을 때부터 10개월이 될 때까지 이 깁스를 착용하고 있었다.

---

4  hip과 hip socket을 모두 '고관절'이라고 번역했으나, 고관절(hip)은 고관절의 절구 부분인 hip socket과 대퇴골두(the femoral heads)가 만나서 이루어지는 관절이다.

깁스를 풀었을 때 고관절은 괜찮은 듯 보였지만 마이클은 움직이지 못했다. 13개월의 마이클을 처음 보았을 때, 마이클은 뒤집기와 되집기를 하지 못했으며, 스스로 몸을 일으켜 앉지도 기어 다니지도 못했다. 마이클의 치료를 위해 마이클의 부모는 물리치료사를 소개받았고, 치료사는 몇 주 동안 마이클을 치료했다. 그동안 치료사는 마이클에게 일련의 반복적인 운동을 시키면서 뒤집고, 앉고, 궁극적으로는 기는 법을 가르치려 했다. 하지만 부모의 말에 따르면, 그런 방법은 도움이 되지 않았다.

고관절 발달장애가 아니었다면 건강하게 자랐을 총명한 아이였지만, 마이클은 깁스로 인해 움직이는 법에 대한 단서를 전혀 얻지 못한 상태였다. 앉혀 놓은 상태에서 마이클은 머리를 옆으로만 움직일 뿐 고개를 똑바로 세우지 못했다. 가끔 팔을 움직일 때 자폐 스펙트럼을 가진 아이가 연상되는 듯한 동작을 하기도 했다. 흥분해서 빠르게 펄럭거리듯 팔을 움직인 것이다. 한편 마이클의 다리와 등, 골반은 생명력을 잃은 듯 무거웠다. 의사도 마이클을 도울 방법을 더 제시하지 못한다는 사실에 더욱 상심한 마이클의 부모는 해결책을 찾기 위해 스스로 발 벗고 나섰다. 아픈 아이를 둔 많은 부모들이 그렇듯이, 마이클의 부모도 버림받은 느낌이 들었고 불안했다. 마이클이 왜 기지 못하는지 설명해 줄 길이 없는 듯 보였다. 이 부부의 질문을 받은 모든 이들이 이런저런 조언을 정말 많이 해주었다. 하지만 그 많은 조언 중에서 마이클에게 도움이 되는 것을 어떻게 가려낸단 말인가?

고관절 발달장애가 아니었다면 건강하게 자랐을 총명한 아이였지만, 마이클은 깁스로 인해 움직이는 법에 대한 단서를 전혀 얻지 못한 상태였다.

마이클의 부모는 지인을 통해 나를 찾아왔다. 마이클과의 첫 번째 수업에서 나는 예쁜 얼굴을 가진 건강해 보이는 아이를 마주했다. 나는 마이클이 왜 움직이지 못하는지 궁금했다. 그렇게 잠시 고민을 하다가 그 이유를 알 것 같았다. 갓난아기들은 무작위로 움직이다가 복부, 가슴, 다리가 점점 발달하면서 자신의 의도에 따라 체계적으로 움직일 수 있게 된다. 마이클은 착용하고 있는 깁스 때문에 이 모든 일반적인 움직임이 제한되었고, 결국 그 움직임을 해내지 못하게 되어버린 것이다.

마이클은 자유롭게 움직일 수 있었다면 경험했을 신체 여러 부위 간의 역동적 관계에 대한 수많은 다양성을 놓치고 말았다. 또한 안기거나 누군가 마이클을 만졌을 때의 감각에서도 다양성을 얻을 수 있는데, 깁스한 부위에서는 이러한 감각의 다양성을 느낄 기회가 주어지지 않았다. 움직임과 손길에서 오는 무수히 많은 감각, 즉 '다양성'을 놓쳐버린 마이클의 뇌는 자신의 신체와 그에 걸맞는 움직임에 대한 지도를 그려낼 수 없었다. 마이클이 일찍이 경험했어야 할 무작위적이고 도전적인 움직임과 감각이 깁스로 인해 제약을 받으면서 마이클의 뇌는 자신의 다리, 등, 골반이 그 자리에 있는지 알 방법을 완전히 박탈당한 것이다.

나는 마이클과 마이클의 뇌가 아주 초반부터 오랫동안 작동을 하지 못하고 있었다면 지금 어떤 상태일지 상상해보았다. 마이클의 뇌는 평범한 움직임에서 얻을 수 있는 다양성에 굶주려 있었다. 또한 자신이 무엇을 할 수 있는지 자신의 신체를 느끼고 발견할 기회에 굶주려 있었다. 마이클은 자신과 자신을 둘러싼 세계를 알아갈 수 있는 정보가 부족했다. 대신 마이클은 깁스로 인한 제약과 한계만을 반복적으로 경험했다. 이는 틀림없는 사실이었다. 깁스를 한 채로 생활하고 성장하면서 마이클의 뇌는 실제로 제약을 경험했고 그 경험을 바탕으로 뇌의 지도를 만들었다. 그리고 그 지도는 마이클의 뇌 안에서 실체도 없는 유령의 깁스를 만들어냈다. 나중에 깁스를 풀었을 때도 마이클의 뇌는 이 사실을 알아차릴 수 없었다. 마이클은 여전히 마치 깁스를 한 것처럼 행동했는데, 그 이유는 마이클의 뇌에 무엇이든 다른 방식으로 해볼 수 있는 정보가 없었기 때문이다.

깁스한 채로 살고 자라면서 마이클의 뇌는 실제로 제약을 경험했고 그 경험을 바탕으로 뇌의 지도를 만들었다. 그리고 그 지도는 마이클의 뇌 안에서 실체도 없는 유령의 깁스를 만들어냈다.

마이클은 깁스한 상태에서 놓쳤던 다양한 움직임을 어느 정도 경험해볼 필요가 있었다. 나는 마이클을 기게 하거나 혹은 그 나이의 아이들이 할 수 있는 다른 움직임을 시키는 대신 마이클이 놓친 경험 일부를 하도록 해줘야겠다고 생각했다. 그러면 마이클의 뇌가 잠에서 깨어나 자신의 신체를 좀 더 온전히 알아차리고 체계화 과정을 거칠 수 있을지 궁금했다. 그러면 몸을 더 잘 움직일 수 있도록 뇌 지도를 다시 만들 수 있지 않을까?

나는 마이클의 다리, 골반, 갈비뼈, 아래 등뼈, 등 중간 부분, 어깨를 아주 '부드럽게' 움직여보기 시작했다. 깁스라는 제약 때문에 그동안 발현되지 못한 움직임이 무엇인지 알고 그 움직임을 알아차릴 수 있도록 '미세한 움직임'을 풍부하게 제공했다. 나는 마이클의 뇌에 말을 걸 방안을 생각하고 있었다. 자신에게 몸이라는 것이 존재하며 이렇게 다양한 방식으로 신체를 전부 움직일 수 있다는 사실을 알려줄 방법을 찾아야 했다. 처음 마이클의 몸은 뻣뻣했고 움직임을 줘도 반응이 없었다. 나의 메시지가 마이클의 뇌에 아직 닿지 못했다는 뜻이었다.

마이클은 내 손이 이끄는 대로 따라오지 못했다. 나는 마이클에게 눈에 보이지 않는 깁스가 아직 존재한다는 것을 잘 알고 있었다. 물리적 깁스는 없어졌지만, 마이클에게는 여전히 눈에 보이지 않는 깁스가 존재했다.[5] 마치 깁스를 착용한 상태라고 느낄 만큼 아주 미세한 움직임만을 줄 수 있도록 나는 온 신경을 집중했다. 아이가 쉽고 편하다고 느끼는 범위 이상으로 아이를 움직이지 않도록 세심하게 주의를 기울였다. 마이클의 뇌가 깨어날 수 있도록 나는 계속해서 점점 더 작고 세심한 움직임을 다양하게 변형시켜 제공했다.

오래지 않아 마이클의 뇌가 티핑포인트5에 도달하기라도 한 것처럼

---

5  작은 변화들이 어느 정도 기간을 두고 쌓여 작은 변화가 하나만 더 일어나도 갑자기 큰 변화가 일어날 수 있는 상태가 된 단계

얼굴이 환해졌다. 마이클은 작고 부드러운 움직임이 만들어내는 이 풍부한 향연에 세심한 주의를 기울였다. 마이클이 자신의 신체를 느끼고 알아차리기 시작한 것이다. 마치 눈에 보이지 않는 깁스가 순식간에 녹아 없어진 듯했다. 마이클의 몸은 유연해졌고 움직일 수 있는 상태가 되었다.

## ❦ 모든 변화는 아이에게서 시작된다 ❦

첫 수업이 시작되고 20분이 지나자, 마이클의 아래 척추에 생동하듯 힘이 생겼다. 마이클의 뇌와 아래 척추가 연결되었고 이 둘은 합심하여 신체의 다른 모든 부분과도 새로운 연결을 만들어내고 있었다. 마이클의 머리, 어깨, 팔, 골반, 다리, 발 등 모든 신체 부위와 새로운 연결이 형성되고 있었다.

나는 마이클이 이 모든 변화, 즉 자신의 뇌와 신체 사이에 일어난 이토록 생동감 넘치는 새로운 연결을 받아들일 준비가 되었는지, 그래서 이 모든 것을 조합하여 식별 가능하고 의도적인 자신만의 행동으로 만들어낼 수 있는지 알아보기로 했다. 나는 조심스럽게 마이클을 옆으로 굴렸고 왼쪽 골반을 들어 올려 반 정도 무릎을 꿇은 자세가 되도록 무릎이 마이클 가슴 아래에 놓이게 했다. 물론 우리가 함께하는 움직임에 마이클이 편안해하고 집중하는지 유심히 살피는 것도 잊지 않았다.

잠시 뒤, 마이클은 머리와 어깨를 올리더니 자신의 팔을 쭉 폈다. 마이클이 두 팔과 두 다리로 자신의 몸을 지지하고 있었다. 마이클이 그 다음에 무엇을 할지 또는 이러한 변화로 얼마나 더 발전할지는 나도 알 수 없었다. 나는 기다렸고 집중해서 지켜볼 뿐이었다.

마이클은 잠시 두 팔과 두 다리로 기는 자세를 유지했다. 그런 자세로 어떻게 움직일 수 있는지 모르는 것이 확실했다. 이 모든 것이 마이클에게는 너무나 생소했다. 마이클이 이토록 견고한 자세를 유지할 수 있음을 알게 된 후 나는 마이클이 이 자세로 어느 정도 움직여볼 수 있을 것이라 확신했다. 그래서 나는 아주 부드럽게, 그리고 아주 조금씩 마이클을 앞뒤로 흔들어보기 시작했다.

이 과정을 통해 마이클은 무릎과 팔 사이에서 자신의 체중이 앞뒤로 옮겨가는 경험을 할 수 있게 되었다. 이것이 마이클이 필요로 하는 전부였다. 처음에는 많이 망설이기도 했지만, 잠시 후에 마이클이 한 손을 올려 앞으로 가져가더니 반대쪽 무릎을 들어 올려 또 앞으로 가져갔다. 그리곤 다른 쪽 손을 앞으로 옮기고 그 반대쪽 무릎을 앞으로 가져갔다. 마이클은 태어나서 처음으로 두 팔과 두 다리를 이용해 기어가고 있었다. 그것도 자기 스스로 말이다. 마이클은 그동안 자신을 얽매고 있던 눈에 보이지 않는 깁스에서 벗어나고 있었다.

마이클은 태어나서 처음으로 두 팔과 두 다리를 이용해 기어가고 있었다. 그것도 자기 스스로 말이다.

마이클의 뇌는 자신이 경험한 것을 받아들이기 시작했다. 여러 수준의 다양성을 풍부하게 경험하고 내가 제공한 세심한 움직임의 차이점을 식별하게 되자, 우리 눈으로는 보이지 않는 수십억 개의 뇌 신경세포가 이러한 감각을 처리하며 새로운 연결과 아주 체계화된 패턴을 만들어내고 있었다. 더 나아가 추가적인 움직임과 가능성의 지도 또한 그려나갔다. 다른 사람들이 이 뚜렷한 변화를 목격하기 훨씬 전부터 이러한 변화는 뇌 안에서 엄청난 속도로 일어나고 있었다.

변화는 언제나 아이에게서 일어난다. 아이의 장애는 그 자체로 아이가 경험할 수 있는 '다양성'을 제한하며 아이의 뇌에 가상의 깁스를 만든다. 다양성을 경험하는 데 제한이 생기면 뇌가 성공적으로 발달하는 것이 어렵거나 불가능하게 된다. 아이에게 제약만 없었더라도 정상적으로 이루어졌을 뇌 발달에 제동이 걸리는 것이다. 아이에게 잠복한 유령의 깁스가 뇌성 마비로 인한 근육 강직일 수도 있고, 자폐 아이에게 나타나는 강박증 같은 것일 수도 있다. 그 유령이 무엇이든 우리는 언제나 다양성의 원칙을 사용하여 아이의 발달에 제약을 가하는 영향력을 줄이거나 없앨 수 있다. 이렇듯 다양성은 뇌가 제 역할을 해내도록 하는 데 도움을 준다.

변화는 언제나 아이에게서 일어난다. 아이의 장애는 그 자체로 아이가 경험할 수 있는 '다양성'을 제한하며 아이의 뇌에 가상의 깁스를 만든다.

## ❧ 다양성을 경험해야 하는 이유 ❧

뇌 속의 시냅스를 증가시켜 기술 습득 향상에 도움을 주는 '다양성'의 힘을 잘 보여주는 두 가지 과학적 연구가 있다. 1990년 한 그룹의 뇌 과학자들이 매우 흥미로운 연구 프로젝트를 준비했다. 다 자란 쥐를 네 개의 그룹으로 나누어 각 그룹의 쥐에게 다음과 같이 서로 다른 활동을 하도록 했다.[6]

- 의무적 운동 그룹: 이 그룹에 속한 쥐들은 하루에 총 6분 동안 반드시 트레드밀에 올라가 운동을 하게 했다.
- 자발적 운동 그룹: 이 그룹의 쥐들에게도 트레드밀이 주어졌고, 쥐들은 자주 트레드밀에 올라가서 자발적으로 운동을 했다.
- 장애물 운동 그룹: 이 그룹의 쥐들에게는 복잡한 장애물로 이루어진 환경이 주어졌다. 아주 힘든 장애물은 아니었지만 다양한 활동거리가 풍부한 환경이었다.
- 비운동 그룹: 이 그룹의 쥐들은 운동할 기회가 전혀 없었다.

이 연구를 진행한 과학자들은 네 그룹의 쥐에게서 일어나는 두 가지 주요 변수에 주목했다. 하나는 뇌혈관의 양이고, 또 다른 하나는 뉴런 하나당 시냅스의 수, 즉 연결 정도였다.

실험 결과는 놀라웠다. 뇌혈관의 밀도가 가장 높은 것은 의무적 운동 그룹에 속한 쥐들이었다. 하지만 뇌에서 새로운 연결이 많이 이루어져 신경세포 하나당 시냅스 수가 가장 많은 것은 가장 다양한 환경을 접한 장애물 운동 그룹이었다. 이 연구 결과는 아이의 뇌 성장에 도움을 주기 위해 무엇을 해야 하는지에 대해 많은 것을 시사한다.

아이들이 학교에서 학습하는 방식이나 다양한 치료 방식을 살펴보면, 기술을 획득하는 최고의 방법에 관해 한 가지 뚜렷한 전제가 존재하는 듯하다. 그러니까 잘 모르는 것이나 못하는 것에 최대한 집중해야 한다는 것이다. 선생님이나 치료사는 당장 배워야 할 것에만 제한적으로 집중하도록 하며, 핵심에서 벗어나는 '다양성'은 최소화한다.

멜리사 실링Melisa A. Schilling과 그녀의 연구팀은 다양한 기관에서 시행되는 학습에 관한 연구의 상당수는 학습 속도가 전문화Specialization 과정을 통해 극대화될 수 있다고 암묵적으로 가정하고 있음을 지적한다.[7] 이 가정에 따르면, 특정 과제에 제한적으로 집중할수록 더 빨리 성과를 얻을 수 있다.

실링과 동료들은 학습에 대한 세 가지 접근법을 비교했다. 다양성 없는 전문화만을 통한 학습, 배우려는 것과 관련이 있는 다양성만을 포함한 학습, 마지막으로 배우려는 것과 관련이 없는 다양성까지 포함한 학습이 그것이다. 그들은 학습에 대한 이 세 가지 접근법이 각각 학습 과정에 어떤 영향을 미치는지 알아보았다.

연구팀은 실험 참가자들에게 '고 게임Go Game'이라는 전략적 보드게임을 배우도록 한 다음, 참가자들을 세 그룹으로 나눠 그들의 학습 속도를 관찰했다. 첫 번째 그룹은 어떤 다양성도 제공되지 않은 상태에서 '고 게임'을 한 번만 연습했다. 두 번째 그룹은 '고 게임'뿐만 아니라 비숫한 전략을 사용해야 하는 '리버시Reversi'[6]라는 게임도 연습했다. '리버시'라는 게임은 (앞에서 '어떻게' 하는가와 관련된 다양성[7]이라고 언급했던) '고 게임'과 관련된 다양성을 학습을 하도록 되어 있었다. 세 번째 그룹은 '고 게임'과 함께 '고 게임'과는 상관없는 전혀 다른 전략을 쓰는 카드 게임인 '크리비지Cribbage'도 연습하게 했다. 크리비지는 배워야 하는 '고 게임'과는 전혀 관련이 없는 (앞에서 '무엇을' 하는지와 관련이 있다고 언급한) 다양성까지 학습하도록 구성되어 있었다.

실링의 연구팀은 다양성이 제공되지 않았던 피실험자와 관련이 없는 다양성까지 학습했던 피험자들의 학습 속도에는 차이가 없으며, (같은 것을 다른 방식으로 해보는) 관련된 다양성을 학습을 했던 그룹이 가장 학습 속도가 빠르다는 사실을 발견했다. 사실상 관련된 다양성을 학습했던 그룹이 다른 두 그룹보다 확연히 학습 속도가 빨랐다.

이 결과에 대한 한 가지 해석은 관련된 다양성이 실험 참가자들이 '고 게임'을 배우는 데 도움이 되는 정보와 경험을 뇌에 풍부하게 제공한다는 것이다. 나는 이를 두고 다양성을 통해 '이미 할 수 있는 능력의 가장자리에서 일어나는 차별화 과정'이라고 일컫는다. 즉, 우리가 이미 알고 있는 것의 가장자리에서 아주 작은 정보 조각을 새로 만들어내는 것이다. 반면에 전문화는 학습하려는 부분에만 초점을 맞추면서 새로운 정보를 만들어내는 뇌의 능력을 제한하고 뇌의 학습 능력을 감소시

---

**6** 앞뒤의 색깔이 다른 64개의 말을 써서 포위된 상대방의 말을 뒤집는 놀이
**7** 이 장의 첫 부분에서 저자는 다양성의 두 가지 종류에 대해 설명했다. 그중 두 번째 다양성인 '어떻게'와 관련된 다양성을 말하는 것이다.

킨다.

좀 더 자세히 말하자면, '전문화'는 배워야 하는 것에만 집중하며 그것만을 지속적으로 반복하게 한다. 이런 방식을 사용하여 아이에게 현재 잘하지 못하는 것을 배우라고 압박하는 것이다. 이는 실링의 연구에서 '고 게임'만을 학습한 첫 번째 그룹과 같다. 장애가 있는 아이들에게 이 접근법은 아이의 능력이 목표한 것을 해낼 수 있는 수준에 거의 근접해 있을 때에만 효과가 있다. 그러나 그마저도 목표한 것을 해내는 질적 수준이 현저히 떨어지는 경향이 있다. 예를 들면, 아이가 기는 법을 배울지도 모르나 예쁜 모습으로 잘 기지 못하는 것이다.

두 번째로, 관련된 다양성은 아이들이 할 수 있는 영역의 가장자리에서 차별화 과정을 경험하게 함으로써 장애가 있는 아이가 지금 할 수 있는 수준에서 다양성을 제공해주는 것이다. 이러한 다양성이 아이가 이미 어느 정도는 할 수 있는 기술과 결합되어 더 높은 수준의 성과로 이어지거나 아이가 이전에 하지 못했던 완전히 새로운 기술로 이어지는 교량 역할을 한다.

세 번째 접근법인 무관한 다양성은 자신의 장애로 인해 아예 해낼 수 없는 무언가를 아이에게 해내라고 시키는 것과 같다. 예를 들면, 장애 때문에 아이의 뇌에서 기는 데 필요한 근본적이고도 기본적인 요소를 발달시킬 수 없는 상황인데도 아이에게 두 팔과 두 다리를 이용해 기라고 시키는 것이다. 아이는 아직 뒤집거나 되집기도 못 하는 상황일 수도 있다! 이 접근법은 효과가 없을 뿐만 아니라 심지어 역효과를 낳는다는 사실은 과학적으로 이미 수차례 증명된 바 있다. 이 방법이 효과도 없고 역효과가 나는 이유는 어른들이 아이에게 기는 자세에서 일어나는 움직임을 주입하는 동안 아이의 뇌 속에 무질서한 패턴이 깊게 새겨지기 때문이다.

관련된 다양성의 접근법을 아이에게 적용하기 위해서는 여러 가지 제약으로 인해 아이의 뇌가 놓쳐버렸지만 목표한 활동을 하는 데 반드시 필요하며 단순한 반복으로는 얻을 수 없는 다양성을 아이가 경험할 수 있도록 해야 한다. 아이가 현재 할 수 있는 수준에 근접한 범위에서 다양성이 충분하게 주어진다면, 즉 아이가 현재 할 수 있는 수준보다 조금 높거나 조금 낮은 수준의 다양성이 주어진다면, 새로운 정보의 홍수 속에서 아이의 뇌는 자연스럽게 자신이 필요로 하는 요소를 활용하게 될 것이다. 이렇게 얻은 새로운 요소로 뇌는 아이가 지금 할 수 있는 것에서 자신에게 맞은 그다음 수준의 기술로 이어지는 다리를 놓을 수 있다.

아이가 현재 할 수 있는 수준보다 조금 높거나 조금 낮은 수준의 다양성이 주어진다면, 새로운 정보의 홍수 속에서 아이의 뇌는 자연스럽게 자신이 필요로 하는 요소를 활용하게 될 것이다.

다음의 방법들은 아이와 매일같이 하는 상호작용에 이러한 개념을 적용하기 위해 고안된 것들이다.

# 🌿 다양성을 경험하기 위한 방법들 🌿

아이의 삶에 다양성을 가져다주는 것은 즐거운 일인 동시에 바라는 변화를 이루어내는 안내자 역할을 한다. 아이가 특정 움직임을 수행하는 방식에 변화가 생기면, 그 변화가 아주 작은 것일지라도 이는 뇌 속의 시냅스를 증가시킨다. 시냅스가 증가하면 신경세포들 사이의 연결 또한 증가하며 이는 새로운 것을 배우고 새로운 상황에 적응하는 뇌의 잠재력을 확장한다.

## ● 움직임이 가능한 영역의 가장자리에서 살며시 다양성을 이끌어낸다
### (Tugging Gently at the Edges of Movement)

'가장자리에서 이끌어낸다'는 말은 다양성의 원칙을 아이가 이미 스스로 할 수 있는 영역이나 도움을 거의 받지 않고도 쉽게 해낼 수 있는 활동에 적용하라는 의미이다. 아주 사소한 것이라도 아이와 함께 다른 방식으로 시도해본다면 그럴 때마다 아이의 뇌에서 새로운 연결이 생성된다. 따라서 이는 아이의 뇌에 새로운 패턴이 형성될 수 있는 기회를 제공하는 것과 같다. 또한 아이가 이미 어느 정도 기술을 가지고 있고 무슨 일이 일어나는지 감지할 수 있는 영역에서 다양성을 제공해주기 시작한다면, 아이들이 충분히 배울 수 있을 뿐만 아니라 그 과정도 더욱 빨라진다.

아이가 이미 할 줄 아는 능력치의 가장자리에서 다양성을 제공하는 것은 아이가 가장 잘 몰입할 수 있는 지점에서 시작하여 그다음 수준으로 도약하게 만드는 것이다. 따라서 어떤 활동을 하더라도 이 방법을 이용하면 충분한 효과를 얻을 수 있다. 몰입도 안 되고 수동적인 역할을 해야 하며, 큰 어려움을 느껴 아이가 거부하는 지점에서 시작해서는 결코 이와 같은 효과를 얻을 수 없다. (아이가 할 수 있는 영역의 가장자리에서 이끌어내는) '다양성'은 신체적 움직임은 물론이고 인지, 감정, 사회적 상호작용에도 적용될 수 있다. '다양성'의 원칙은 언제나 아주 작고 부드러운 방식으로 시작해야 한다. 이때 아이의 표정이나 목소리, 혹은 움직임의 질적 수준에서 변화가 생기는지 유심히 관찰해야 한다. 그것이 아이가 집중해서 잘 참여하고 있다는 표시이기 때문이다.

양손 협응이 부족한 아이의 사례를 들어 어떻게 다양성의 원칙을 적용할 수 있는지 살펴보자. 우선 아이에게 쉬운 활동에서 시작해야 한다는 것을 반드시 명심해야 한다. 이 아이가 자기 손바닥보다 조금 작은 중간 크기의 장난감 자동차를 쉽게 들어 올린다고 가정해보자. 하지만 아이는 힘을 과도하게 들여 자동차를 거칠게 들어 올린다. 아이가 쉽게 들어 올릴 수 있는 크기의 자동차인지를 확인한 후, 오른손으로 장난감 자동차를 들어 올려보라고 아이에게 유쾌하게 물어보는 것으로 시작하자. 아이가 자동차를 들어 올리고 나면, 이제 그것을 떨어뜨려보라고 한다. 그러고는 이전보다 힘을 더 줘서 자동차를 들어 올려보라고 한다. 아이가 자동차를 들어 올릴 때, 아이 손을 가볍게 같이 꽉 쥐어짜듯이 잡고는 "더 꽉, 더 세게"라고 말한다. 아이가 더 가볍게 자동차를 쥐었다가 다음에는 더 세게 쥐었다가를 몇 번 더 반복해보게 한다.

그다음 '다양성'으로, 아이에게 장난감 자동차를 양손으로 잡아보라고 하는데, 손바닥과 손가락을 곧게 편 상태로 잡아보라고 해본다. 그 다음으로 아이 신발을 벗겨 아이가 장난감 차를 양발로 들어 올리게 하고, 그렇게 한 다음에는 한 발과 한 손을 같이 써서 들어 올리게 한다. 그러고 나서 아이가 한 손으로 오직 손가락 세 개만 써서 장난감을 들어 올릴 수 있는지 확인해보자.

아이가 선 상태에서 작은 자동차를 들어 올리게 해본다. 아이가 앉아 있는 상태에서도 시켜보고, 등을 대고 누워 있는 상태에서도, 배를 깔고 누워 있는 동안에 시켜보는 등 다양한 상태에서 아이에게 같은 동작을 하게 한다. 그러고 난 후 아이에게 오른손으로 자동차를 들어 올려보라고 하면서 아이의 움직임이 좀 더 개선되었는지 그리고 움직임을 더 잘 조절해내는지 살펴보는 것이다. 아이에게 아무 말도 하지 말고 그저 아이가 스스로 그것을 발견하고 느끼도록 내버려두자.

이와 비슷한 방법으로 '다양성'을 행동적인 문제에서도 적용해볼 수 있다. 예를 들어, 아이가 고함을 치며 성질을 부리는 경향이 있다면, 아이가 미친 듯이 성질을 부리지 않을 때 다양한 소리(다양성)를 내는 게임을 아이와 함께 해보는 것이다. 일부러 소리를 더 크게 냈다가, 훨씬 더 크게 냈다가, 가장 목소리를 높여 정말로 크게 소리를 내보는 것이다. 그런 다음에 아이에게 소리를 좀 더 부드럽게 내보라고 한다. 윗입술과 아랫입술을 붙인 다음 소리를 낼 수도 있고, 입술을 벌린 상태로 소리를 낼 수 있고, 누워서 옆으로 구르면서 소리를 낼 수도 있고, 앉은 상태에서도, 선 상태에서도, 혹은 뛰거나 점프하면서도 소리를 낼 수 있다. 그러다가 아이가 또 성질을 부린다면, 아이에게 소리를 다양하게 질러보라고 해본다. 더 크게, 좀 더 부드럽게, 입을 벌린 채로, 입을 닫은 채로 등등 여러 가지 방식으로 소리를 질러보게 한다. 분명 아이가 부리던 성질이 증발해 사라질 것이다.

이때 분명히 해야 할 것은 목적한 바에 집중해야 한다는 것이다. 즉, 이런 행동을 하는 목적은 아이의 뇌가 더 많은 '다양성'을 경험할 기회를 제공하는 것이며, 아이 능력치의 가장자리에서 자연스럽게 '다양성'을 경험하게 해야 한다는 사실을 잊어서는 안 된다. 이 과정은 모두 새로운 패턴을 만들고 좀 더 온전한 신체 지도를 그려내기 위한 새로운 정보를 접할 기회를 아이의 뇌에 주기 위한 방법이다.

아이 스스로 하는 움직임, 혹은 당신이 아이와 함께하는 움직임이라면 어떤 것이든 다양하게 바꿔볼 수 있다. 새로운 식이요법을 창조해낼 필요도 없고, 특별히 시간을 따로 마련할 필요도 없다. '다양성'은 아이와 이미 하고 있거나 아이가 스스로 하는 거의 모든 일상 활동에 쉽게 적용할 수 있다. 옷 입기, 그림 그리기, 기저귀 갈기, 먹기, 목욕하기 등 어떤 활동을 할 때든 아이의 뇌 속에서 일어나는 차별화 과정과 복잡성을 향상시킬 수 있다. 아이는 더 세심하게 움직임을 제어할 수 있고, 지적 능력이 향상될 수 있으며, 마침내 더 행복한 아이가 될 수 있다.

### ● 작은 변화를 신뢰한다(Trust Small Changes)

부모에 따라서는 기존의 운동 치료를 그만두는 것이 어려울 수도 있다. 대부분의 장애를 가진 아이들이 하고 있는 운동 치료는 보통 아이들이 하지 못하는 움직임을 가능하게 하기 위해 반복적으로 같은 움직임을 되풀이하거나 강압적으로 운동을 시키곤 한다. 경우에 따라서는 이미 기존의 운동 치료가 아이에게 어느 정도 효과가 있는 상황에서 '다양성'의 원칙을 도입하는 것이 마음에 내키지 않을 수도 있다. 운동 치료의 효과를 망쳐서 이미 얻은 성과를 잃을까 봐 겁이 날 수도 있을 것이다. 만약 이런 감정이 든다면 이미 아이가 편하게 움직이는 지점의 가장자리에서부터 이끌어내는 것으로 아주 조금씩만 발을 옮겨보자. 하루만 날을 잡아서 시도해보는 것이다. 그 하루 동안 이미 해오던 운동 치료는 중단하고 5분에서 10분 동안 하루에 서너 번 정도 앞에서 설명했던 방식으로 다양성을 느끼게 하는 움직임을 실험해보는 것이다. 아이에게 조금이라도 긍정적인 변화가 일어나는 것을 느낀다면, 일주일 내내 시도해보자. 그 일주일 동안 기존의 접근법은 잠시 멈춘 채 다양성을 시험해보자. 아이가 좀 더 행복해 보이는 등 아이에게 더 많은 변화가 일어난다면, 점진적으로 '다양성'을 아이와 함께하는 모든 일에 접목해보자. 기존 치료나 운동을 포함해서 아이가 도움을 바랄 때면 언제든 상관없다.

## ● 아이의 리드에 따른다(Follow Your Child's Lead)

조금 더 자유롭게 몸을 움직일 수 있게 되면, 자연스럽게 아이는 스스로 자신이 현재 하고 있는 행동을 다양화하기 시작한다. 자신의 신체, 팔, 다리, 머리, 어깨, 등의 움직임을 다양화해볼 수도 있고, 사고나 아이디어에서 다양화가 일어날 수도 있으며, 감정 표현 혹은 다른 사람과의 상호작용에서 다양한 변화가 생길 수도 있다. 이럴 경우에는 마치 무도회장에서 사교춤을 추는 사람처럼 행동해야 한다. 아이의 리드를 따라 모든 활동을 함께하는 것이다. 유연한 자세로 다르게 해보겠다는 태도를 가져야 한다. 예를 들어, 만약 매우 조용하고 소심한 아이가 갑자기 큰 목소리로 자신의 감정을 표현하고 뭔가를 바라며 손바닥으로 바닥을 내리친다면, 즐겁고 위협적이지 않은 방식으로 아이의 행동에 동참하는 것이다. 즉, 아이가 하는 행동을 따라해서 거울에 비추듯 보여주는 것이다. 목소리를 조금 높이고 손으로 바닥을 부드럽게 내리치면서 아이가 방금 한 행동을 흉내 내보는 것이다. 아이의 파트너가 되어 아이와 함께 놀되 아이의 리드를 따라야 한다. 자신의 행동을 따라하는 부모를 보면서 아이는 확신을 갖게 되고, 이것이 아이에게 또 하나의 다양성을 추가해주는 효과를 가져온다.

아이의 리드를 따르는 또 다른 방법은, "오, 팔이 올라가네, 올라가네, 하늘 높이 올라갔어. 이제 팔이 내려온다, 내려온다. 어쩜, 방금 엉덩이로 쿵 앉았네"와 같이 아이가 하는 행동을 그대로 묘사하는 것이다. 아이가 해야 하는 행동만을 생각하며 꽉 막힌 사고방식으로 아이를 고치려 하기보다 우선 아이에게 관심을 갖고 지켜보는 것이 무엇보다 중요하다.

자신의 행동을 따라하는 부모를 보면서 아이는 확신을 갖게 되고, 이것이 아이에게 또 하나의 다양성을 추가해주는 효과를 가져온다.

## ● 아이의 실수를 고치지 않는다(Mistakes, Anyone?)

아이가 잘못된 방식으로 뭔가를 하더라도 위험하지만 않다면 고쳐주려 해서는 안 된다. 부모 눈에는 아이의 실수가 두드러져 보이겠지만, 대개 아이는 자기가 뭘 하고 있는지도 모른다.

아이의 실수를 고쳐주지 않는다는 것이 아이의 실수를 무시하라는 말은 아니다. 오히려 더 세심한 '다양성'을 접목할 기회로 활용하라는 것을 의미한다. 우리는 아이가 자신이 무엇을 하고 있는지 잘 알아차리며 효과가 더 좋은 대안을 얻을 수 있도록 도움을 줄 수 있다. 아이의 실수는 다양성을 제공할 멋진 기회이며, 아이의 제약은 다양성을 접목해볼 기회라고 생각하자. 그 다양성을 바탕으로 아이는 자신에게 무엇이 부족한지 알게 될 것이다.

이런 소중한 기회를 어떻게 활용할 수 있을까? 아이가 저지르는 모든 실수를 받아들이고, 그 실수를 다른 방식으로 활용해 자신이 실제로 무엇을 하고 있는지를 인식하는 데 도움이 되도록 해보자. 이러한 다양성을 통해 우리는 아이가 자신의 의지에 따라 더 자유롭게 움직이고 활동하도록 도움을 줄 수 있다.

아이의 실수를, 다양성을 제공할 멋진 기회라고 생각하자.

## ● '다양성'에 익숙해진다(Getting Good at Variation)

아이의 뇌가 다양성을 만들어내는 데 근본적인 어려움이 있다면, 안으로는 다양성을 만들어내고 외부에서 생기는 다양성은 통합시키도록 돕는 데 초점을 맞추어야 한다. 뇌에게 '다양성'이란 눈에 작용하는 빛과 같다. 빛이 없으면 눈으로 아무것도 볼 수 없듯이, 다양성 없이는 뇌가 행동을 학습하거나 체계화할 수 없다. 자폐 스펙트럼이 있는 아이들은 보통 다양성을 다루는 데 어려움을 겪는다. 이 아이들은 조금이라도 변화를 느끼면, 특히 예상치 못한 변화일 경우 적대적 반응을 보인다. 마치 뇌가 강박적 혹은 반복적 패턴이라는 틀에 끼인 채 현재 진행 중인 일을 쉽사리 바꾸지 못하는 것 같다. 이렇듯 뇌가 유연하게 대처하지 못하는 현상은 정도의 차이는 있지만, 장애가 있는 대부분의 아이들에게서 발견된다. 강박적인 행동 때문에 감정적, 인지적, 신체적 어려움을 겪고 있다면, 아이가 이미 잘하는 것에 먼저 다양성을 도입하는 것이 중요하다. 자신이 능숙하게 할 수 있는 영역에서 아이는 다양성을 가장 잘 받아들이고 그것을 활용하기도 쉬워진다.

빛이 없으면 눈으로 아무것도 볼 수 없듯이, 다양성 없이는 뇌가 행동을 학습하거나 체계화할 수가 없다.

뇌의 다양성 역량을 끌어올리는 데 도움을 주고자 한다면, 물리적 움직임의 영역에서 시작하는 것이 가장 쉽다. 아이가 이미 잘하는 움직임, 아이가 좋아하며 자신에게 가장 쉽고 편안한 움직임이어야 한다.

예를 들어, 만약 아이가 손뼉 치는 것을 좋아한다면 다소 강박적으로 손뼉을 치는 경향이 있다 할지라도 이는 다양성을 시작하기에 좋은 시작점이다. 먼저 아이의 움직임을 따라하는 것으로 시작할 수 있다. 아이가 박수를 치면, 따라서 박수를 치는 것이다. 그리곤 박자에 조금 변화를 주어보자. 아니면 아이의 박수와 당신의 박수가 엇박자가 되게 쳐볼 수도 있다. 그러고 나서 아이의 오른손을 부드럽게 잡아 당신의 오른손과 맞대 쳐본다. 아이가 만약 맨발이라면, 아이의 다리를 부드럽게 올려 자신의 발과 손을 서로 맞대 쳐본다. 이 모든 것이 뇌에 다양성으로 작용한다.

이런 활동의 목적은 아이가 박수를 능숙하게 치게 만드는 것이 아니다. 아이의 뇌가 차이점을 식별하고 변화를 좀 더 편하게 받아들일 수 있는 지점에서 다양성을 느끼도록 하는 것이 목적임을 잊어서는 안 된다. 아이가 만약 거부하거나 이런 변화 중 어떤 것도 좋아하지 않는다면, 이 활동을 고집하지 않아도 된다. 그대신 아이가 즐겁게 할 수 있을 만한 다른 활동을 통해 다양성을 접목해볼 기회를 찾아보자.

우리의 목적은 아이의 뇌가 '다양성'을 더 잘 활용하고 다양한 활동과 환경에 더 능숙해지도록 돕는 것이다. 새로운 정보를 만들어내고 제약을 극복할 수 있는 뇌, 더 강력하고 더 나은 뇌가 되도록 돕는 것이 우리의 목표임을 잊어서는 안 된다.

### ● 차이점을 발견한다(Discovering the Differences)

학습적 혹은 인지적인 면에서 어려움을 겪는 아이들도 있다. 이는 아이들의 지능이 부족해서가 아니다. 학습이 이루어지려면 특정한 차이점을 식별하는 기술이 반드시 필요한데, 무슨 이유에선지 이 아이들의 뇌가 그것을 해내지 못하기 때문이다. 다른 사람들 눈에는 명백해 보이는 차이점일지라도, 아이들의 뇌가 그것을 보거나, 듣거나, 느끼지 못할 때 '다양성'이 이러한 차이점을 식별하는 데 도움이 될 수 있다.

아이가 차이점을 식별하지 못하는 사례를 한번 살펴보자. 아이가 읽는 법을 배우는 데 어려움을 겪고 있거나 글자를 구성하는 여러 가지 모양을 인식하지 못하는 경우이다. 가령 p와 q, 혹은 W와 M의 차이를 식별하지 못할 수 있다. 혹은 아이가 오른쪽에서 왼쪽으로 선을 긋는 것과 왼쪽에서 오른쪽으로 긋는 것의 차이를 아직 구분하지 못할 수도 있다.

이러한 종류의 어려움을 겪고 있는 아이를 도와줄 때 내가 '다양성'을 사용하는 방법 중 하나는 아이에게 글자를 구별하고 써보라고 시키는 대신, 세 개의 간단한 모양을 사용하는 것이다. 그것은 점, 직선, 구불구불한 선이다. 내가 종이에다가 점, 직선, 구불구불한 선을 하나씩 천천히 그리는 모습을 아이가 지켜보도록 한다. 그러고는 이 모양을 그리는 동시에 각 모양의 이름을 말해준다. "점, 직선, 구불구불한 선이야." 그러고는 내 손가락으로 아이의 손등에 똑같은 세 개의 모양을 그리면서 각 모양의 이름을 말해준다. 그다음에는 아이를 눕힌 뒤 눈을 감게 한다. 그리고 계속해서 내 손가락으로 똑같은 세 개의 모양을 그리는데 이번에는 무작위 순서로 아이의 팔과 볼, 배와 등에 점, 선, 구불구불한 선을 그린다. 이렇게 하면서 아이에게 각각 무슨 모양인지 추측해보라고 한다.

아이가 어느 정도 이 활동에 익숙해지면 모양을 그리는 순서도 이리저리 바꾸는데 구불구불 선을 위에서 시작해서 아래를 향해 그리기도

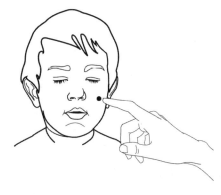

손가락 끝으로 살며시 아이의 볼을 만졌다가 손가락을 떼 점을 그린다.

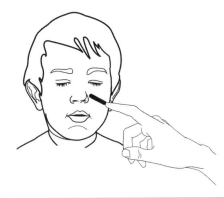

아이의 볼에 손가락으로 직선 하나를 가볍게 천천히 그러고는 "이건 점이야 직선이야?"라고 묻는다.

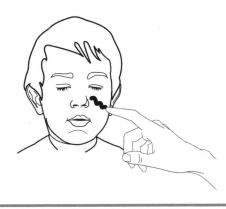

아이의 볼에 손가락으로 구불구불한 선을 가볍게 천천히 그러고는 "이건 점, 직선, 구불구불한 선 중에 뭐야?"라고 묻는다.

하고 아래에서 시작해서 위쪽으로 그려보기도 한다. 또한 직선을 수평 방향으로도, 수직 방향으로도, 대각선 방향으로도 그려본다. 이런 경험을 하고 나면, 아이들은 자신의 신체에 그려지는 각각의 모양을 아주 능숙하게 식별하게 된다. 결국 아이들은 종이에 그려진 똑같은 모양을 식별하게 될 뿐만 아니라 그 모양을 그릴 수도 있게 된다.

점, 직선, 구불구불한 선 세 가지 모양을 조합하여, 영어 알파벳의 모든 철자를 만들기 시작한다. 예를 들면, 직선은 l이 되고, 구불구불한 선은 u가 된다. 사선은 W가되며, 두 개의 수직선과 두 개의 사선이 만나면 M이 된다. 나는 또한 아이가 자신의 신체로 세 개의 다른 모양을 표현해보도록 하는데, 예를 들면 직선처럼 곧게 서게 하거나, 구불구불한 선처럼 바닥에 구부정하게 누워보게 하는 것이다. 직선처럼 걸어보거나 점처럼 위아래로 점프해보라고 할 수도 있다. 이러한 변화와 다양성은 읽기와 쓰기를 체계화하기 위해 뇌가 필요로 하는 정보를 구별할 수 있게 한다.

아이에게 '다양성'의 원칙을 적용할 때마다 아이의 뇌는 차이점을 식별하고 그 정보를 가지고서 새로운 뭔가를 만들어내기 시작한다. 이런 과정을 겪은 후에야 아이들에게 아주 작은 변화라도 일어날 수 있다. 일단 다양성과 관련된 자유와 재미를 느끼고 나면, 아이들은 더욱 행복해질 것이고, 더욱 몰입하고 기민해질 것이며, 더 나은 학습자가 될 것이다.

# 섬세하게 접근한다

: 뇌성마비 릴리를 걷게 만든 게을러지기 연습

부드러움만큼 강한 것도 없고, 진정한 강함만큼 부드러운 것도 없다.

**_성 프란치스코 살레시오**

'섬세함Subtlety'의 사전적 정의는 '미세한 차이를 식별하고 만들어내는 능력'이다. 지금까지의 사례에서 알 수 있듯이, 미세한 차이를 인식하는 뇌의 능력은 더 새롭고 정교한 행동을 구성하고 제약을 극복하는 데 핵심적인 역할을 한다. 뇌의 이 능력에 힘입어 아이가 몸을 움직이는 방법이나 지적 능력, 혹은 정서적인 부분에 변화가 생겨난다. 그러므로 아이에게 최선의 도움을 주고 싶다면, 아이와 어떤 활동을 하든 차이점을 식별하는 아이의 자연스러운 능력을 향상시키고 강화해야 한다.

바로 이 지점에서 '섬세함'의 원칙이 필요하다. 섬세함 없이 아이의 뇌는 새로운 정보를 조금도 받아들이지 못한다. 아이와 함께하는 활동이나 아이가 스스로 참여하는 활동에 섬세함과 부드러움을 더할수록, 아이의 뇌는 차이점을 더욱 잘 식별해내고 자신의 장애를 극복하기 위해 새로운 해결책을 더 능숙히 만들어낸다. 섬세함과 부드러움이란 과연 어떤 의미인지 자세히 들여다보고 아이가 차이점을 식별해내는 데 어떤 도움을 줄 수 있는지 살펴보자.

섬세함 없이 아이의 뇌는 새로운 정보를 조금도 받아들이지 못한다.

## ❧ 세기가 강할수록 민감도는 줄어든다 ❧

파티장처럼 사람들로 북적이는 방 안이나 공연 중간의 휴식 시간에 친구와 대화를 하려고 했던 경험이 있을 것이다. 소음의 북새통 속에서 상대방에게 나의 이야기를 전달하기 위해 목소리를 높이고 서로 하는 말을 들으려고 안간힘을 쓰다가 결국엔 밖으로 나가 이야기하자고 말한다. 하지만 밖으로 나온 후에도 여전히 소리를 높여 이야기하고 있다는 사실을 깨닫게 된다. 그러나 곧 목소리를 낮추게 되고 상대방도 큰 소리로 말하지 않는다. 그리고 두 사람은 수천 가지 다른 억양으로 목소리의 크기에 변화를 주고 다양한 뉘앙스를 사용하여 좀 더 부드럽게 이야기한다. 조용해진 환경 속에서 즐거운 대화를 나누는 것이다.

이와 같은 순간 우리는 정신생리학자 에른스트 하인리히 베버 Ernst Heinrich Weber가 한 세기도 전에 발견한 현상을 경험하고 있는 셈이다.[1] 배경 자극의 강도(군중의 웅성거림)가 커질수록 자극(친구의 목소리)에 반응하는 우리의 민감도는 줄어든다는 것이다. (이는 '베버-페히너의 법칙 Weber-Fechner law'으로 알려진 것으로, 이 장의 뒷부분에서 다룰 것이다.) 군중의 웅성거림 때문에 친구가 하는 말을 잘 알아들을 수가 없고, 소음 속에서 자신의 말을 전달하려 애써 목소리를 높이느라 안간힘을 쓰는 동안에는 좀 더 미세한 뉘앙스나 어조로 자신의 생각과 감정을 섬세하게 전달할 수 없다.

똑같은 원리가 우리의 다른 모든 감각에도 적용된다. 화창한 어느 날 눈부신 햇빛(강한 자극)아래에 서 있다면, 바로 옆에서 손전등을 비춰도 알아차리지 못한다. 손전등에서 나오는 빛을 감지하는 우리의 민감도(차이를 식별해내는 능력)가 햇빛이라는 더 큰 강렬함에 때문에 약해지기 때문이다. 하지만 어두운 곳에서 손전등을 켠다면 즉시 주목하게 될 것이다. 칠흑 같은 어둠 속에서는 성냥개비 하나가 태우는 빛도 쉽게 주의를 끌 수 있다. 차에 이미 설탕 다섯 스푼을 넣어서 마시고 있다면, 다른 사람이 설탕을 아주 살짝 조금 더 넣어도 그 차이를 느끼지 못할 것이다. 이와 마찬가지로 10킬로그램의 상자를 들고 가는 상황에서 누군가 종이 한 장을 상자 위에 올려도 무게에 변화가 생겼다는 것을 감지하지 못할 것이다.

자신이 다음에 설명하는 실험을 직접 하고 있다고 상상해보자. 1킬로그램짜리 책 한 권을 들어 올린다. 이제 그 책 위에 펜 하나를 올려놓는다. 펜 하나가 추가된 아주 미세한 무게의 차이를 느낄 수 있을까? 아마 못 느낄 것이다. 책을 들고 있을 때 근육과 관절에서 느끼는 감각이 너무 강해서 펜이 주는 미세한 무게의 변화를 알아차릴 수 없는 것이다. 이것은 내가 펠덴크라이스 박사님에게 배운 첫 번째 원칙이었다. 이제 책을 내려놓고, 30그램 정도 되는 편지를 손바닥에 올려놓는다. 그리고 상자 위에 놓았던 것과 똑같은 펜을 편지 위에 올려본다. 그러면 뇌는 추가된 펜의 무게를 알아차릴 것이다.

## 🌿 간단하지만 중요한 섬세함의 진가 🌿

신체적 움직임, 인지적, 정서적, 사회적 기술 등 아이가 자신이 가진 한계를 뛰어넘을 수 있도록 노력을 기울일 때, 자신이 과도하게 힘을 실어 아이를 만지거나 아이가 스스로 너무 힘을 들이고 있는 것은 아닌지 주의를 기울여야 한다. 장애를 가진 아이의 상태가 향상되기 위해서는 반드시 미묘한 차이를 느낄 수 있어야 하는데, 과도한 힘은 아이가 미묘한 차이를 느끼는 것을 더욱 어렵게 만든다. 이를 이해하는 것은 중요하다. 우리가 원하는 행동을 하는 데 필요한 최소한의 힘이 있는데 그 이상으로 힘을 들인다면 아이의 발달에 방해가 된다. 미세한 차이점을 식별할 수 있는 환경을 조성해줄수록, 아이의 뇌는 더 많이 변할 수 있고 더 많이 좋아질 수 있다. 즉, 과도한 힘과 노력을 들이지 않고 편안한 상태를 유지하게 하여 아이가 자신에게 주어지는 모든 감각을 더 많이 감지할 수 있도록 해주면, 이런 긍정적인 변화가 일어날 수 있다. 강압적이거나 과도한 노력을 아이에게 쏟는다면, 혹은 아이가 스스로 과도하게 힘을 들여 노력한다면 어떤 식으로든 아이의 움직임과 사고, 감정의 미세한 변화와 차이점을 식별하는 뇌의 능력이 저하된다. 이런 경우 아이의 향상이 훨씬 더 어려워질 수도 있고, 어쩌면 불가능해질 수도 있다. 동작에 들이는 힘과 노력을 줄임으로써 얻을 수 있는 부드러움과 섬세함은 창의성을 향상시키고 현명하게 움직일 수 있도록 하는 가장 강력하고도 즉각적인 방법 중 하나이다. 그리고 이는 아이뿐만 아니라 보호자들에게도 해당된다.

미세한 차이점을 식별할 수 있는 환경을 조성해줄수록, 아이의 뇌는 더 많이 변할 수 있고 따라서 아이는 더 좋아지게 될 것이다.

## 🌿 게으름 나라에 오신 것을 환영합니다 🌿

처음 릴리를 봤을 때, 릴리는 세 살이었다. 하지만 체구가 너무 작아서 돌 즈음의 아이로 보였다. 릴리의 동생과 엄마는 다정했고 릴리를 잘 보살펴주었는데 릴리가 그런 엄마와 동생과 상호작용하는 것을 보니, 발달 단계상 신생아처럼 행동하고 있었다. 나중에 릴리의 엄마에게 확인한 바에 따르면, 수많은 검사를 거친 결과 릴리는 발달 단계상 5개월 수준이라는 진단이 나왔다고 했다.

릴리는 예정일보다 너무 빨리 태어나 심각한 뇌성마비를 겪고 있었다. 릴리의 근육은 매우 딱딱하게 굳어 있었는데, 특히 굴근[8]이 뻣뻣했다. 그 때문에 릴리의 팔꿈치는 언제나 뻣뻣하게 휘어져 있었고, 손은 주먹을 꽉 쥔 상태였다. 다리 또한 항상 어느 정도 휜 상태로 무릎끼리 교차되어 있었다. 수축된 배 근육 때문에 등도 굽어서 동그랗게 말려 있었다. 이 자세로는 자신의 무게를 지탱할 수 없었다.

릴리는 자발적인 움직임을 전혀 보이지 않았다. 배가 바닥에 닿게 엎드려 놓으면 그 자세로 누워 있지 못하고 몸을 말아 매우 불편한 자세를 취하곤 했다. 릴리를 앉혀보자, 안간힘을 쓰긴 해도 그 자세를 잠시 유지할 수는 있었다. 하지만 등을 심하게 구부리고 있어서 몇 초도 안 되어 넘어지고 말았다. 릴리는 팔과 손도 쓰지 못했다. 말은 할 수 있었지만 발음을 거의 알아듣기 힘들었고 목소리는 힘이 하나도 없었다.

이러한 제약에도 불구하고, 나는 릴리의 정신이 깨어 있으며 또한 매우 영민하다는 것을 알 수 있었다. 릴리는 주변에서 무슨 일이 일어나는지 흥미롭게 좇으면서 큰 갈색 눈으로 모든 것을 흡수하는 듯했다.

나는 작업 테이블에 릴리를 부드럽게 눕혔다. 누워 있어도 릴리의 근육은 여전히 수축되어 있었다. 다리는 구부러진 채로 테이블에서 약간 들려 있었고, 팔은 휘어서 몸 가까이에 주먹을 움켜쥔 상태로 붙어 있었으며, 배 근육도 뻣뻣했다. 릴리의 뇌는 릴리가 현재 누워 있다는 사실을 모르는 것처럼 보였고, 몸의 긴장을 어떻게 풀어야 하는지도 알지

---

**8**  몸을 구부리는 데 사용되는 근육

못하는 것 같았다.

내가 릴리의 왼쪽 다리를 부드럽게 잡아 아주 조금씩 움직이기 시작하자 근육이 훨씬 더 심한 강도로 수축했다. 릴리의 몸은 작은 공처럼 동그랗게 말렸다. 나는 릴리를 움직이던 것을 멈추고 릴리가 평온해질 때까지 기다렸다. 그러고 나서 다시 한 번 아주 서서히 골반을 움직여 보았다. 하지만 이번에도 릴리의 반응은 마찬가지였다.

릴리가 이런 반응 없이 움직일 수는 없는지 알아보기 위해 여러 방법을 시도해보았다. 속도를 훨씬 더 늦추고 최소한의 움직임만을 주어도 릴리의 뇌는 아주 강경한 초기 패턴, 즉 몸을 공처럼 둥글게 말아버리는 패턴으로 자동 전환되는 듯이 보였다. 10분 정도 지나자 이 수축 패턴이 단순히 뇌성마비 때문이 아니라는 생각이 들었다. 이 또한 릴리가 학습한 패턴이었다. 내가 보기에 릴리도 진심으로 자신의 몸을 움직여 보고 싶어 했다. 확실했다. 릴리도 내가 자신의 몸을 움직이는 것에 협조하고 싶어 했다. 릴리의 관점에서 보면 릴리는 적극적으로 참여하고 있었던 것이다.

나는 릴리가 거의 2년간 물리치료를 받았다는 것을 알게 되었다. 또한 그 기간 동안 치료사가 처음부터 릴리에게 배로 굴러 뒤집는 것이나 앉기 자세를 연습시켰다는 것을 알게 되었다. 또한 릴리의 손바닥을 펴게 해서 손을 사용하게 하기도 했다. 심지어 릴리를 일어서게 하기도 했다. 이러한 움직임을 연습할 때마다 릴리의 뇌가 할 수 있는 것은 강경한 방식으로 자신의 몸을 공처럼 말아 수축시키는 것이었다. 릴리는 스스로 몸을 움직이려 하거나 다른 사람들이 자신의 몸을 움직이려 할 때면 그 움직임을 수축이라는 패턴과 연결하는 것을 학습해온 것이다.

다른 사람이 자신을 움직이거나 스스로 몸을 움직이려 할 때마다 과도하게 힘을 들여 자신의 근육을 수축시키는 강력한 힘이 악순환을 만들어냈다. 근육에 힘이 과도하게 들어가면서 릴리의 뇌는 그 어떤 차이점도 인지할 수 없었고, 따라서 릴리의 뇌는 차이점을 식별하고 움직이는 법을 배우기 위한 새로운 정보를 받아들일 수 없게 되어버린 것이다.

릴리가 움직이는 법을 배우게 하기 위해서는 릴리가 움직일 때 스스로 만들어내는 과도한 노력을 어떻게든 줄일 수 있도록 도와야만 했다. 그러자 모든 것이 분명해졌다. 릴리는 움직이지 않아도 되는 법을 배워야 했다. 그런 릴리를 도우려면 무슨 방법을 써야 할지 그 방법을 찾아야 했다. 릴리는 근육을 수축시키는 것과 수축시키지 않는 것, 좀 더 하는 것과 좀 덜 하는 것, 그리고 아무것도 하지 않는 것 사이의 차이점을 느끼는 법을 배울 필요가 있었다.

릴리는 움직이지 않아도 되는 법을 배워야 했다.

결국 나는 릴리에게 '게을러지는 방법'을 가르쳐주기로 했다. 릴리는 아무것도 하지 않는 법을 배울 필요가 있었다. 그래야 자기 자신과 자신의 움직임을 느낄 기회를 가질 수 있을 터였다.

그래서 나는 릴리를 위해 이야기 하나를 지어냈다. 릴리에게 나의 사무실은 '게으름 나라Lazy Land'라는 매우 특별한 장소라고 설명했다. 그리고 '게으름 나라'에서는 모두가 게으름을 피운다고도 이야기했다. 릴리와 함께 있을 때 내 사무실에 있는 모든 사람은 '아주 천천히' 말했고 거의 움직이지 않았다. 우리는 축 늘어져서는 주변에 누웠고 아무것도 하지 않았다. 나는 몸을 구부려 머리를 테이블에 가져다 대고는 릴리 곁에서 게으르게 휴식을 취했다. 릴리는 아주 재미있어했다. 나는 내 목소리와 몸짓, 단어를 사용해 게으르다는 것이 무슨 의미인지 전달했다. 릴리의 과도한 노력을 줄이려면 어떻게 해야 하는지 모범을 보인 것이다.

조금 뒤에 나는 릴리를 움직여보기 시작할 텐데 우리 둘 다 아주 아주 게을러질 예정이라고 말해주었다. 그런 다음 릴리의 다리를 움직여보았지만 즉각 이전처럼 릴리의 몸이 뻣뻣해졌다. 나는 움직임을 멈추고 릴리에게 장난스러운 말투로 지적했다. "뭐야, 게을러져야 한다는 거 잊으면 안 돼!" 여러 가지 변화와 다양성을 주며, 할 수 있는 한 부드러움을 유지하며 이 과정을 반복했다. 그다음 두 번의 레슨을 하며 매번 게을러져야 한다고 아주 게으른 태도로 이야기해주었고, 이 과정을 계속했다.

그러던 중에 릴리가 자신도 모르게 온몸을 움츠리며 근육을 수축시켰다가 자신이 부지불식간에 그렇게 했다는 것을 깨닫고는 자발적으로 몸을 자유롭게 풀어주었다. 처음으로 일어난 일이었다. 기적과도 같은 기쁨의 순간이었다! 남은 레슨 기간 동안, 내가 자신을 움직일 때에도 릴리는 아무것도 하지 않고 게을러지는 연습을 계속했다. 이전에는 해내지 못했던 방식으로 릴리의 뇌는 이제 차이점을 인식하고 식별해내고 있었다.

릴리는 곧 꽉 쥔 손을 펼쳤고, 작은 장난감을 잡아 가지고 놀 수 있게 되었다. 첫 번째 세션이 끝날 즈음, 릴리는 자연스럽게 자신의 배로 뒤집기 시작하더니 스스로 되집기까지 했는데, 이 동작을 우아하고 세련되게 해냈다. 릴리의 뇌가 '섬세함'의 결과로 나온 어마어마한 양의 새로운 정보를 새로운 기술로 통합해내고 있었다.

릴리 가족은 이후 3년 동안 계속 릴리를 우리에게 데려왔다. 한 번 오면 일주일 혹은 이주일 동안 집중 레슨을 받았다. 올 때마다 릴리는 계속해서 변화를 거듭했다. 스스로 기고 앉을 수 있게 되었고, 자유롭고 아주 섬세하게 팔과 손을 사용할 줄도 알게 되었다. 놀이와 학습에 대한 강렬한 관심을 통해 릴리의 기민하고 밝은 정신과 성격이 그 모습을 드러냈다. 릴리의 언어 능력도 향상되어 점점 더 명확해졌으며, 릴리의 목소리에는 힘과 풍부한 표현이 담기기 시작했다. 릴리에게 생긴 변화와 릴리가 얻은 새로운 기술, 이 모든 것은 릴리의 뇌가 더욱 세밀한 차이점을 식별하여 자신의 신체와 지적 능력에 대한 통제권을 갖게 되었을 뿐만 아니라 자신의 감정적 표현을 더욱 풍부하게 할 수 있게 되었음을 입증해주었다.

릴리를 마지막으로 보았을 때, 여전히 다리를 온전히 사용하는 데에는 어려움을 겪고 있었으나 스스로 몸을 일으켜 설 수 있는 능력을 갖춘 상태였다. 이맘때 즈음, 릴리는 학교를 다니고 있었고 매우 우수한 학생으로 학교생활을 하고 있었다. 릴리의 부모는 릴리가 전동 휠체어를 타는 것으로 결론을 내렸다. 릴리는 주로 학교에서 전동 휠체어를 사용했으며 자신의 휠체어를 사랑했다. 왜냐하면 휠체어로 교실을 돌아다닐 수 있고 교실과 교실을 빠르고 좀 더 쉽게 이동할 수 있었기 때문이다. 릴리의 부모는 릴리가 자신만의 기동성과 독립성을 갖기를 원했기 때문에 집에서는 거의 휠체어를 사용하지 않았다.

## ❧ 게으름 나라의 위력 ❧

태양의 빛이 손전등에서 나오는 미세한 빛을 잠식해버리듯, 어쩔 도리 없이 일어나는 강한 근육의 수축 때문에 릴리는 다양한 치료와 자신을 도우려는 수많은 노력에도 불구하고 전혀 증상이 나아지지 않고 있었다. 릴리의 사례는 나와 작업한 모든 아이들의 증상이 좋아지고 더욱 발전하기 위해서는 아이들에게 '섬세함'이 필요하다는 것을 분명하게 보여주었다. 이 아이들의 진단명이 자폐이든, 주의력결핍 과잉행동장애이든 혹은 다른 증상이든 상관없이 섬세함은 아이들의 발전에 반드시 필요한 요소다.

릴리의 몸이 수축되어 공처럼 말리면서 자신의 움직임에서 미세한 차이를 느낄 수 있는 능력을 잠식하는 강렬한 자극의 원천을 파악하고 나자, 그 자극의 강도를 줄일 방도를 찾는 것은 필수적인 절차였다. 우리는 '게으름 나라'라는 상상 속의 세계를 통해 릴리가 자극의 강도를 낮출 수 있도록 도왔다. 게으름 나라에서 릴리는 움직인다는 것이 어떤 것인지를 인식하며 '움직임'의 개념을 바꿀 수 있었다. 릴리에게 '움직임'이란 과도한 노력을 들여도 어떤 변화도 일어나지 않는 것이었다.

하지만 이제 '움직임'은 쉽고, 편하고, 즐겁고, 재미있을 뿐만 아니라 힘들게 애쓰지 않아도 되는 경험이자 학습과 변화로 이끌어주는 활동으로 바뀌었다.

아이가 경험하는 자극의 강도를 줄임으로써 섬세함의 힘을 활용할 수 있는 엄청난 기회가 당신에게 주어졌다. 이 기회를 통해 즉각적으로 아이의 뇌를 깨워 새로운 패턴과 기술을 세세하게 구분하고 통합해내도록 도움을 줄 수 있다. 과도한 노력과 힘을 들일 때, 스스로 차이를 식별하는 뇌의 능력은 완전히 차단된다. 우리가 할 일은 아이가 그런 경험을 하게 되는 지점을 찾아내는 것이다.

어떤 경우는 아이의 증상에 따른 특징일 수도 있고, 어떤 경우는 당신의 아이에게만 그런 증상이 나타나는 상황이 있을 수도 있다. 주의력결핍장애가 있는 아이는 그림을 그리려다가 너무 과하게 힘을 주어 크레용을 부러뜨릴지도 모른다. 자폐를 가진 아이는 자신이 받은 질문의 의미를 이해하려고 노력하지만, 자신에게 들리는 목소리의 강도가 자신을 압도한다는 느낌을 받으면 고함을 지르거나 병적으로 특정한 행동이나 말을 반복할 수도 있다. 뇌성마비가 있는 아이는 워커를 사용해 걷는 법을 배우려고 하지만, 강직으로 온몸이 너무 뻣뻣해져서 다리를 움직일 수조차 없을 수도 있다. 이 모든 것이 섬세함을 이용할 기회의 순간이다. 아이가 과도한 노력과 강한 자극을 덜어낼 수 있도록 돕고 새로운 배움의 세계에 들어서 수 있도록 도와줄 방법을 찾을 수 있는 순간 말이다.

과도한 노력과 힘을 들일 때, 스스로 차이를 식별하는 뇌의 능력은 완전히 차단된다. 우리가 할 일은 아이가 그런 경험을 하게 되는 지점을 찾아내는 것이다.

## ❧ 섬세한 사람이 되는 방법 ❧

장애를 가진 아이가 있다면 당연히 아이의 증상에 맞는 조치를 취해야한다. 아이를 돌보는 사람들은 누구나 자연스럽게 아이에게 관심을 쏟을 것이다. 명백하게 밝혀지지 않아 많은 이들이 잊고 있지만 아이에게 관심을 기울이는 것만큼 중요한 사실이 있다. 그것은 바로 효과적으로 아이를 돕고자 한다면 자기 자신에게 관심을 기울일 필요가 있다는 것이다. 이는 섬세함의 원칙을 자기 자신에게, 즉 자신의 행동과 사고, 감정과 움직임에 적용하는 것을 의미한다. 나를 포함해 내가 알고 있거나 지금까지 나와 함께 일했던 사람들은 모두 과도한 노력과 힘을 불필요하게 많이 들여왔으며 따라서 그러한 노력과 힘을 줄일 수 있는 여지가 충분했다. 이처럼 불필요한 노력과 힘을 줄이는 것은 차이점을 식별하는 능력과 민감도를 높이는 데 도움이 된다. 우리는 50달러짜리 바이올린이 아니라 명품 바이올린으로 알려진 스트라디바리우스가 되어야한다.

자신에게 섬세함의 원칙을 더 잘 적용할 수 있다면, 느끼고 지각하는 능력과 그 민감도를 더 향상시킬 수 있다. 이는 또한 아이를 온전히 느낄 수 있는 능력의 향상으로 이어져 아이의 신체와 움직임, 사고, 감정뿐 아니라 아이가 타인 및 자신의 주변 세계와 관계를 맺으면서 나타나는 더욱 미세한 변화를 인지할 수 있다. 이 모든 것은 지금 아이가 필요로 하는 것은 무엇이며, 아이가 준비가 되어 있는지에 대한 정보를 알려준다. 이와 같은 방법을 통해 아이와 어떤 활동을 해야 한다는 생각에 매몰되거나 기계적으로 행동하지 않고, 아이 자신은 물론이고 아이의 경험과 느낌에서 특별한 의미를 이끌어내면서 아이와 상호작용을할 수 있을 것이다. 또한 아이에게 적용해볼 수 있는 정보를 더욱 많이얻을 수도 있을 것이다. 더 나아가 아이를 돕고자 노력하는 과정에서더욱 창의성을 발휘하게 될 것이며 따라서 좀 더 효과적으로 아이를 도울 수 있게 될 것이다.

자신에게 '섬세함'의 원칙을 더 잘 적용할 수 있다면, 느끼고 지각하는 능력과 그 민감도를 더 향상시킬 수 있다.

섬세함을 느끼는 데 좀 더 능숙하고 기민해진다면, 자연스럽게 아이와도 더 잘 연결되어 아이의 느낌이나 변화를 쉽게 알아차릴 수 있을 것이다. 부모가 움직이고, 생각하고, 느끼고, 표현하는 질적 수준이 아이에게 하나의 역할 모델로서 작용한다. 따라서 더 높은 수준의 섬세함을 지닌 역할 모델로서 당신이 모범을 보인다면, 아이의 발전과 향상을막아버린 불필요한 힘을 줄이는 데 도움이 될 수 있을 것이다.

# 🌿 숫자를 이해하게 된 조시 🌿

가끔 나에게 수업을 받는 아이의 부모가 이런 말을 할 때가 있다. "아낫, 당신의 작업이 아이의 신체와 움직임에 효과가 있다는 것은 잘 알겠어요. 그런데 아이의 정신적인 측면에서는 얼마나 효과가 있는지는 이해가 잘 안 가요." 심지어 글을 읽고 쓰기 시작하거나, 수학을 이해하거나, 자신이 받은 질문에 대한 이해도가 높아지는 등 인지적 면에서 뚜렷하고도 극적인 변화를 보여준 아이의 부모도 이런 질문을 했다.

어떤 부모들은 깨달음을 얻고 나서는 나에게 이렇게 말했다. "내가 이 부분을 이해하는 것이 왜 그렇게 어려웠는지 알 것 같아요. 생각은 내가 보거나 만질 수 없는 것이기 때문이에요. 아이가 움직이는 것은 볼 수 있고, 아이의 몸을 만지거나 느낄 수 있지만 말이에요." 지적, 정서적, 신체적인 부분은 따로 분리되어 존재하지 않는다. 이 모든 것은 하나의 통합된 전체이며, 차이점을 식별하고 식별한 정보를 효과적인 활동으로 체계화할 수 있는 뇌를 필요로 한다. 마이클 머제니치의 표현을 빌리자면, "생각은 움직임을 구성할 때와 마찬가지로 뇌 속에서 일어나는 근본적인 처리 과정이다."[2]

인지적 영역, 즉 아이들이 차이점을 식별하고 사고력을 증대하는 영역에서도 섬세함의 원칙이 요구된다. 그리고 그런 사례는 아이들과 하는 거의 모든 수업에서 볼 수 있다. 수년 전에 나와 레슨을 했던 존은 자폐 스펙트럼이라는 진단을 받은 아이였다. 존은 아기 때부터 나에게 레슨을 받았고 지금은 초등 2학년이 되었다. 존은 다양한 영역에서 문제

없이 활동을 했지만 수학만은 어려워했다. 나는 존의 엄마에게 존의 수학 숙제를 가져다달라고 부탁했다. 그러고는 존이 수학 문제 몇 개를 푸는 모습을 지켜보았다. 문제를 푸는 것을 보니 존이 숫자가 무엇이고 숫자의 용도가 무엇인지 전혀 알지 못한다는 것을 단번에 알 수 있었다. 존은 숫자라는 기호는 숙지하고 있었고, 하나하나의 숫자를 읽는 데에는 문제가 없었다. 하지만 그게 전부였다.

나는 "숫자로 대체 뭘 할 수 있을까?"라고 존에게 물었다. 존은 놀란 눈으로 나를 쳐다보더니 "저도 모르겠어요"라고 답했다. 나는 달래듯 다시 존에게 같은 질문을 했고, 존은 이번에는 생각에 생각을 거듭했다. 그리곤 얼굴빛이 환해지더니 행복한 듯 말했다.

"선생님이 질문을 하려면 숫자가 필요해요."

"맞아. 그리고 또 다른 용도는 없을까?" 나는 말했다.

존은 잠시 생각하더니 스스로 아주 확신에 차서 대답했다. "없어요."

그 순간 한 가지 아이디어가 떠올랐다. 나는 존의 생일이 멀지 않았다는 것을 알고 있었고, 그래서 미리 존의 생일 파티를 준비하자고 제안했다. 존은 좋아했다.

"규모가 작은 생일 파티를 여는 것으로 시작해보는 거야." 나는 말했다. "네가 친구 딱 한 명만 초대한다고 해보자. 어때?"

"좋아요." 존이 조금 들뜬 듯 대답했다.

"누구를 초대할거야?" 내가 물었다.

"샘이요, 제일 친한 친구예요." 존이 말했다.

나는 종이 한 장을 꺼내 존을 그리고 그 옆에 남자아이 한 명을 더 그렸다. 샘이었다. 그러고는 물었다. "생일 파티 때 선물로 받고 싶은 거 없니?"

"있어요. 퍼즐이랑 크레파스요." 존이 조금 들떠서 대답했다.

"퍼즐은 얼마나 있으면 될까? 엄마랑 퍼즐 사러 갔을 때 얼마나 있어야 충분하다는 걸 알 수 있을까?"

"그거야 쉽죠. 내 것 하나, 샘 것 하나면 돼요." 존이 말했다.

훌륭했다! 존은 '하나'라는 개념을 이해하고 있었다. 나는 이어서 퍼즐 하나, 크레파스 한 다스를 존과 샘의 그림 아래쪽에 각각 그려 넣었다.

그리곤 존에게 물었다. "이 정도면 되니?"

존은 잠시 내가 그린 그림을 유심히 살펴보더니 그렇다고 대답했다.

"생일 파티에 친구를 더 초대하고 싶지는 않니?" 존에게 물었다.

존은 가상의 생일 파티에 완전히 빠져들어 초대하고 싶은 친구들의 이름을 한 명씩 이야기하기 시작했다. 여덟 번째 친구의 이름을 말했을 때 나는 존을 중단시켰다.

"그 정도면 충분한 것 같아." 그러고는 나는 존과 여덟 명의 아이들을 각자의 이름과 함께 종이에다가 한 장씩 그려나갔다. 그리고 존과 샘 옆에 퍼즐과 크레파스를 그려 넣은 첫 번째 그림을 꺼내들고는 존에게 물었다.

"초대하는 아이들이 여덟 명이라 파티가 더 커졌는데 생일 선물은 이만큼이면 되겠어?"

존은 그림을 쳐다보았다. 그리곤 아홉 명의 아이들이 그려진 그림을 보고 다시 첫 번째 그림을 보더니 말했다.

"안 돼요. 모두에게 선물을 주기에 충분하지 않아요."

이제 존은 이제 '양Quantity'이 나타내는 차이를 인식하고 있었다. 그래서 나는 존에게 물어보았다.

"엄마랑 같이 가서 파티에 초대한 친구 모두에게 줄 선물을 사야겠다. 어떻게 하면 좋을까?" 그러고는 재빨리 질문을 덧붙였다. "숫자의 용도가 대체 뭘까?"

존은 시간을 조금 갖더니 놀란 듯 갑자기 나를 쳐다보곤 말했다.

"엄마랑 같이 상점에 갔을 때 파티 선물로 몇 개를 살지 아는 것이요!"

"맞았어. 숫자란 우리가 무언가를 얼마나 가지고 있는지 아는 것과 관련된 거야. 생일 파티에 친구가 몇 명 올지, 네가 가지고 있는 장난감 차는 몇 개인지, 형제는 몇 명인지 말이야." 내가 말했다.

존은 자신이 발견한 사실에 기뻐했다. 마치 존의 정신 활동과 관련된 넓은 문이 열린 것과 같았다. 그다음 몇 차례의 수업에서 존은 계속 수학 문제를 풀겠다고 고집하면서 분명히 말했다. "저는 수학이 좋아요!" 이전까지 수학에 대해 두려움과 실패감을 표현했던 것에 비해 180도 달라진 태도였다.

존을 돕기 위해서는 먼저 존의 현재 상태와 수준을 알아야 했다. 존은 숫자란 선생님이 질문을 하기 위한 것이라고 이해하고 있었다. 나는 존이 숫자의 의미를 느낄 수 있을 만한 방법은 없는지 찾아보았다. 존에게 더 많은 수학 문제를 제시하지 않았다. 숫자에 대한 제대로된 이해 없이 존은 그 문제들을 풀 수 없을 것이 분명했다. 과도한 압박은 존의 뇌가 생각하고 이해하려는 활동을 막아버린다.

일단 수학에 대한 경험의 강도를 줄이고, 동시에 존의 뇌가 유의미한 방식으로 양적인 차이를 식별해낼 수 있도록 기회를 주자 존은 금세 양에 대한 개념을 숫자와 연결시킬 수 있었다. 존의 뇌는 '섬세함'의 도움을 받아 무질서에서 질서 체계를 갖춰가고 있었다. 존의 뇌는 이제 양Quantity이나 집단Group에 대한 개념은 물론이고 숫자를 나타내는 단어와 관련된 패턴까지 분화시키고 있었다.

존의 뇌는 '섬세함'의 도움을 받아 무질서에서 질서 체계를 갖춰가고 있었다.

## ⚜ 섬세함을 통해 얻은 '직관'의 힘 ⚜

사실 '섬세함'의 원칙과 관련된 내용 대부분이 우리의 직관과 많이 어긋난다. 어떤 것이 원하는 대로 잘 작동하지 않을 때 우리는 보통 더 많은 힘을 가하려는 경향이 있다. 하지만 일단 섬세함의 원칙과 그 위력을 어느 정도 경험해보고 나면, 이 원칙을 좀 더 편하게 받아들일 수 있게 된다. 자신이 움직일 때 들이는 힘과 강도는 물론이고 아이와 상호작용할 때 들이는 힘과 강도를 줄이면, 더 많은 것을 느끼기 시작할 것이며 이전에는 느낄 수 없었던 더욱더 세세하고 미묘한 차이를 알아차릴 수 있을 것이다.

이러한 과정을 통해 얻을 수 있는 이점 중 하나는 '직관'이 더욱 발달한다는 점이다. 내가 말하는 '직관'이란 초자연적인 의미가 아니라 어떤 순간에도 엄청난 양의 정보를 생성하고 통합해내는 뇌의 능력을 뜻한다.

직관을 통해 우리는 아이가 새로운 것을 받아들일 준비가 되어 있는지 아닌지를 좀 더 명확히 알 수 있다. 다시 말해, '직관'이란 아이에게 어느 정도가 충분한지를 아는 능력을 말한다. 어떤 과제를 받고서 아이가 언제 자신을 자랑스럽다고 느끼고, 언제 자존심의 상처를 받는지 아는 것이다. 모순이 되는 이야기처럼 들릴 수도 있지만 풍부하고 세밀해진 감정은 아이를 다루기 위한 논리적 사고를 발달시키는 데 중요한 자양분의 역할을 하기도 한다.

직관을 경험하기 시작했는지, 그리고 그 경험이 언제 시작되었는지 자신을 관찰해서 알아차려보자. 처음부터 이것을 맹신할 필요는 없다. 하지만 상황이 진행됨에 따라, 당신의 직관이 얼마나 잘 들어맞았는지를 살펴보자. 시간이 지날수록 논리적 사고, 타인으로부터 얻은, 특히 다른 분야의 전문가들에게서 얻은 정보, 그리고 당신의 감정과 직관 등이 모든 것을 유용하게 사용하게 될 것이다. 직관은 당신이 믿고 기댈 수 있는 도구이자, 주어진 상황에서 아이에게 무엇이 최선인지 결정을 내리는 데 도움을 주는 도구이다.

## ✿ 섬세하게 접근해야 하는 과학적 이유 ✿

앞에서 언급했듯이, 외부 자극(주변 소음)이 강할수록 목표 자극(친구 목소리)에 대한 민감도가 떨어진다는 베버-페히너의 법칙은 과학적으로 인정을 받은 신경생리학적 현상이다. 이 법칙은 배경 자극의 강도를 줄이는 것이 어떻게 차이점을 식별해내는 아이의 능력을 향상시키는지 이해하는 데 도움이 된다. 또한 이렇게 식별된 차이점은 뇌가 활용할 수 있는 정보이자 새로운 연결을 만들기 위한 정보이며, 아이에게 불가능한 것을 가능하게 해줄 수 있는 정보이기도 하다.

인간의 간단한 감각 지각을 설명하는 데 사용되는 베버-피히너의 법칙은 차이점을 식별해내는 아기들의 능력을 설명하는 데에도 똑같이 적용될 수 있다.[3] 즉, 6개월 된 아기들은 처음 제시된 양에 비해서 그 차이가 충분히 도드라졌을 때 시각적, 청각적 면에서 개체 수의 변화를 식별해낼 수 있었다.

베버-페히너의 법칙과 이를 둘러싼 후속 연구가 우리에게 말하는 바는 아이의 지적 혹은 다른 영역의 기술 발달을 돕고자 한다면, 부모와 교사, 그리고 아이를 도울 수 있는 위치에 있는 여러 전문가들이 아이의 배경에서 제공하는 자극의 세기를 줄일 방법을 찾아야 한다는 것이다. 일단 배경 자극의 세기가 줄어들면, 아이들도 인식할 수 있을 만큼 다양한 차이점이 충분히 두드러지고, 뇌는 필요한 정보를 얻을 수 있으며, 아이는 더욱 총명하고 능숙해지게 된다.

## 🌿 아이에게 섬세하게 접근하는 방법 🌿

다음에 소개하는 내용은 아이의 뇌가 차이점을 더 잘 식별해낼 수 있도록 '섬세함'의 원칙을 적용할 수 있는 방법이다. 이미 설명했듯이, '섬세함'의 원칙을 활용하여 뇌가 차이점을 더 잘 식별하게 되면, 뇌가 활용할 수 있는 더 풍부한 정보를 얻을 수 있다. 이 과정에서 아이는 자신의 현재 제약을 뛰어넘어 한 단계 더 발전하게 된다.

● **차이점을 식별하는 것이 우선이다**(There Is a Difference to Be Made)

아이가 어떤 한계를 가지고 있든 부모와 아이의 피나는 노력에도 불구하고 아이가 더 나아가지 못하고 정체된 상태에 머물러 있다면, 아이가 충분히 차이점을 인지하지 못하고 있거나 차이점을 하나도 식별해내지 못하고 있을 가능성이 매우 높다. 다른 사람에게는 너무나 명백한 것을 아이는 보고, 듣고, 느끼고 이해하지 못할지도 모른다. 이 방법은 아이가 어떤 경우에 과도한 노력을 들이는지, 또한 어떤 경우에 부모나 다른 사람이 아이에게 과도한 노력과 힘을 행사하는지를 발견해야 한다는 것을 의미한다. 이는 과도한 물리적 힘일 수도, 당신이나 아이가 발산하는 엄청난 감정적 소모일 수도, 혹은 아이의 뇌가 차이점을 식별하는 것을 어렵게 만들거나 아예 식별하지 못하게 만드는 강압적인 인지적 노력일 수도 있다. 앞에서 언급했듯이, 아이가 차이점을 식별해내기까지 그 차이는 아이에게는 존재하지 않는 것과 같다. 차이점을 식별할 기회를 얻기 전까지 아이는 배울 수도, 성장할 수도 없다. 섬세함의 원칙의 첫걸음은 이처럼 과도한 힘과 노력을 줄이는 방법을 찾는 것에서 시작해야 한다.

### ● 내가 먼저 스트라디바리우스가 되어야 한다(Become a Stradivarius)

더 많은 것을 느끼고 더 미세한 차이를 인지할 수 있는 당신의 능력을 아이의 두뇌를 위한 생명줄이자 장애를 극복하게 해줄 능력이라고 생각하라. 섬세함의 원칙은 아이를 위해 우리가 먼저 성장하고 진화할 것을 요구한다. 자신의 행동에서 불필요한 노력을 줄일 수 있는 방법을 배워간다면 그것은 배우고 변화하는 아이의 능력에 즉시 반영될 것이다.

### ● 내가 먼저 섬세하게 움직인다(Subtlety in Movement)

신체를 움직일 때 들이는 과도한 노력을 줄이는 법을 배우는 것은 매우 쉽다. 예를 들어, 운전을 하면서 운전대를 움직이기 위해서 팔과 손, 손가락에 들이는 힘을 줄일 수 있는지 시험해보자. 힘을 훨씬 덜 들이고도 여전히 완벽하게 차를 통제할 수 있음을 알 수 있을 것이다. 똑같은 방법으로 설거지를 할 때, 아침에 옷을 입을 때 힘을 줄일 수 있는지 시험해보자. 요가나 달리기, 테니스와 같은 운동을 하면서 운동을 할 때 들어가는 힘과 노력을 줄일 수 있는지 시험해보는 것이다. 힘을 덜 들일수록 더 많이 느낄 수 있고, 현재 하고 있는 동작이 실제로 더욱 능숙해지는 것을 느낄 수 있을 것이다.

## ● 아이가 섬세하게 움직이게 한다(Subtlety in Movement with Your Childs)

이제 막 느끼기 시작한 '섬세함'의 기술을 아이에게 당장 사용해보자. 아이와 하는 모든 움직임, 예를 들어 기저귀 갈기, 옷 입히기, 아이를 안아 올리거나 혹은 아이를 내리는 것, 아이를 움직이는 방식이나 아이가 움직일 수 있도록 도움을 주는 방식 등에 계속해서 힘을 덜 들이는 것이다. 이러한 섬세함에 아이가 즉각적으로 보이는 반응에 주목한다. 이를 속도를 늦추는 '느리게'의 원칙과 결합하면, 아이의 뇌가 훨씬 많이 변화하고 깨어나기 시작하는 것을 발견하게 될 것이다.

## ● 감정 표현을 섬세하게 한다(Subtlety and Emotional Expression)

'섬세함'의 원칙을 감정적 표현에도 적용해볼 수 있다. 아이와 함께 상호작용을 하는 순간에 사용하는 감정의 강도를 줄여보자. 가령 목소리 톤을 부드럽게 하거나, 아이에게 편안한 기분으로 다가가거나, 혹은 아이에 대한 기대치를 낮추는 것이다. 이는 아이를 포기하거나 아이의 성장에 무관심해져야 한다는 의미가 아니다. 오히려 그 반대로 아이를 향한 감정적 표현의 강도를 줄임으로써 아이와 더욱 조화롭게 어울리고 아이에게 더 잘 맞추는 것이다. 그러면 아이 또한 자신과 더욱 잘 조화를 이룰 수 있게 된다.

부모가 자신의 사고, 감정, 행동을 통해 아이에게 '섬세함'의 모범을 보여줄 때마다 아이는 가장 먼저 그 섬세함을 경험하고 느끼게 될 것이다. 부모를 통해 아이는 섬세함의 원칙을 체득하고, 부모의 태도를 거울 삼아 아이는 그 정보를 통합해낼 것이다.

## ✤ 우리 아이에게 적용해보기 ✤

섬세함의 원칙을 적용할 수 있게 되면 아이가 언제 과도한 힘과 노력을 들이고 있는지, 아이가 바뀌고 있는 순간과 아이가 자신의 힘과 노력을 줄이고 있는 순간은 언제인지 더 잘 감지할 수 있다. 다음의 내용은 과도하게 애쓰고 있는 아이를 발견할 때마다, 아이가 자신의 '섬세함'으로 돌아갈 수 있도록 이끌어줄 수 있는 방법들이다.

### ● 아이가 편안한 상태에서 움직일 수 있도록 한다(Comfort in Movement)

아이가 특정 움직임을 하는 데 어려움을 겪고 있고 과도한 힘을 들여 그런 움직임을 하려고 한다면, 아이가 힘을 줄일 수 있도록 친절히 안내해줄 방법을 찾아야 한다. 이는 아이가 현재 애쓰는 자세에서 벗어나게 해주는 것일 수도 있고, 아이가 해내려고 하는 움직임에 들어가는 힘을 줄이도록 아이의 자세를 바꿔주는 것일 수도 있다.

예를 들어, 걸을 때 아이가 발을 헛디디고 많이 넘어지며 양발을 너무 멀리 떨어뜨린 채 걷는다면, 걷거나 설 때 아이가 근육을 과도하게 사용하고 있다고 봐도 좋다. 이 경우 아이는 두 발이 자기 바로 밑에 있는지, 서로 멀리 떨어져 있는지, 아니면 서로 가까이 붙어 있는지 그 차이점을 느끼지 못하고 있다. 이럴 때는 아이의 과도한 노력을 아주 큰 소음이라고 생각해보자. 소음이 너무 커서 관절과 근육에서 뇌로 전송되는 부드럽고 정제된 전달사항이 전해지지 못하는 것이다. 아이의 움직임을 더 잘 '조율'하려면 이 전달사항이 반드시 뇌로 전해져야 한다.

과도한 힘을 줄이고 아이가 더 미세한 차이점을 느낄 수 있도록 돕기 위해 아이와 게임을 할 수 있다. 예를 들면, 선 자세에서 아이는 넘어지지 않기 위해서 훨씬 더 많은 힘을 사용하므로, 선 자세에서 시작하는 대신 아이를 의자에 앉게 한다. 앉은 자세에서는 과도하게 몸에 힘을 주지 않아도 되기 때문에 아이도 더 많은 것을 느낄 수 있다. 이때 아이가 편안해야 한다는 것과 아이의 발이 바닥에 닿아야 한다는 것을 유념해야 한다. 아이가 자신의 발을 보도록 하고 발이 서로 얼마나 떨어져 있는지 손으로 보여달라고 한다. 아이가 제대로 하는지 못 하는지는 걱정하지 않아도 된다. 그리고 난 다음 아이의 손을 더 멀리 떨어뜨리고는 말한다. "손이 이제 서로 더 멀리 떨어졌어." 손을 다시 서로 가까이 붙이고는 말한다. "이제 손이 서로 가까워졌어." 그런 다음 아이가 손을 내리도록 한다.

아이에게 눈을 감으라고 한 다음 아이의 발을 부드럽게 옮겨서 서로 멀리 떨어뜨리되, 아이가 편안하게 느끼는 거리 이상으로는 떨어뜨리지 않도록 주의한다. 아이가 자신이 뭘 하는지 느낄 수 있는 범위에서 자신의 과도한 힘과 그 세기를 줄일 수 있도록 이제 막 돕기 시작했다는 사실을 기억해야 한다. 그리고는 아이에게 물어본다. "어때? 발이 서로 가까이 있는 것 같아? 아니면 멀리 떨어져 있는 것 같아?" 아이의 답이 정확한지 아닌지는 신경 쓸 필요가 없다. 또한 아이의 답을 고쳐주어서도 안 된다. 그저 아이가 자신의 신체와 행동을 느끼게 하고 자신의 발이 어디에 있는지 추측해볼 수 있도록 내버려두어야 한다. 그리고 나서 아이에게 자신의 발을 확인하게 한다.

아이에게 다시 한 번 눈을 감도록 한다. 그러고는 아이의 오른쪽 다리를 왼쪽 다리 가까이 가져가서는 묻는다. "내가 다리를 옮겼는데 그걸 느꼈니?" 이 질문을 받으면 거의 대부분 아이들이 그렇다고 답한다. 그러면 아이에게 다시 묻는다. "내가 다른 쪽 다리 가까이 움직였어? 아니면 더 멀리 떨어지게 했어?" (아이가 너무 어려서 아직 말을 못 한다면, 질문을 하는 대신에 당신이 하고 있는 행동을 그대로 아이에게 전달하면 된다.) 그리고 이 모든 과정을 다른 쪽 다리에도 반복한다. 이때 주의해야 할 점은 아이의 다리를 움직일 때 당신의 손과 팔에 들어가는 힘도 줄여야 한다는 것이다. 그렇게 한 후, 아이에게 (오른쪽 다리든 왼쪽 다리든) 한쪽 다리를 움직여보라고 한다. 한 번은 힘을 더 주면서 움직여보고 한 번은 힘을 빼서 움직여보도록 한다.

이 게임을 몇 분간 하다가 아이를 세워본다. 서 있는 동안 변화를 느낄 수 있도록 아이에게 시간을 준다. 아이의 뇌는 자신의 다리를 좀 더 효과적으로 쓰는 방식을 재측정했을 가능성이 아주 크다. 이제 위에서 설명한 과정을 아이가 서 있는 동안 반복해본다. 자세를 바꾸어서 아이가 불편해하는 것 같다면, 아이가 다시 앉아 있는 자세에서 반복해본다. 약 10분 동안 이 게임을 하고 난 후에는 모든 것을 중단하고 아이가 그저 돌아다니도록 내버려둔다. 어떤 경우라도 아이의 발이 이제 서로 가까이에 있는지 아닌지 아이에게 지적해서 말해주지 않는다.

이 게임에도 여러 가지 변화를 줄 수 있다. 다른 움직임이나 상황에서 사용할 수 있는 방법도 있고, 아이가 들이는 노력을 줄이게 함으로써 자신이 지금 하고 있는 것에서 더 미세한 차이점을 인지하고 느껴 뇌가 자신의 움직임을 더 잘 체계화할 수 있는 기회를 제공하는 방법도 있다. 이 과정을 반복하다 보면 불가능하다고 느껴졌던 것을 아이의 뇌가 얼마나 빨리 해결해내는지 놀라게 될 것이다.

● **'게으름의 나라'로 초대한다**(Lazy Land)

움직이는 동안 아이가 들이는 과도한 힘과 노력을 줄이도록 돕기 위해, 너무 힘들이지 않아도 된다고 말로써 아이를 달래줄 수 있다. 조금 덜 해도 괜찮다고 아이를 안심시켜주는 것이다. 원한다면 '게으름의 나라' 게임을 해도 되고, 아이가 움직일 때 들이는 노력을 줄이는 데 도움이 되는 새로운 게임을 만들어도 된다. 예를 들어, 방 저쪽에 가장 늦게 도착하는 사람이 이기는 대회를 여는 것이다.

● **감정적으로 안정되었을 때 섬세함은 더 효과를 발휘한다**(Emotional Ease)

아이가 만약 감정적으로 과도한 힘을 사용하는 경향이 있다면, 예를 들어 짜증이 나서 발버둥을 친다거나, 머리를 박는다거나, 아니면 강박적으로 행동을 반복하는 경우, 이는 아이 자신도 모르게 나오는 기계적인 행동임을 알아두어야 한다. 이런 행동을 하는 경우, 아이의 정서적 강도가 너무나 높아서 아이는 그 어떤 차이점도 식별하지 못하거나 자신의 행동을 변화시킬 수 없다. 나중에 아이가 차분해지면, 아이 옆에 앉아 아이의 동의를 얻어 아이를 안은 다음 자신이 난동을 부릴 때 무슨 일이 일어났는지 아이에게 들려준다. 이전의 행동에 대해서 어떤 식으로든 판단을 내리지 않으며 부드러운 목소리로 말해야 한다. 예를 들면 이렇게 말할 수 있다. "방금 너 얼마나 짜증을 냈는지 기억하니? 너는 TV를 보고 싶다고 했고, 엄마는 안 된다고 했어. 저녁 먹을 시간이라고 말이야. 네 목소리가 얼마나 컸는지 기억하니?"

아주 부드럽고 상냥하게 말하면서 이렇게 덧붙인다. "잠시 동안 우리 좀 크게 말해볼까? 어때?" 아이가 이 생각에 거부감을 보이지 않는다면, 목소리를 조금 크게 올려 말해본다. 그러고는 아이에게도 똑같이 크게 말해보라고 한다. 아이도 목소리를 크게 낸다면, "좋아, 잘했어!"라고 말한다. "이제는 상냥한 목소리로 말해보자"라고 말한 다음 상냥한 목소리로 말해보자. 목소리의 크기를 조금씩 조율하기도 하고, 티나게 많이 바꿔보기도 하면서 크게도 말해보고, 부드럽게도 말해보며 다양한 방법으로 말해본다.

'섬세함'을 통해서 기계적이며 차별화되지 않는 행동을 하던 아이가 좀 더 차별화된 감정을 느끼게 되고, 더 많은 감정적 자유와 선택권을 갖도록 도움을 줄 수 있다. 나중에라도 만약에 아이가 짜증을 부리려고 한다면, 목소리를 크게 높였다가 상냥하게 바꾸는 이 게임을 다시 상기시키며 아이에게 상냥하고 사랑스럽게 다음과 같이 물어보자. "좀 더 크게 말해볼 수 있겠니? 이제는 조금 더 부드럽게 말해볼까?" 목소리에 짓궂음이나 빈정댐 혹은 분노의 흔적이 있어서는 안 된다. 이런 방식을 사용하면 자동적이고, 차별화되지 않고, 비자발적이며, 강압적인 감정적 표현을 하던 아이가 좀 더 새롭고 차별화된 감정을 느끼며 더 쉽게 자신의 감정을 표현하게 된다.

당신과 아이 모두 '섬세함'의 원칙에 더욱 숙련될수록, 더 많은 것을 느낄 수 있을 것이며 아이의 뇌는 차이점을 식별하는 데 점점 더 능숙해질 것이다. 그리고 아이가 자신의 한계를 넘어 전진하는 데 이 정보는 아주 요긴하게 쓰일 것이다. 당신은 아이가 더욱 총명해지고, 더욱 기민해지고, 더 빨리 습득하는, 더 나은 학습자가 되는 과정을 보게 될 것이다.

# 열의를 잃지 않는다

: 뇌 손상 입은 아들을 변화시킨 아빠의 비결

열의는 전염성이 강하다. 열의를 옮기는 사람이 돼라.

**_수잔 라빈**

보통은 우리를 즐겁게 하는 대상에 대하여 느끼는 감정을 '열의Enthusiasm'라고 생각한다. 이 단어의 기원은 그리스어 Enthousi-asmos로, '신에 의해 영감을 받은'이라는 의미를 갖고 있다. 메리엄 웹스터 사전은 열의를 "아주 흥분된 감정"이라고 정의한다. 이와 같은 정의가 일상생활에 매우 유용한 것은 사실이지만 내가 여기서 사용하는 '열의'의 의미는 기존 정의와는 다소 다르다.

'열의'를 내면에서 스스로 키울 수 있는 기술, 다시 말해 아이가 자신의 한계를 넘어서도록 도와주기 위해 아이에게 적용할 수 있는 기술이라고 생각해보자.[1] 기술로서의 '열의'는 아이에게 일어나는 아주 사소한 변화도 기꺼이 중요한 것이라고 인정할 줄 알며, 이러한 일들을 마음으로 기뻐하고 그 즐거움을 경험할 줄 아는 능력을 의미한다. 이런 점에서, 다섯 번째 원칙인 '열의'는 "우리 아들 잘했어!" 혹은 "우리 딸 최고!"와 같은 치렛말을 하는 것이 아니다. 또한 아이가 이룬 성취에 대해 손뼉을 치며 갈채를 보내는 일반적인 '정적 강화'도 아니다. 여기서 내가 말하고자 하는 것은 아이의 아주 사소한 변화와 발전에도 마음속 깊이 기뻐하고 감사할 줄 아는 내면의 경험을 만들고 증폭시킬 수 있는 부모의 능력을 의미한다.

부모가 자신의 내면에서 느껴지는 열의가 증폭되는 것을 느끼면 아무 말 하지 않아도 아이도 부모의 열의를 느낄 수 있다. 나는 이 일을 하면서 아이와 부모가 이처럼 조용하게 내면에서 교감을 나누는 것을 수없이 지켜봤는데, 최근에 이런 현상을 입증해줄 과학적 연구를 발견하게 된 것은 고무적인 일이 아닐 수 없다.

파르마대학의 신경과학자인 자코모 리촐라티 Giacomo Rizzolatti는 1996년에 뇌에서 거울신경세포의 활동을 발견했다.[2] 그의 연구에 따르면, 거울신경세포는 "개념적 추론뿐 아니라 직접적인 시뮬레이션을 통해서도 우리가 다른 사람의 마음을 이해할 수 있도록 해준다. 이것이 가능한 이유는 우리의 '사고Thinking'가 아니라 우리의 '감정Feeling'이 작용했기 때문이다." 과학 저널리스트인 샌드라 블레이크슬리Sandra Blakeslee는 〈뉴욕 타임스〉의 기사에서 "인간의 뇌는 단순히 다른 사람의 행동뿐만 아니라 그들의 행동과 감정이 지니는 사회적 의미를 이해하고 수행

하는 여러 개의 거울신경세포 체계를 가지고 있다"는 사실을 확인했다고 밝혔다.[3]

이 모든 것은 우리의 열의가 아이의 뇌에 강력한 영향을 미친다는 것을 명확하게 보여준다. 부모가 자기 내면의 열의를 능숙하게 다룰 수 있다면, 아이가 자신의 내면에서 일어나는 변화, 즉 차이점을 알아차리고 감지하는 데 도움이 된다. 또한 부모에게서 발산되는 긍정적인 감정을 아이도 함께 느끼면서 이러한 변화는 중요한 것이니 감지해서 깊이 잘 새기라는 메시지를 뇌에 전달한다.

달리 말하자면, 기쁘고 감사하고 희망이 있음을 느끼는 부모의 열의가 전달될 때 아이도 부모의 그런 감정을 그대로 느낄 수 있다. 우리가 반드시 알아야 할 것이 또 하나 있다. 아이의 뇌는 주변 사람이 자신에게 느끼는 낙심, 절망, 실망, 못마땅함, 무관심 또한 거울처럼 비추어 그 느낌을 그대로 받아들인다. 아이가 자신에 대해 좋은 느낌을 갖길 바라는 것은 매우 바람직한 목표지만, '열의'가 그렇게 중요한 이유는 무엇일까?

## ❧ 아이의 감정을 공유한다 ❧

아이한테 아주 작은 변화가 일어났을지라도 당신이 알아차리고 그 순간 열의를 불러일으킨다면, 아이의 뇌는 변화를 인식하게 된다. 그리고 이 변화를 통해 아이들은 뇌에서 일어나는 배경 소음(활동)과 다른 활동을 구별해낸다. 아이의 작은 변화 중에서 어떤 것이 앞으로 아이의 향상에 중요한 역할을 하게 될지는 알 수 없다. 하지만 아이의 뇌가 새로운 기술을 획득하기 위해서 이와 같은 수십억 개의 작은 변화를 구별해내는 것이 반드시 필요하다.

'열의'는 아이의 뇌가 차이점을 식별해내는 데 도움이 되는 또 하나의 방법이다. 당신의 열의가 아이에게 일어나는 작은 변화를 확대하고, 아이는 이러한 차이점들을 더욱 쉽게 식별해낼 수 있게 되는 것이다. 당신이 열의를 불러일으키지 않는다면, 아이의 뇌는 겉으로 보기에는 중요해 보이지 않는 작은 변화를 결코 감지하지 못할 것이며, 결국 기회를 놓쳐버리고 말 것이다.

건강한 아이들에게는 언제나 '열의의 원리'가 작용한다. 아이들은 새로운 것을 할 때마다 매우 흥분하며 즐거워하는데(이것이 아이 버전의 열의다), 이는 아이의 뇌가 새로운 것에 집중할 수 있도록 주의를 환기시킨다. 아이에게서 발산되는 흥분이 아이들의 변화를 증폭하는 것처럼, 부모의 열의도 아이에게 이와 같은 역할을 한다.

당신이 열의를 불러일으키지 않는다면, 아이의 뇌는 겉으로 보기에는 중요해 보이지 않는 작은 변화를 결코 감지하지 못할 것이며, 결국 기회를 놓쳐버리고 말 것이다.

아이들은 종종 우리가 보기에는 대수롭지 않은 일에도 한껏 들떠서는 누군가와 그 기분 좋은 감정을 공유하려고 한다. 예를 들면, 세 살짜리 꼬마가 종이에 그림을 그린 후에 엄마에게 달려가서 엄마의 손을 잡아끌면서 말한다. "엄마, 엄마, 이것 봐. 내가 그린 것 좀 봐." 엄마가 보니 종이에 끄적거린 낙서일 뿐 딱히 신나는 일은 아니다. 정말 그런가? 하지만 아이에게 그 그림은 새롭고도 놀라운 일이다. 엄마의 눈에는 의미 없는 낙서처럼 보일지 몰라도 그 그림은 아이에게 매우 중요한 작품이다. 아이가 나중에 그림을 그리고, 글을 쓰고, 훨씬 더 뒤에는 어쩌면 건축가가 되는 데 필요한 미래의 능력을 보여주는 작품일 수도 있다.

아이가 지닌 '열의' 덕분에 아이의 뇌는 이 새로운 정보 조각을 식별하여 자신의 뇌에 새길 수 있다. 아이에게 이러한 열의가 없다면, 어떤 인상이나 변화도 뇌에 남아 있지 않을 가능성이 크다.

얼마 전 산책 중에 운동장을 가로질러 가다가 한 어린 소녀가 철봉에 거꾸로 매달린 것을 보았다. 아이는 철봉에 매달린 채로 아빠를 부르며 말했다. "이것 봐 아빠! 나 좀 봐. 나 좀 봐. 내가 매달려 있는 것 좀 봐봐!" 이 작은 소녀는 거꾸로 매달린 것이 너무 신난 나머지 자신의 즐거운 경험을 알리고 싶고, 아빠가 보내는 '열의'도 함께 만끽하고 싶은 것이다. 전 세계의 놀이터에서 이런 일이 매일같이 수백만 번은 일어나고 있을 것이다.

여기서 언급하고 싶은 중요한 사항은 이 아이의 '열의', 다시 말해 자신이 지금 하고 있는 일에 대해 즉흥적으로 생겨난 흥분으로 인해, 아이의 뇌가 주의를 기울이기 시작했다는 점이다. 그리고 뇌에서는 이 경험과 관련된 연결고리를 취사선택하게 된다. 철봉에 매달린 아이의 활동이 자신의 열의와 결합되어 아이의 뇌를 깨우면서 '이건 성공적인 연결이야. 다른 연결들도 일어나고 있지만, 이 연결을 채택해야 돼'라는 메시지를 뇌에 전달한다. 그 결과 이 패턴은 좀 더 확실하고 강력하게 뇌에 새겨지고 앞으로도 언제든 꺼내 쓸 수 있도록 뇌 안에 자리매김하게 된다. 아이가 이처럼 즐거워하는 상황에 믿음직한 어른이 동참해주면 이런 과정이 아이의 뇌에 새겨지는 데 큰 도움이 된다.

이 패턴은 좀 더 확실하고 강력하게 뇌에 새겨지고 앞으로도 언제든 꺼내 쓸 수 있도록 뇌 안에 자리매김하게 된다.

## 🌿 열의를 가진 아빠, 한계만 보는 엄마 🌿

제이콥은 태어날 때 뇌 손상을 입었고 그로 인해 신체적, 정신적으로 발달 지연을 겪었다. 두 살 무렵 처음 나를 찾아왔을 때, 제이콥은 스스로 몸을 뒤집을 수 없었고 배로 엎드려 있는 자세를 견디지 못했다. 양눈은 사시였고, 혼자 앉을 수 없었으며, 아직 말을 하지 못하는 등 못하는 것이 한두 가지가 아니었다. 하지만 다행스럽게도 그런 상태의 제이콥은 나와 수업하는 것을 즐거워했다. 무엇보다 제이콥은 집중력이 좋았으며 반응도 빨랐다. 수업을 몇 번 받은 뒤로는 등을 어느 정도 움직일 수 있게 되었으며, 목을 더 잘 가눌 수 있게 되었다. 또한 자신의 주변 상황에 대해 더 잘 인지하게 되었다. 하지만 이러한 변화는 제이콥 또래의 다른 아이들의 성취 수준에 비하면 다소 미미한 것이긴 했다. 만약 뇌 손상을 입지 않았더라면, 제이콥은 여기저기 뛰어다니고, 말하고, 즐겁게 놀며, 싫다고 말하는 법을 배웠을 것이며, 자기 주장을 하는 등 훨씬 더 많은 것을 해냈을 아이였다.

다른 때와 마찬가지로, 나는 부모 중 한 사람을 레슨에 참석하도록 했다. 제이콥의 아빠인 톰은 제이콥에게 잘 맞춰주며, 아들에게서 아주 작은 변화라도 발견하면 매우 기뻐했다. 중요해 보이지 않을 수도 있는 아주 작은 변화도 아빠는 그것을 아들이 똑똑하다는 사실을 보여주는 증거로 여겼고, 그 변화에 희망을 걸었다. 제이콥의 아빠는 매우 과묵한 사람으로, 레슨 중에 별다른 말을 하지 않았지만 매우 유심히 레슨을 지켜보았다. 아들을 향한 관심과 사랑은 손에 잡힐 듯이 분명했고, 레슨이 끝날 때마다 레슨 중에 자신이 목격한 제이콥의 변화에 대해서 열의를 가지고 설명했다.

제이콥의 엄마인 재키 또한 아들을 위해 무엇이든 할 만큼 자신을 아끼지 않고 헌신했고 제이콥을 너무나 사랑했다. 하지만 엄마의 태도는 아빠와는 사뭇 달랐다. 엄마는 끊임없이 제이콥이 하지 못하는 부분을 주시했다. 제이콥의 변화가 엄마에게는 아무런 즐거움도, 희망도, 안심도 가져다주지 못하는 듯 보였다. 그녀는 분명 열성적이진 않았다. 나는 처음에는 그저 제이콥의 변화를 알아차리지 못한 것이라고 생각했다. 그래서 제이콥의 변화에 대해 친절히 설명을 해주기도 했다. 설명을 들으면 제이콥의 엄마는 즉시 아들에게 변화가 일어났음을 인정했다. 하지만 그처럼 작은 변화는 제이콥이 당연히 '해내야' 하는 행동의 수준에서 얼마나 멀리 떨어져 있는지를 상기시켜주었을 뿐이었다. 이러한 관점을 가지고 있었으니 낙담이 커져가는 것은 당연했다. 아들에게서 일어나는 작은 변화의 가치를 보지 못하며, 아들이 누릴 미래가 어떤 모습인지 모르는 상태에서 제이콥의 한계만을 보는 한 그런 감정을 느낄 수밖에 없다는 것을 나도 모르는 바는 아니었다.

몇 차례 레슨을 진행하면서 나는 아빠가 레슨에 참여할 때 제이콥이 훨씬 빨리 진전을 보인다는 것을 알 수 있었다. 이는 마치 아들에게 일어나는 변화에 진심으로 기뻐하는 아빠의 감정이 제이콥에게도 희망으로 전달되어 나와의 작업에 반응하는 자신의 능력을 증폭시킨 것처럼 보일 정도였다. 엄마와 함께 있을 때에는 이와 정반대로 제이콥에게서 반응을 이끌어내는 것이 어려웠다. 엄마와 함께 레슨을 할 때면 제이콥은 소심해졌고, 둔해졌고, 몸과 마음의 문을 닫아버리는 것 같았다.

나는 내가 목격한 것이 과학적 근거가 있는 것인지 의문을 제기하기도 했다. 하지만 얼마 지나지 않아 다섯 번째 원칙인 '열의'가 있고 없음에 따라 아이의 성장을 위한 중요한 구성요소가 형성될 수도 있고 사라질 수도 있다는 사실을 더 이상 부인할 수는 없었다. 제이콥의 훌륭한 부모는 나에게 '열의'는 실재하며 그 가치를 충분히 인정받을 필요가 있음을 깨닫게 해주었다. 나는 이러한 나의 깨달음을 제이콥의 부모에게 말해주었다. 자신에게 열의가 부족한 것이 제이콥의 성장에 영향을 미칠 수 있다는 것을 처음 알고 나서 제이콥의 엄마는 당황하고 걱정했다. 그러고는 나에게 물었다. "제가 열의를 갖는 법을 배울 수도 있을까요?" 나는 그녀를 안심시키며 열의는 당연히 배울 수 있는 능력이라고 말했다. 엄마는 즉시 배우고자하는 의지를 드러냈다. 엄마가 열의를 연마하여 아들의 작은 변화에 발맞춰갈 수 있는 능력을 기르는 동안 아빠가 가능한 한 자주 제이콥을 레슨에 데려오기로 했다. 엄마의 태도가 변하자 제이콥 또한 즉각적으로 엄마의 새로운 능력에 긍정적으로 반응했을 뿐만 아니라, 엄마 또한 아들의 진전에 진정으로 기뻐할 줄 아는 더 행복한 엄마가 되었다.

## 🌿 박수는 제발 그만 🌿

한 가지 유념해야 할 것은 '열의'와 '정적 강화'를 혼동해서는 안 된다는 사실이다. '정적 강화'는 가르치려 했던 것을 아이가 해냈을 때 혹은 아이가 그만했으면 하는 행동을 멈추었을 때, 아이를 칭찬해주거나 아이에게 보상을 해주는 것이다. 그럴 때 우리는 보통 기쁜 마음으로 박수를 쳐주거나 특별한 대접을 해주거나 선물을 줌으로써 아이에게 보상을 해준다.

거의 모든 부모들이 의도적으로 혹은 본능적으로 아이의 학습과 향상을 장려하기 위해 '정적 강화'를 사용한다. 그리고 보통 '정적 강화'는 아이의 의지를 북돋는 긍정적인 경험으로 작용한다.

하지만 내가 말하는 '열의'는 아이에게 외적 보상을 해주거나 칭찬을 해주는 것을 의미하지 않는다. 사실 그 반대다. 아이가 처음으로 발을 떼거나, 처음으로 단어를 말하거나, 혹은 또래와 사회적 상호작용을 하는 등 아이가 처음으로 어떤 행동이나 활동을 해냈을 때, 손뼉을 치거나 크게 소리치며 환호에 찬 감탄을 내뱉어서는 안 된다. 대신에 나는 아이가 처음으로 해낸 것이 무엇이든 그것이 너무나 당연한 일이고, 마치 앞으로도 영원히 그렇게 잘할 수 있을 것처럼 태연하게 행동해달라고 부탁한다. 그와 동시에 기쁨과 안도감에서 오는 흥분과 환희를 조용한 태도로 만끽하기를 권한다. 기쁨과 환희의 감정을 겉으로 표현하기보다 내면으로 경험하라는 것이다.

이것이 '열의'와 관련하여 우리가 부모에게 일러주는 몇 가지 내용 중 하나다. 왜 그렇게 해야 할까? 그 이유는 아이의 변화와 성취가 크든 작든, 아이가 자신의 변화를 느끼기를 바라기 때문이다. 우리는 이러한 변화 혹은 성취가 아이가 겪는 경험이기를 원한다. 박수와 외적 보상은 아이의 집중력을 흐트러뜨리고 아이가 원래 주의를 기울이고 있던 것에서 박수라는 외적 보상으로 관심을 옮기게 한다. 어떤 과제에 깊이 몰입하고 있는데 그 흐름을 끊어버리는 것과 같다. 아이가 집중하는 대상에서 관심을 옮겨 주변 사람들의 감정과 반응에 집중하게 해서는 안 된다. 또한 자신에게 충분히 집중하지 못한 상태에서 새로운 성취를 이루었다고 해서 그것을 강화해주어서도 안 된다. 아이가 무언가를 처음으로 알아차렸을 때 자신이 느끼고 경험하고 있는 것에 계속 적절하게 대응하는 것이 무엇보다 중요하다. 아이의 경험 그 자체가 강화의 역할을 하는 것이다.[4] 아이에게 장애가 있을 때 이는 특히 중요하다.

우리는 아이의 변화와 성취가 크든 작든, 아이가 자신의 변화를 느끼기 바란다. 이러한 변화 혹은 성취가 아이가 겪는 경험이기를 원한다.

장애를 가진 아이들에게는 자신만의 자기 발견 과정에 흠뻑 빠져 자기 자신을 느낄 수 있는 시간과 공간이 필요하다. 그렇다고 부모가 극단적으로 칭찬을 아껴야 한다는 의미는 아니다. 부모의 내면에서 일어나는 열의를 이해하되, 간섭도 방해도 없이 아이가 온전히 자신의 경험을 만끽할 수 있도록 해주는 것이 그 순간 부모가 해줄 수 있는 최고의 도움이다.

결국 움직이고, 생각하고, 행동하는 법을 알아내는 것은 아이의 뇌가할 일이다. 아이가 새로운 경험을 할 때 우리는 아이가 차이점을 느끼고 식별하며, 자신만의 경험을 알아차리고 거기에 집중하기를 바란다. 이 모든 것이 아이에게는 새롭다. 아이 자신도, 부모도, 치료를 맡은 이들도 바로 그다음 순간에 무슨 일이 생길지는 알 수 없다. 하지만 내가 설명한 것처럼 '열의'를 느끼고 경험한다면 아이의 안에서 펼쳐지는 이와 같은 내적 과정에 도움을 줄 수 있을 뿐만 아니라 아이들이 새로운 것을 발견하는 데도 도움이 될 것이다.

## ❧ 잘못된 칭찬의 부작용 ❧

아이의 집중력을 앗아가는 또 한 가지 흔한 실수는 아이가 해낸 것을 또 해보라고 요구하는 것이다. 생애 처음으로 아이가 뭔가를 해냈을 때 그것을 다시 해보라고 시키는 순간 아이는 집중력을 잃어버린다. 이러한 요구는 뇌가 새로운 기술을 만들어내는 과정에 방해가 될 뿐이다.

아이가 처음으로 뭔가를 해낼 때면 부모는 가슴이 벅차오른다. 당연한 일이다. 문제는 그 광경을 다시 한 번 보고 싶어 한다는 것이다. 방금 본 것이 진짜라는 것을 확인받고 싶기 때문이다.

생애 처음으로 아이가 뭔가를 해냈을 때 그것을 다시 해보라고 시키는 순간 아이는 집중력을 잃어버린다.

하지만 사람들이 잘 모르는 사실이 하나 있다. 아이들이 처음으로 뭔가를 할 때, 그러니까 눈 맞춤이나 뒤집기, 혼자 앉거나 일어서기, 혹은 '엄마'라는 첫마디 등 그것이 무엇이든 간에 아이는 의도하지 않는다는 사실이다. 아이들은 보통 방금 자신이 무엇을 해냈는지 잘 알지 못한다. 그저 실수에서 비롯되었을 가능성이 크다. 아이의 뇌가 어떤 의도도 없이 아주 많은 정보 조각들을 이리저리 합쳐본 끝에 예기치 않게 새로운 결과물이 도출된 것뿐이다.

자기가 방금 해낸 것을 경험하고는 있지만 그것이 무엇인지 확실한 개념도 없고, 그것을 뭐라고 부르는지도 알지 못한다. 당연히 다시 해내는 법도 알지 못한다. 그런 순간 아이에게 필요한 것은 내적으로 자신의 경험에 계속 주의를 기울이고 그것을 통합할 시간을 갖는 것이다. 아이도 보통은 자기가 어떻게 그 일을 해낸 것인지 잘 모르기 때문에, 이런 상황에서 다시 해달라는 요청을 받게 되면 실패할 수밖에 없다. 좋은 뜻에서 아이에게 앵콜을 요청한 것이 사실은 아이의 뇌가 새로운 기술을 통합하는 것을 처음부터 막아버릴 가능성이 매우 높다.

그런 순간 아이에게 필요한 것은 내적으로 자신의 경험에 계속해서 주의를 기울이고 그것을 통합할 시간을 갖는 것이다.

수년에 걸쳐 내가 알게 된 것은 아이가 뭔가를 처음으로 해냈을 때, 예를 들어 처음으로 혼자 서게 되었다면, 아이는 1분 안에, 1시간 안에, 그날 안에, 혹은 일주일 안에 다시 혼자 서기를 해낼 수 있다는 사실이다. 그 이후로 혼자 서기라는 새로운 기술이 점점 능숙해지면서 아이는 항상 서 있을 수 있게 된다. 하지만 방금 획득한 기술을 다시 해보라는 압박을 받으면, 새로운 기술은 채 자리 잡기도 전에 사라지는 경향이 있음을 나는 경험을 통해 수차례 확인했다.[5] 우리가 이런 식으로 아이를 압박하면, 아이의 뇌에 만들어지기 시작한, 아직은 연약한 새로운 연결을 적극적으로 압박하는 기제가 작동하고 결국 새로운 연결을 만들어내는 것이 점점 힘들어진다. 그리고 최악의 경우 아이가 새로운 기술을 다시 해내는 것 자체가 불가능해진다.

## ☙ 마음속으로 축하해주기 ❧

몇 년 전에 경험했던 일이다. 나는 다음 고객을 들어오라고 하기 위해 대기실로 나갔다. 그곳에서 제프리의 부모가 나란히 앉아 있는 것을 보았는데, 두 사람은 막대기라도 삼킨 듯이 등을 꼿꼿하게 펴고 있었고, 손은 무릎에 가지런히 올려놓은 채로 감정은 절대 표현하지 않겠다는 듯이 다소 단호한 표정을 하고 앉아 있었다.

제프리는 먼저 다른 임상전문가에게 한 차례 레슨을 받고 난 후였다. 내가 밝게 인사를 건네도 그들은 별다른 반응을 보이지 않았다. 나는 혼란스러웠다. 내가 괜찮으냐고 물어보자, 제프리의 아빠는 대기실 밖의 긴 복도를 조용히 가리켰다. 거기엔 당시 네 살이던 어린 제프리가 있었다. 제프리는 워커 없이 혼자서 대기실 밖에 있는 복도를 오르락내리락하며 걷고 있었다. 내가 제프리의 부모에게 왜 이렇게 조용히 있느냐고 묻자, 엄마가 이렇게 말했다. "우리는 너무 기뻐해서도 안 되고 아이에게 뭐라고 말해서도 안 돼요. 지금 이 순간을 망치는 일은 어떤 것도 하지 않겠다고 작정하고 그저 여기 앉아 있는 거예요." 나는 그들에게 지금 잘하고 있으며, 이는 과거에 내가 동료들에게 코칭한 내용이라며 두 사람을 안심시켰다. 이 부부에게 긴장을 풀고 이 멋진 순간을 즐기는 것도 괜찮다고 말하며 또 한 번 그들을 안심시켜주었다.

그다음 날, 제프리와 수업하기 전에 나는 어제 수업이 끝나고 제프리의 상태가 어땠는지 부모에게 물어보았다. 그들은 수업이 끝나고 호텔로 돌아갔는데 제프리가 아래층 로비에서 계속 걷고 싶어 했다고 말했다. 부부는 제프리가 원하는 대로 마음껏 호텔 로비를 걸어다니도록 했다. 제프리는 새로 발견한 자신의 능력에 너무 기뻐한 나머지 계속 걷고 싶어 했다. 하지만 그것이 전부는 아니었다. 아이는 잘 걷고 있는 자신의 모습을 다른 사람들이 봐주기를 바랐고, 자신의 기쁨을 다른 이들과 공유하고 싶어 했다. 내가 운동장에서 본 그 작은 소녀와 같은 행동이었다.

제프리의 부모는 로비에 앉아 엄마 아빠의 '열의'를 온전히 느끼며 마음껏 걷고 있는 제프리를 바라보던 순간에 대해 이야기해주었다. 내가 처음 레슨을 했을 때만 해도 부끄러움을 많이 타 조용했던 제프리가 생전 처음 본 사람에게 걸어가서는 "안녕하세요. 저는 제프리예요. 저 처음으로 혼자서 이렇게 걷고 있어요"라고 말했다. 제프리의 모습을 자랑스럽게 지켜보았던 순간을 떠올리며 부모들은 미소를 가득 머금고 있었다. 그러고는 "그분들도 속으로는 난감했을 거예요. 처음 보는 아이가 대뜸 와서는 같이 축하해달라고 했으니 말이에요"라고 말했다. 제프리는 저녁을 먹고 잠잘 시간이 되어 완전히 지칠 때까지 몇 시간이고 걸어다니며 자신의 기쁨을 낯선 사람과 나눴다고 했다.

아무도 제프리에게 걸으라고 강요하지도 않았으며, 아무도 제프리의 부모에게 아이에게 박수를 쳐주어야 하며 부모로서 제프리가 얼마나 자랑스러운지 모른다고 제프리에게 말해주어야 한다고 강요하지 않았다.

제프리의 부모는 그저 제프리가 자신이 새로 발견한 기술을 경험해볼 여유를, 낯선 사람에게 다가가 예상치도 못한 방식으로 자신이 얼마나 기쁘고 자랑스러운지를 표현할 여유를 주었을 뿐이다. 제프리가 어떤 식으로 이런 경험을 주도했는지 주목할 필요가 있다. 제프리는 자신이 걷는다는 소식을 알려주러 낯선 사람에게 다가갔고, 그 과정에서 새로운 능력을 발견했다는 것에 대한 기쁨을 만끽하고 확대해나갔다. 제프리가 그렇게 하는 동안 부모는 부모대로 '열의'에 가득 차 근처에 앉아 있었다. 제프리가 얻은 '정적 강화'는 부모나 주변 사람들의 칭찬이나 보상이 아니라 오직 자신의 행동에서 비롯된 것일 뿐만 아니라 자신의 마음에서 우러난 자연스러운 것이었다. 제프리가 새로 발견한 능력 그 자체가 제프리에게 필요한 보상의 전부였다. 사랑과 인내심이 넘치는 제프리의 부모는 무려 5시간 동안 제프리를 지켜보았고, 우리가 1년 반이 넘는 기간 동안 쌓아올린 이 엄청난 변화를 온전히 즐기고 있었다.

## 🌿 열의를 잃지 말아야 하는 이유 🌿

우리가 내뿜는 열정은 우리뿐 아니라 우리 아이들의 기분, 행동, 심지어 신체적 능력에도 상당한 영향을 미친다. 또한 우리의 열정은 아이의 학습 능력을 확대하는 데 도움이 되기도 한다. 우리의 감정뿐만 아니라 다른 사람의 감정도 우리에게 영향을 미칠 수 있다. 우리가 의식적으로 알아차리지 못하는 때에도 말이다.[6] 이런 감정은 시냅스의 변화를 가져올 수 있으며, 이를 통해 새로운 신경 연결이 활성화되기도 한다.[7] 부정적인 감정은 일반적으로 긍정적인 감정보다 우리 뇌에 더 강력한 영향을 미친다. 예를 들어서, 만약 아이가 아직 할 수 없는 무언가를 하도록 요구받아 반복적으로 실패를 경험한다면 아이는 학습된 무기력을 경험하기 쉽다. 이 무력감은 되돌리기 어렵다. 반면에 아이가 긍정적 감정을 느꼈다면, 그런 감정은 아이의 '학습 스위치Learning Switch'를 켜 새로운 학습 패턴을 통합하거나 각인시키는 데 도움이 된다.[8]

만약 아이가 아직 할 수 없는 무언가를 하도록 요구받아 반복적으로 실패를 경험한다면 아이는 학습된 무기력을 경험하기 쉽다.

얼굴에 드러난 표정이 어떻게 우리의 감정을 전달하고 다른 사람에게 영향을 미치는지를 보여주는 연구는 많다. 두려워하는 표정은 원시 뇌인 편도체에 재빨리 전달되고 우리에게 위험이 감지되었다는 것을 알려주어 우리가 바짝 경계하고 불안감을 느끼도록 한다.[9] 의식적으로 식별할 수 없는 아주 미세한 수준의 두려운 표정만 봐도 가벼운 정도의 불안감이 뇌에 전달된다는 것이 연구를 통해 밝혀졌다.[10] 즉 피험자의 편도체가 미세한 표정까지 인지하고 반응하여 경계심과 불안감을 일으킨 것이다. 우리가 지닌 감정이 이토록 상대방에게 잘 전달된다는 것을 이해한다면 우리가 지니는 '열의'가 아이들에게 얼마나 큰 영향을 미치는지 또한 분명히 알 수 있을 것이다.

예를 들어 우리가 주어진 과제를 성공적으로 해냈을 때, 우리가 경험하는 열의와 자연스럽게 생기는 흥분된 감정은 뇌를 집중하게 하여 그 순간 형성되고 있는 관련 신경 연결을 선별해내도록 한다. 그러면 그 과정에서 생기는 연결들이 강화된다. 우리가 열의를 발산하면 그 감정에서 자극이 발생하고, 우리는 아이들이 이러한 자극을 느낄 수 있도록 도움을 줄 수 있다. 이렇듯 감정을 유발하는 자극은 아이의 뇌를 '동기 부여 상태'로 만들어 뇌의 정보 처리를 조절한다.[11] 신경조절물질인 도파민처럼 뇌에서 만들어지는 화학물질은 시냅스 전달을 촉진하며, 우리 신체 여러 부위에서 움직임을 관장하는 회로 또한 증폭시킨다.

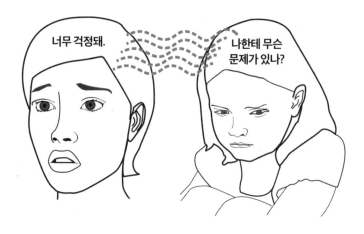

우리의 표정은 우리의 감정을 전달하여 다른 사람들에게 영향을 미친다.

계속해서 실패를 경험할 때 우리는 불안과 스트레스를 느끼게 되는데, 이와 같은 감정은 우리가 아주 기본적인 움직임도 제대로 배우고 수행해내지 못하도록 하는 등 해로운 영향을 미친다. 이러한 감정은 보통 스트레스로 나타나며,[12] 스트레스는 코르티솔[9] 수치를 높인다. 이것이 지속되면 학습과 기억에 관여하는 해마 뉴런을 파괴할 수도 있다. 일시적인 코르티솔 수치의 증가만으로도 중요한 사안을 구분해내는 능력이 떨어질 수 있다. 또한 유아기에 지속적으로 스트레스를 받으면 코르티솔이 지나치게 분비되고, 시냅스 연결이 감소하며, 심한 경우 해마 속의 세포가 사멸하기도 한다. 이는 결국 자기 통제력 약화, 기억력

---

**9** 스트레스에 대항하는 신체에 필요한 에너지를 공급하는 역할을 하는 호르몬

감퇴, 긍정적인 기분 저하 등 여러 가지 기능의 손실로 이어진다. 다행스러운 점은 초기에 일어나는 부정적인 변화가 이후 양육 과정에서 부분적으로나마 개선될 수 있다는 사실이다.

아이는 어른이 느끼는 감정을 그대로 느끼며, 이는 아이의 뇌에도, 학습 스위치에도, 변화하고 향상하는 아이의 역량에도 영향을 미친다. 아이들이 부모와 자신을 돌봐주는 어른의 감정을 그대로 흡수한다는 사실을 받아들이고 기억하는 일은 너무도 중요하다.

아이는 어른이 느끼는 감정을 그대로 느끼며, 이는 아이의 뇌에도, 학습 스위치에도, 변화하고 향상하는 아이의 역량에도 영향을 미친다.

## ❧ 끝까지 열의를 잃지 않는 법 ❧

처음으로 단어를 말한다거나 처음으로 발을 떼는 것과 같이 아이가 명백한 성취를 해냈을 때, 열광하는 것은 쉬운 일이다. 하지만 잘 알려진 중요 발달 단계를 성취했을 때만 열광할 것이 아니라, 작은 변화에서도 '열의'를 느낄 기회를 찾을 수 있어야 한다. 모든 아이는 좀 더 명확한 발달 단계로 나아가는 과정에서 사소하고 별로 중요해 보이지 않는 작은 변화를 셀 수 없을 정도로 많이 경험한다.

아이에게 특별한 장애가 있다면, 아이의 부모 또한 매우 특별해질 필요가 있다. 장애가 있는 아이에겐 그런 부모가 필요하다. 장애가 있는 아이를 가진 부모에게 필요한 자질 중 하나는 아이가 좀 더 크고 명확한 성취를 해내는 과정에서 아주 사소한 변화를 이루어냈을 때 '열의'를 발휘하여 그것을 감지하고 경험하는 것이다. 아이에게 필요한 것은 자신에게 일어나는 아주 작고 사소한 변화와 차이점을 부모가 알아차리고 식별해내는 것이며, 부모는 그러한 능력을 개발해야 한다. 아이는 새로운 기술을 익히려고 노력하는 과정에서 생기는 이런 작은 변화와 차이점의 중요성을 부모가 알고 느껴주기를 바라며 그러한 부모의 능력 또한 필요로 한다. 부모로서의 특별한 임무는 아이의 작은 변화도 예리하게 알아차리는 관찰자가 되는 것이며, 그렇게 된다면 아이의 작은 변화에도 열의를 가질 수 있게 될 것이다.

아이에게 필요한 것은 자신에게 일어나는 아주 작고 사소한 변화와 차이점을 부모가 알아차리고 식별해내는 것이며, 부모는 그러한 능력을 개발해야 한다.

우리 아이가 방금 새로운 뭔가를 해냈다는 것을 알아차리려면 얼마나 많은 증거가 필요한지 스스로에게 물어보자. 많은 증거가 필요 없을수록 더 많이 아이를 믿고 아이에게 힘을 실어주게 된다.

일상적인 활동에서 아이와 상호작용을 하며 아이를 관찰하는 것으로 시작해보자. 얼굴 혈색이 좀 더 붉거나 좀 더 창백하다는 등 평소와는 다르다는 것을 알아차리게 될 수도 있다. 아이의 눈빛이 좀 더 밝아지고 다른 활동에 비해 특정 활동을 할 때 좀 더 기민해진다는 것을 알

아차릴 수도 있다. 다른 핵심 원칙을 사용했을 때 아이의 움직임이 좀
더 부드러워진 것을 알게 될 수도 있다. 아이의 움직임이 조금 전보다
혹은 과거의 특정 시점보다 더 빨라졌거나 느려졌거나 자연스럽지 못
하다는 것을 알게 되었다면, 그것을 기록해두어야 한다. 오늘은 아이
가 하던 일을 멈추고 다른 아이들이 노는 것을 유심히 바라보면서 처음
으로 다른 아이들에게 관심을 보였다는 것을 알아차릴 수도 있다. 이런
순간에 아이의 뇌에서 더 큰 변화로 이어질 수 있는 작은 변화가 일어
나고 있음을 인식해야 한다. 그리고 그 작은 변화 하나하나가 모두 부
모가 '열의'를 발휘할 수 있는 순간임을 잊어서는 안 된다.

　아이의 작은 변화를 인지했다고 해서 그걸 가지고 다른 무언가를 하
려고 해서는 안 된다. 그저 아이의 변화를 알아차리고, 그런 변화가 실
제로 일어났으며 아이의 성장을 위해 잠재적으로 중요성을 지닌다는
것을 알면 된다. 아이에게서 무엇을 감지해내든 아이의 변화를 알아차
리는 데 더 능숙해져야 한다.

● **멘탈 노트를 작성한다**(Taking Mental Notes)
아이들의 변화를 알아차리는 데 익숙해지면, 멘탈 노트를 적는 것이 도
움이 된다는 것을 알게 될 것이다. 아니면 "이것 봐, 방금 고개를 돌리더
니 처음으로 누나를 똑바로 쳐다봤어" 혹은 "앉아 있을 때 골반을 좀 받
쳐주니까 평소에 뻣뻣했던 오른쪽 팔이 좀 더 자유로워졌어" 혹은 "이
활동하다가 다른 활동으로 넘어가니까 성질도 덜 부리고 금방 괜찮아
지네" 등 아이에게서 발견한 변화를 적고 싶어질 수도 있다. 아이에게

서 발견한 것들을 이런 식으로 설명하고 묘사하다 보면 아주 작고 미세한 변화를 포함해서 아이가 어떻게 바뀌고 있는지 스스로도 더 명확하게 알 수 있게 된다.

이렇게 작은 변화까지 기록하다 보면, 아주 짧은 시간 동안 나타났다가 사라진 변화를 얼마나 많이 보고, 듣고, 느낄 수 있는지 놀라게 될 것이다. 또한 이러한 변화를 경험하면서 자신이 열의를 얼마나 발휘하게 되는지도 놀라게 될 것이다. 기회가 있을 때마다 꾸준히 아이의 멘탈 노트를 작성하는 연습해보자. 아이가 집에서 홈 테라피를 받을 때, 일상적인 놀이를 하고 있을 때, 아니면 일상적으로 하는 다른 활동을 할 때에도 아이의 변화나 미세한 향상 등을 기록해보는 것이다. 아이가 변하고 학습하고 있다는 걸 별 어려움 없이 알아차리게 된다면 이 도구를 성공적으로 사용하고 있다고 할 수 있다. 이 도구를 활용하는 데 좀 더 능숙해졌다는 느낌을 받았다면, 하루나 이틀 뒤에 다음의 방법으로 넘어가자.

## ● 힘든 감정을 바꾸어 '열의'를 갖는다
### (Changing Emotions, Generating Enthusiasm)

이제 아이에게 일어나는 작은 변화가 진짜이며, 모든 변화가 중대한 발달 단계로 이어지는 수천 개의 작은 발달 단계의 하나임을 알게 되었으므로, 그러한 변화에 대해 '열의'를 가져야겠다는 마음을 다질 수 있다. 때로는 힘든 순간도 있을 것이다. 하지만 그 순간의 힘든 감정을 바꿀 수도 있다. 다음은 열의를 갖는 데 도움이 되는 네 단계로, 각각의 단계

는 일상적인 활동이나 아이와 같이 하는 활동과 연계될 수 있도록 고안
되었다.

- 1단계: 당신의 '열의'를 가로막는 것은 무엇인지 스스로에게 물어보
자. 아이에게 거는 기대나 꿈과 아이가 지금 실제로 할 수 있는 것 사
이의 간극 때문에 열의를 갖기 어려울 수도 있다. 혹은 아이가 받은
진단명이나 예후에 대해 잘 알고 있기 때문에 열의를 갖기 어려울
수도 있다. 아이가 진짜로 장애를 가지고 있으며 그것이 심각하다는
사실을 부인하라는 것은 아니다. 하지만 그런 상황에서도 아이가 조
금씩 진전을 보이는 과정에서 부모가 곁에 있어주는 것 또한 매우
중요하다.

- 2단계: 당신이 언제 열의의 감정으로 충만한지를 기억해보자. 다소
부정적인 생각이나 감정을 거부하거나 떨쳐버리려고 노력하기보다
언제 만족감을 느끼고 힘이 나는지, 무슨 일이 일어날 때 짜릿함을
느끼는지를 생각해보자. 예전에 경험했던 크고 작은 일일 수도 있
다. 일상의 사소한 일, 오렌지 향기, 봄이 되어 피어나는 꽃을 처음 본
순간, 혹은 일하다가 경험한 작은 성공의 순간에 그런 느낌을 받았
을 수도 있다. 그 순간 당신이 경험한 감각(따뜻함이나 시원함, 시각적
이미지, 소리, 손길, 냄새, 맛 등)을 다시 재현해본다. 그때의 느낌과 감
각을 증폭시키고 그 순간의 경험을 음미하며, 마음이 그 순간으로부
터 달아나지 않도록 5초에서 20초간 그 감정에 온전히 머무는 것이
다. 이와 같은 감정에 집중하면, 기분이 좋아지게 만드는 호르몬인

도파민 분비가 증가하고[13] 해당 기억을 강화해줄 신경세포들이 서로 연결되는데, 그런 연결을 통해 앞으로도 긍정적인 감정에 더 잘 접근할 수 있게 된다. 이 과정을 의식적으로 반복할수록 긍정적인 추억과 기억들은 '열의'라는 '근육'을 만들어주는 자원이 되며, 우리는 언제든 이 자원을 가져다 활용할 수 있게 될 것이다.

- 3단계: 자신의 경험을 바꿔보자. 우선 설거지, 빨래 개기, 장보기 같은 싫어하는 일상적인 허드렛일을 떠올려보자. 이러한 일 중 하나를 하기 직전에 열의를 느꼈던 순간을 떠올리며 가능한 한 온전히 그 감정을 느껴보자. 만족, 기쁨, 안전감, 희망에 찬 느낌, 호기심, 감사, 감탄 등 그 추억과 관련된 긍정적인 감정을 느끼는 것이다. 이러한 감정에 푹 빠져들어 얼마간 이 감정을 잡아둘 수 있게 되었을 때, 평상시처럼 집안일을 시작한다. 그런 후에는 똑같은 집안일이라도 그 경험이 바뀌는지 지켜보자. 자신이 끌어올린 열의의 감정을 유지할 때 늘 하던 설거지가 다른 경험처럼 느껴지는지 살펴보는 것이다. 열의를 상실하게 된다면 잠시 하던 일을 멈추고 다시 과거의 감정을 떠올리는 시간을 갖는다. 그리고 다시 하던 집안일로 돌아간다.

매일 하루에 세 번(원한다면 더 해도 좋다), 한 번에 2~3분 정도 이 연습을 지속해보자. 평소 즐기지 않는 일을 할 때뿐만 아니라 원래 좋아하는 일을 할 때에도 이 방법을 사용해보자. 힘든 상황 속에서도 자신이 열의를 얼마나 잘 만들어낼 수 있는지 스스로도 놀라게 될 것이다.

- 4단계: 자신의 열의를 아이에게 전파해보자. '열의'를 의도적으로 만

들어 유지할 수 있게 되었다면 아이에게서 아주 사소한 변화를 감지한 순간, 그 감정을 적용해보자. 자신이 느끼는 '열의'라는 감정은 내면에서 우러나오는 것임을 떠올리면서 아이가 부모의 이러한 변화에 어떻게 반응하는지 주의를 기울이자. 처음에는 아이들 상당수가 그저 좀 더 행복해하고, 표현력이 더 좋아지고, 좀 더 활기를 띨 뿐이다. 하지만 계속해서 다른 핵심 원칙을 적용하는 동시에 아이의 작은 변화에 열의를 가지고 반응하면, 아이가 가끔은 놀라울 정도로 바뀌는 것을 보게 될 것이다.

때로는 방향을 잃고 이 모든 것이 그저 너무나 많은 숙제처럼 여겨지는 순간도 있다는 것을 나는 너무나 잘 알고 있다. 현실 속에서 맥없이 엎어지기도 한다. 그렇다 할지라도 언제나 열의를 불러일으키며 더욱 단단해져야 한다. '열의'를 갖는다는 건 그저 환상에 빠져 있는 것이 아니다. 즉, 이런 식으로 감정을 되살리고, 그 감정을 강화하고, 그 감정에 접근하는 것은 환상이 아니라 뇌 속의 신경구조에 일어나는 측정 가능한 변화라는 사실은 이미 과학적으로 밝혀졌다.[14]

● **아이를 이끌어줄 리더가 된다**(Become the Leader)
아이에게 일어나는 아주 사소한 변화를 감지해내는 능력을 키워서 커다랗고 명백한 차이뿐만 아니라 사소하고 중요해 보이지 않을 수도 있는 변화를 보고도 기뻐하리라고 마음먹었다면, 아이의 삶을 이끌어줄 리더가 될 수 있다. 아이를 사랑하며 아이에게서 최고의 모습을 바라는 사람들이 너무나 자주 안정감을 얻을 목적으로 아이를 바라본다. 부모가 바라는 안정감을 아이가 줄 것이라고 기대하는 것이다. 하지만 부모는 아이의 리더가 되어야 하며, 아이에게서 안정감을 찾으려 해서는 안 된다.

주어진 과제를 성공적으로 해냈을 때 아이는 기뻐하고 희망에 부풀어 오른다. 반면 부모가 기대하는 바를 못 해내거나 애를 먹고 있을 때, 아이는 언짢은 기분을 느끼고 낙담하며 두려움에 휩싸인다. 불안과 실망감을 느끼고는 "나한테 문제가 있어"라는 메시지를 받게 되는 것이다. 하지만 부모가 먼저 리더십을 발휘한다면, 아이가 느낀 이런 과정을 완전히 뒤집을 수 있다. 물결 위에 몸을 맡기고 떠가는 잎새처럼 매일 마주하는 아이의 장애에 일희일비하기보다 아이를 위한 비전을 갖는 것이다. 부모가 먼저 아이를 이끌어주어야 한다. 아이의 성과와는 별개로, 스스로 내면에서 '열의'를 만들어낼 수 있어야 한다. 이는 위대한 스승과 지도자들의 숨은 비결 중 하나로, 그들은 스스로 하나의 목적을 지닌 거대한 그릇이 되어 다른 사람을 위해 '열의'를 발휘한다.

부모가 먼저 아이를 이끌어주어야 한다. 아이의 성과와는 별개로, 스스로 내면에서 '열의'를 만들어낼 수 있어야 한다.

스스로 '열의'를 만들어내는 데 익숙해지면 당신의 배우자, 할머니 할아버지, 친구, 그리고 낯선 이에게도 리더십을 발휘할 수 있다. 그리고 아이의 선생님, 치료사, 주치의에게도 놀라운 리더십을 행사하는 스스로를 발견하게 될 것이다. 그들에게 리더십을 발휘한다는 것이 그들의 조언을 무시한다는 의미가 아니다. 그들은 모두 아이의 안녕과 미래의 발전을 보장해줄 수 있는 매우 중요하고 반드시 필요한 지식을 지니고 있다. 아이가 우리의 기대치를 충족시켜주지 못할 때에도 우리는 아이를 성장하고 발전을 이루어가는 한 사람으로서 있는 모습 그대로 지켜봐줄 수 있다. 이러한 목적지에 도달하는 유일한 방법은 성장하고 진화할 수 있도록 아이의 뇌와 정신에 힘을 키워주면서 그 방향으로 계속 나아가는 것이다.

## ● 열의와 관대함과 영성을 유지한다(Enthusiasm, Generosity, and Spirituality)

Enthusiasm의 어원은 '신에 의해 영감을 받은' 혹은 '내면에 신을 지닌'이라는 뜻의 그리스어 Enthousia로 거슬러 올라간다. 우리는 지식을 쌓아 명석해지고, 어느 한 분야에 능숙해질 수 있다. 이렇듯 개인적 진화와 성장 과정은 그 자체로도 기적이다. 우리가 알고 있는 것과 우리가 할 수 있는 것은 그저 지금까지 존재한다고 알려진 것의 작은 반점 정도에 지나지 않는다. 사소한 일이든 놀라운 일이든 상관없이 아이가 무언가를 해냈다는 것은 그 자체로 놀랍고 기적적인 일이다. 당신에게도 아이에게도 영감을 불어넣어 이런 기적적인 힘을 불러일으키게 하는 것이 바로 부모의 '열의'다.

다섯 번째 핵심 원칙인 '열의'는 당신의 가슴과 정신과 영혼의 너그러움을 필요로 한다. 아이에게 일어나는 아주 작은 변화를 기꺼이 감지하고, 그 변화에 기뻐하며 그것을 소중하게 여긴다면 이는 너그러운 마음이 작동한 것이라 할 수 있다. 아이가 온전히 목적한 바를 이루고 제대로 해내고 있음을 확인하기 훨씬 전부터 아이와 아이의 변화를 축복하는 것이기 때문이다. 당신의 '열의'를 통해 아이에게 힘을 실어주겠다는 의지는 아이의 성장 과정에 신의 영감을 불어넣어주는 것과 같은 심오한 행위다. 당신의 열의는 아이가 자신만의 천재성에 접근하는 데 분명 도움이 된다. 그리고 이것이 바로 기적으로 가는 가장 현실적인 방법이다.

# 목표를
# 유동적으로 설정한다

: 태어나 한 번도 말하지 않던 알렉사의 첫 "YES!"

우리가 정복해야 할 것은 산이 아니라 우리 자신이다.

**_에드먼드 힐러리**

아이가 태어나기도 전부터, 우리는 의식하든 의식하지 않든 아이를 위한 목표를 세운다. 우리는 아이가 똑똑하기를 바라고 성공하기를 바란다. 그리고 당연히 아이가 건강하고 행복하기를 바란다. 아이를 위한 우리의 목표는 아주 원대할지도 모른다. 어떤 부모들은 아이가 태어나기도 전에 아이를 유치원에 등록한다. 또 어떤 부모들은 아이가 좋은 성적을 받고, 최고의 고등학교에 진학해서 일류 대학을 졸업할 수 있도록 아이를 위한 분명한 학업 목표를 세운다. 어쩌면 우리는 우리 아이가 돈을 많이 벌고, 좋은 사람을 만나 결혼을 하고, 잘 정착하여 살며 근처에 가정을 꾸리기를 바랄지도 모른다.

이런 목표는 아이가 건강하고 자신의 몸을 아무 문제없이 잘 사용하며 아이의 체질과 생김새가 우리와 아주 비슷할 것이라는 가정에서 비롯된 것이다. 하지만 아이가 부모의 생각과 다르다는 것, 다시 말해 아이에게 장애가 있다는 것을 알게 되는 순간, 우리의 세계는 엉망이 된다. 그리고 그때까지와는 전혀 다른 종류의 질문을 던지기 시작한다. 이 진단이 우리 아이의 미래에 의미하는 바가 뭐지? 아이를 위해 어떤 목표를 잡아야 할까? 그 나이에 맞는 발달 단계를 성취할 수 있도록 목표를 잡아야 하나? 우리가 세운 목표에 아이가 미치지 못하면 어떡하지? 내가 부모로서 제대로 하지 못해 이런 일이 생긴 걸까? 아이에게 계속 과제를 주고 해내도록 시켜야 할까? 좀 더 아이를 밀어붙여야 하나? 내가 어떤 식으로 아이의 발달에 개입하는 것이 최선일까? 아이가 목표를 달성할 수 있도록 계속 밀어붙여서는 안 된다면, 이는 내가 우리 아이를 포기해야 한다는 의미인가? 내가 아이에게 바랄 수 있는 것은 무엇이고, 아이가 이러한 기대치에 도달할 수 있게 하려면 나는 어떤 도움을 줘야 할까?'

다른 수천 명의 아이들과 같은 진단을 받았다 하더라도 모든 아이는 제각각 다 다른 유일무이한 존재다. 이번 장에서는 각각의 특별한 상황에 딱 맞는 질문에 답하는 방법을 제시하며 부모와 아이에게 자신감을 불어넣어줄 방법에 대해 알아볼 것이다. 말하자면, 이는 아이를 위한 목표를 세우고 아이가 그 목표를 성취할 수 있도록 돕기 위한 최고의 방법에 대한 것이다.

우리는 모두 개인적인 목표를 추구했던 경험을 가지고 있으며, 목표를 정하는 것이 얼마나 중요한지 잘 알고 있다. 목표를 이루는 데 가장 흔히 추천되는 방법은 목표를 이루기 위해 가능한 열심히 노력하는 동시에 그 목표로 관심을 제한하여 오직 그 목표에 집중하는 것이다. 이러한 접근법은 "자, 해보는 거야", "목표에서 눈을 떼지 마", "고통 없이 얻을 수 있는 것은 없다", "절대 포기하지 말고, 절대 항복하지 마"와 같은 표현에서 잘 드러난다. 하지만 장애가 있는 아이를 돕고자 할 때 이러한 접근법은 역효과를 가져올 수도 있다. 강압적이고 융통성 없는 방식으로 너무나 완고한 목표를 고집하는 것은 아이를 낫게 하기 보다는 오히려 아이를 더욱 제약할 수 있다.

다행히 아이를 위한 목표를 설정하는 또 다른 방법이 있다. 이는 뇌, 신체, 정신이 작동하는 방식뿐 아니라 아이가 배우고 변화하는 방식과 훨씬 더 잘 어울리는 방법이다. 그것은 바로 목표를 느슨하게 잡음으로써 다른 방식으로는 어림도 없어 보이는 가능성에 계속 문을 열어두는 것이다. 이 방법을 통해 아이는 더 많은 것을 성취하면서도 고통은 덜받을 수 있다. 목표를 느슨하게 잡는다는 것은 명확한 의도를 갖되 강압적이지 않은 방식과 유연한 태도로 아이를 위한 목표에 접근하는 것을 의미한다.

목표를 느슨하게 잡는다는 것은 간접적이고, 자유방임적이며, 통제 불가능해 보이고, 심지어 원하는 결과를 얻기에는 무모한 방법처럼 보일 수도 있다. 우리는 무슨 목표든 지금 당장, 가장 빠르게, 가능한 최소한의 과정과 노력으로 아이가 목표를 성취할 수 있도록 돕는 데 너무나 익숙해져 있다. 우리는 종종 이것이 목표에 이르는 유일한 방법이라고 믿는다. 아이가 실패하기라도 하면, 이전보다 훨씬 더 목표에 집중해야 한다고 생각한다. 아이가 목표를 이루도록 하려면 훨씬 더 완강해져야 하고, 좀 더 수련해야 하며, 더욱 외골수가 되어야 한다고 생각하는 것이다. 좀 더 노력하고 더 많이 시도한 후에도 아이가 여전히 주어진 목표에 도달하지 못하면, 우리는 대부분 아이의 장애가 성공을 가로막고 있으며, 우리에게는 아무 잘못도 없다는 생각을 하기도 한다.

목표를 느슨하게 잡음으로써 다른 방식으로는 어림도 없어 보이는 가능성에 계속 문을 열어두는 것이다. 이 방법을 통해 아이는 더 많은 것을 성취하면서도 고통은 덜 받을 수 있다.

앞으로 살펴보겠지만 역설적이게도 다른 방식으로는 불가능할지도 모르는 비약적인 발전을 이룰 수 있는 방법은 아이를 위한 목표를 느슨하게 세우는 것. 즉 목표를 향한 유연한 태도를 갖는 것이다. 목표를 느슨하게 세우는 법을 배우면, 아이의 특수한 상황과 관례적인 예측에 따라 우리가 쉽게 받아들이고 있는 제약이 상당수는 틀렸다는 사실을 알게 될 것이다. 이 과정에서 우리는 좀 더 즐겁게 아이와 합심하여 노력을 기울이게 될 것이다. 그러면서 아이를 하나의 프로젝트로 보기보다는 자신의 감정과 욕구, 자신만의 삶의 여정을 지닌 온전한 인간으로 보게 될 것이다.

# 목표를 바꾸면 운명이 달라진다

수련생들에게 '유동적 목표Flexible Goals'에 대한 개념을 설명할 때, 나는 종종 다음의 이야기를 들려준다. 칼라하리 사막의 개코원숭이들은 물이 있는 최고의 장소를 알고 있고, 그 위치를 인간과 다른 동물들에게 숨길 만큼 충분히 똑똑하다.[1] 놀라운 능력이 아닐 수 없다. 원주민 사냥꾼이 물이 있는 곳을 찾고 싶을 때는 먼저 개코원숭이들이 즐겨 찾는 커다란 개미둑이 어디 있는지부터 알아본다.

원주민 사냥꾼은 암석처럼 생긴 점토 모양의 개미둑에 개코원숭이의 손이 겨우 들어갈 만한 크기의 구멍을 내고는 그 구멍 안에 개코원숭이가 좋아하는 씨앗 몇 개를 넣어둔다. 원주민 사냥꾼이 사라지면 호기심 많은 개코원숭이가 다가와 씨앗을 빼내기 위해 구멍에 손을 밀어 넣는다. 그러고는 씨앗을 잡아 주먹을 쥔 채 손을 빼내려고 한다. 하지만 개코원숭이는 씨앗을 움켜쥔 손을 펴지 않고는 그 구멍에서 손을 빼낼 수 없다. 사냥꾼들이 개미둑에 만들어놓은 덫에 갇힌 셈이다. 당황한 개코원숭이가 더욱 심하게 손을 잡아당기지만 아무 소용이 없다. 사냥꾼이 다가가면 개코원숭이는 패닉 상태가 되어 두려움에 소리를 지르고 심지어 그곳에서 벗어나기 위해 공중제비를 넘는다. 하지만 손을 펴 씨앗을 놓지 않은 채 여전히 도망가지 못하고 갇혀 있다.

결국 개코원숭이를 잡은 사냥꾼은 개코원숭이에게 계속 소금을 먹인다. 다음날 아침 사냥꾼이 개코원숭이를 풀어주면, 이 개코원숭이는 타는 갈증을 해소하기 위해 물이 있는 장소를 향해 내달린다. 의도치 않게 사냥꾼을 물이 있는 장소로 안내하는 셈이다.

개코원숭이가 주먹을 펴서 씨앗을 놓아버렸다면 그런 상황에 처하지 않았을 것이다. 하지만 개코원숭이의 뇌는 씨앗을 소유하겠다는 욕구를 뛰어넘을 정도로 자유를 갈망하지도 않았고 복잡한 진화의 과정을 거치지도 않았다. 개코원숭이는 자유를 잃고 생존마저 위협당하면서도 씨앗이라는 목표에만 집착했다.

우리는 대부분 초점을 좁혀서 한 가지 목표를 추구하는 것이 바람직하다고 배워왔다. 그래서 아이가 해내야만 하는 것을 시키려고 부단히 애를 쓴다. 아이가 해내야 하는 특정 목표를 성취하는 데만 너무 집중하면 우리도 아이도 새로운 기회와 감정, 경험, 정보에 둔감해진다. 결국 아이도 자기 자신도 한계 안에 가두고 있는 셈이다. 목표에만 지나치게 집중하면서 그에 따른 바라지 않는 결과가 생길 수도 있다는 것을 대개 간과한다. 심지어 아이의 행복도 우리의 행복도 등한시하게 될 수도 있다.

아이가 해내야 하는 특정 목표를 성취하는 데만 너무 집중하면 우리도 아이도 새로운 기회와 감정, 경험, 정보에 둔감해진다.

아이를 위해 목표를 설정하는 것은 중요하다. 목표가 없으면 아이는 대부분 어떤 성과도 이룰 수 없을 것이다. 아이가 겪고 있는 장애는 진짜다. 자신의 제약을 극복하기 위해 아이에게 가장 필요한 것은 뇌의 잠재력을 최대한 끌어내는 것이다. 그러나 아이의 뇌가 최고의 잠재력을 발휘하도록 돕기보다 주먹을 펴지 않아 스스로 갇혀버린 개코원숭이처럼 너무나 엄격하게 목표를 성취하는 것에만 몰두한다면, 아이의 뇌는 어떤 창의적인 작업도 하지 못한 채 원시적인 수준으로 활동하는 데 머물러 있을 것이다.

## ❧ 우리 아이는 언제쯤 말할 수 있을까요? ❧

알렉사가 나에게 레슨을 받기 시작한 것은 알렉사가 두 살 반 즈음 되었을 때였다. 알렉사의 증상은 상세불명의 발달 지연이었다. 알렉사는 자발적인 움직임이 거의 없는 매우 불행한 작은 소녀였다. 눈은 사시였고, 입을 다물지 못했으며, 대부분의 경우 입 안에서 혀를 움직이지 못했고, 침을 흘렸다. 알렉사의 부모가 당장 바라는 목표는 알렉사가 뒤집고, 앉고, 기고, 다른 사람들의 말에 반응을 보이는 것이었다.

  나에게 오기 전에 알렉사는 곧바로 이러한 목표를 성취하기 위해 노력하는 수많은 치료사를 거치며 집중적인 재활치료를 받았다. 그들은 알렉사가 기거나 앉는 등의 움직임과 기본적인 자세를 취하게 하기 위해 다양한 방법을 시도했지만 성과가 거의 없었다. 1년 반 동안 알렉사의 부모는 이러한 노력이 알렉사에게 도움이 되기를 바랐다. 하지만 시간이 지날수록 딸에게 거의 진전이 없다는 것을 깨닫고 다른 접근법을 찾기 시작했다. 그들은 뚜렷한 목표를 설정하고 그것을 이루기 위해 노력하는 방식에서 벗어나 우리의 접근법을 시도해볼 준비가 되어 있었다.

우리는 무엇이든 알렉사가 할 수 있는 것에서 시작하여 알렉사의 뇌가 깨어나게 하는 것을 목표로 삼았다. 이 방법이 알렉사의 뇌가 작은 변화의 차이점을 구별해내고 작은 변화를 창조해내는 데 도움이 되는 기회를 열어주리라고 생각했다. 그리고 이 작은 변화에서 더 커다란 획기적인 사건이 일어날 수 있다고 생각했다. 나는 알렉사의 부모에게 아이가 현재 할 수 있는 수준의 가장자리에서 시작하는 '차별화 과정'에 대해 설명했다.

우리는 무엇이든 알렉사가 할 수 있는 것에서 시작하여 알렉사의 뇌가 깨어나도록 하는 것을 목표로 삼았다.

알렉사의 부모가 이러한 작업 방식을 완전히 받아들이기까지 시간이 어느 정도 걸렸다. 알렉사가 분명한 목표를 이룰 수 있도록 다양한 방법을 시도해봐야 하는데, 그것을 중단하는 것이 무섭게만 느껴졌을 것이다. 하지만 곧 그들은 딸에게서 전에 없는 작은 변화를 보게 되었다. 알렉사의 부모는 심각한 장애에도 불구하고 알렉사가 똑똑한 아이이며 배울 수 있는 능력이 있음을 처음으로 깨닫게 되었다. 우리는 이런 방법으로 알렉사와 2년 반 동안 작업했다. 의도적으로 명확한 목표를 세우기보다 유연하게 목표를 설정했다. 이는 반복적으로 알렉사의 뇌가 자유롭게 새로운 가능성에 깨어날 수 있도록 하는 것이었다. 알렉사의 뇌 속에서 일어난 아주 다양하고 작은 변화를 통해서, 알렉사는 뒤집고, 기고, 결국에는 서서 걷는 법을 배웠다. 알렉사의 능력이 향상되면서 알렉사에게는 여러 가지 변화가 일어났다. 알렉사는 행복해졌고, 누가 봐도 똑똑하고 사랑스러운 아이가 되었다. 알렉사는 내가 처음 보았을 때의 모습과는 전혀 다른 아이로 성장하고 있었다. 알렉사는 자신과 같은 진단을 받은 아이들에게서 기대할 수 있는 모든 범위를 훌쩍 뛰어넘었다.

## ❧ 말하기를 거부하는 아이 ❧

이러한 목표를 이루었지만 알렉사는 여전히 '네'라는 의미로 "아"라고 말하는 것을 제외하고는 말을 하지 않았다. 알렉사가 유치원에 다니기 시작하면서, 알렉사의 부모는 알렉사에게 말하기를 시켜야 한다는 압박감에 시달렸다. 이는 그들이 알렉사를 위해 세운 집중적인 목표가 되었다. 학교 측에서는 언어 치료를 받을 것을 강력하게 권했다. 알렉사의 부모와 이 문제로 이야기했을 때, 나는 알렉사가 어떻게 뒤집고, 앉고, 기고, 걷게 되었는지를 상기시켜주었다. 엄격한 목표에서 벗어나 작은 변화를 만들어내기 위해 아이가 현재 할 수 있는 수준에서 작업을 시작해야 했다. 그래야 비로소 알렉사의 뇌는 그것을 받아들이고 이해할 수 있을 터였다. 나는 언어치료사가 발화에 대한 목표를 느슨하게만 유지한다면 언어 치료도 괜찮을 것이라고 알렉사의 부모에게 말했다. 무엇보다 알렉사에게 무의미한 반복 연습을 시키는 것과 직접적이고 완강한 방식으로 아이에게 발화를 요구하는 것을 완전히 배제해야 한다고 거듭 강조했다. 가능하면 알렉사의 뇌가 현재의 패턴에 더욱 갇혀 아이의 발화를 더욱 어렵게 만들어버리는 상황은 피하라고도 말했다. 알렉사의 부모도 이에 동의했다.

그 후로 수개월 동안 나는 알렉사를 보지 못했다. 그러다가 알렉사의 엄마에게서 이메일을 하나 받았다. 메일에는 새로운 언어치료사를 찾은 데 만족한다는 말과 함께 다음과 같은 내용이 적혀 있었다. "치료사들이 정말 멋진 발전을 이뤄내고 있긴 한데 … 알렉사가 아직 말을 하지 않아요. 치료사가 말하길 알렉사의 얼굴 근육이 약하다고 하더라구요." 알렉사의 엄마는 내가 "얼굴 근육을 강화하는 데 도움이 될 만한" 레슨을 해줄 수 있는지 알고 싶어 했다. 덧붙여 알렉사의 엄마는 너무나 사랑스러운 이 아이가 처음으로 심각한 문제 행동을 보인다고도 썼다. 알렉사는 누구도 쉽게 진정시킬 수 없을 만큼 심하게 성질을 내고, 부모님이나 선생님의 지시를 따르지 않고 있었다. 알렉사의 부모는 완전한 상실감에 빠져 있었다.

나는 답장을 보내 알렉사의 엄마에게 말했다. "나로서도 알렉사의 얼굴 근육을 조절하거나 고칠 도리가 없습니다. 나는 근육이 아니라 뇌와 작업할 뿐입니다." 그러고는 "그 언어 치료가 점점 효과를 발휘하고 있다면, 어째서 알렉사에게 진전이 없는 걸까요?"라고 물었다. 하지만 결국 알렉사의 뇌가 말하기라는 매우 복잡한 기술을 해내는 데 내가 도움이 될 수 있을지 확인해보기 위해 알렉사와 두 번의 레슨을 하는 데 동의했다. 내가 도움이 될 수 있을지 없을지는 나도 전혀 알 수 없었다.

레슨을 받기 위해 알렉사가 들어왔을 때, 알렉사는 조금 주저하는 모습을 보였다. 하지만 알렉사를 내 작업 테이블 위에 앉히자 알렉사는 나에게 기댔고 우리는 서로를 끌어안았다. 분명한 것은 내가 알렉사에게 억지로 말하기를 시키지 않을 거라는 사실이었다. 나는 '너에게 발화를 기대하지 않아. 그러니 안심해도 돼'라고 알렉사가 느낄 수 있도록 최선을 다할 생각이었다.

나는 알렉사에게 말을 해보라고 하는 대신 내가 말하고 또 말했다. 우선 알렉사를 다시 봐서 얼마나 기쁜지를 알렉사에게 이야기해주었다. 내 입에서 단어가 홍수처럼 술술 쏟아졌다. 그러면서 일부러 알렉사에게 지금 유치원에 다니고 있는지 물어보았다. 나는 답을 기다리거나 바라지 않았다. 나는 계속해서 바로 말을 이어갔다. 하지만 알렉사는 그렇다는 의미로 자신의 머리를 끄덕였다. 나는 "이야, 멋진데"라고 말해주었다. 그러고는 내 딸아이의 유치원에 대해서 알렉사에게 말해주었다. 어느 부분에서는 알렉사의 유치원도 그런지도 물어보기도 했다. 이번에도 나는 대답을 기대하거나 기다리지 않았다. 놀랍게도 알렉사는 매우 작은 목소리로 "네"라고 대답했다. 완벽한 발음은 아니었지만 알렉사는 분명 "네"라고 말하고 있었다.

나는 특별한 일이 아닌 것처럼 행동했지만, 알렉사에게 말을 하라고 요구가 않을 때, 그리고 알렉사가 굳이 말하려고 애쓰지 않을 때 "네"라는 단어가 튀어나왔다는 것을 알 수 있었다. 알렉사와 나는 연결되어 있었다. 알렉사는 레슨에 완전히 몰입하고 있었고, 우리 모두 지금 당장 말을 해야 한다는 목표에서 멀리 물러나 있었다.

놀랍게도 알렉사는 매우 작은 목소리로 "네"라고 대답했다. 완벽한 발음은 아니었지만 알렉사는 분명 "네"라고 말하고 있었다.

그러고 나서 나는 대화할 때의 리듬과 억양은 있지만 실재하지 않는 단어를 사용해서 아무 의미 없는 음절을 내뱉기 시작했다. 이런 식으로 우리의 수업을 '알렉사의 발화'라는 최종 목표로부터 완전히 분리해놓았다. 나는 알렉사를 배를 깔고 눕힌 후 알렉사가 등과 횡격막을 자유롭게 움직이면서 좀 더 온전히 숨 쉴 수 있도록 등, 갈비, 척추에 공을 들였다. 알렉사는 나와의 수업을 언제나 좋아했다. 알렉사는 조용히 누워 자신의 몸에 들어오는 감각에 신경을 기울였다. 또한 말도 안 되는 나의 수다에도 매료된 듯 보였다. 몇 분간 휴식을 취한 후에 놀랍고 기쁘게도 알렉사가 아무 의미 없는 소리를 내는 것을 들을 수 있었다. 알렉사가 소리를 내는 것을 멈추자, 나는 나대로 이상한 소리를 내는 것으로 응했다. 그러고 나서 우리는 이처럼 무의미하고 이상한 소리로 대화를 계속 이어갔다. 마치 우리가 실제로 어떤 말을 하는 것처럼 완벽한 억양을 사용했지만, 우리가 하는 말 중에 실제로 사용되는 단어는 없었다.

알렉사도 분명 나와의 대화를 즐기고 있었다. 어느 순간, 나는 (진짜 단어가 아닌 내 목소리의 억양을 사용해서) 알렉사에게 말도 안 되는 질문을 했고 알렉사는 아주 정확하게 "네"라고 답했다. 그러더니 알렉사가 다시 나에게 아무 의미 없는 질문을 던졌고, 나는 "아니"라고 답했다. 레슨을 시작하고 30분 뒤, 나는 이것으로 충분하다고 느꼈다. 나는 알렉사를 기진맥진하게 만들고 싶지 않았고, 알렉사의 뇌가 새로 발견한 이

기술을 억제하고 싶지도 않았다.

나는 알렉사를 세워 앉히고는 수업이 끝났으니 이제 집에 갈 시간이라고 말했다. 알렉사가 나를 쳐다보더니 자신의 오른손 검지로 나를 가리키며 아주 큰 목소리로 말했다. "싫어요(No)!" "싫어요"라고 말하는 것은 알렉사에게 새로운 일이었다. 나는 웃으며 내 검지로 알렉사를 가리키며 똑같이 큰 목소리로 말했다. "가야지(Yes)."

떠나기 전에 나는 내가 알렉사와 수업을 하는 두 달간은 알렉사의 선생님을 포함해서 알렉사의 삶에 영향을 미칠 수 있는 모든 사람들이 절대로 알렉사에게 말하기를 억지로 시켜서는 안 된다는 사실을 알렉사의 엄마에게 분명하게 각인시켰다. 이는 몇 주 동안 알렉사의 언어 치료를 연기해야 한다는 것을 의미했다. 딸에게 일어난 변화를 목격하고 깊이 감동한 엄마는 즉시 그렇게 하겠다고 했다.

알렉사와 엄마가 떠나고 몇 초 뒤에 놀라운 일이 벌어졌다. 알렉사가 내 사무실로 다시 뛰어와 나를 손가락으로 가리키며 거의 고함지르다시피 말했다. "No, no, no!" 나도 알렉사를 가리키며 말했다. "Yes, yes, yes!" 알렉사의 엄마와 나는 알렉사의 새로운 능력에 놀라워하며 서로를 바라보았다. 알렉사는 새장에서 벗어난 새와 같았다. 자신이 새롭게 얻은 자유를 축하했고 자신에 대해서도 매우 기뻐했다. 나는 결국 현관까지 나와 알렉사를 배웅하며 내일 다시 볼 것이라고 알렉사를 안심시켰다.

## ⚜ 엉터리 대화로 말문이 열리다 ⚜

다음날 알렉사가 들어와서는 지난 시간에 나와 했던 말도 안 되는 대화를 당장에 재개했다. 아무런 의미도 없는 나와의 대화를 기다리고 있었던 것이 분명했다. 알렉사는 이미 계획이 있었다! 조금 지나고 나서, 무의미한 소리의 대화가 이어질 때 나는 아주 조금씩 진짜 단어를 섞어서 사용하기 시작했고, 조금 뒤에 또 다른 진짜 단어를 사용하기도 했다. 처음 나의 우려는 진짜 단어를 사용하면 알렉사의 말하기가 중단될지도 모른다는 것이었다. 하지만 알렉사도 나와 마찬가지로 진짜 단어를 사용하기 시작했다.

　알렉사가 다니는 학교의 선생님들이 말하길, 이렇게 나와 단 두 번의 레슨을 가진 후 묻거나 요청하지 않아도 알렉사가 이따금씩 두 세 개의 단어로 이루어진 문장을 불쑥 말한다고 했다. 분노에 찬 공격성을 보이며 엄청나게 성질을 부리던 것도 완전히 사라졌다. 우리와 3개월을 보내고 난 후, 다른 사람이 알렉사에게 말해보라고 재촉하거나 조르지 않아도 알렉사는 더 긴 문장을 또렷하게 말했고 말도 더 자주 했다. 알렉사를 위해 했던 모든 보살핌과 배려가 그토록 바라던 최종 목표에서 시선을 돌렸을 때, 알렉사는 그때서야 비로소 배우고 성장할 수 있었다. 즉, 알렉사가 이미 할 수 있는 것의 가장자리에서 '유동적인 목표'를 세우고 목표의 범위를 더 넓혀주었을 때, 그리고 거기에서 생긴 작은 변화의 차이점을 식별하고 그러한 변화를 만들어낼 수 있는 방법을 찾아냈을 때 알렉사는 비로소 배우고 성장했다.[2]

# 성공의 경험이 큰 변화를 가져온다

성공을 경험하는 것은 변화하고 성장하는 아이의 능력에 아주 결정적인 역할을 한다. 이 말은 정확히 무슨 의미일까? 크든 작든, 의도했든 의도하지 않았든 아이가 어떤 행동을 했는데 자신이 생각하기에 재밌고 흥미로운 결과가 나온다면, 그것이 바로 성공의 경험이다. 예를 들어, 아기가 엄마 머리카락을 잡고 그냥 한 번 당겨봤는데 엄마가 "아야!"라고 말하는 것을 들었다. 아기는 엄마가 낸 소리에 놀라며 기뻐한다. 아이가 이런 성공을 경험할 때, 아이의 뇌는 성공으로 이어진 이 패턴을 더욱 강화하려고 한다. 아이의 뇌가 커지는 것이다. 이 경험을 통해 아이는 깨어나고, 더욱 생동감을 갖게 되며, 더 잘 그리고 더 빨리 배우게 된다.

크든 작든, 의도했든 의도하지 않았든 아이가 어떤 행동을 했는데 자신이 생각하기에 재밌고 흥미로운 결과가 나온다면, 그것이 바로 성공의 경험이다.

성공은 기분 좋은 것이다. 성공은 아이의 힘을 북돋워준다. 또한 성공은 또 다른 기폭제로, 뇌가 다음과 같은 사실을 알아차릴 수 있도록 표시해준다. "방금 네가 한 것은 가치 있는 거야. 앞으로 계속 사용할 수 있게 이걸 잘 새겨둬." 성공은 성공을 낳는다. 아이들이 경험하는 성공은 대부분의 어른들이 일반적으로 성공이라고 생각하는 것과는 다르다. 왜냐하면 아이들이 경험한 성공은 명확하지도 않고, 걷기나 말하기 등 발달 단계상의 표현처럼 완벽한 형태의 성취가 아니기 때문이다. 하지만 작은 성공의 경험이 쌓이고 쌓여 거대해지면 아이는 더 큰 성취를 이룰 수 있는 단계로 나아간다. 이러한 종류의 성공의 경험은 아이가 현재 할 수 있는 능력의 수준에서만 일어날 수 있다. 기는 아이가 바로 줄넘기를 하는 단계로 뛰어넘어갈 수는 없다. 하지만 평평한 바닥을 기는 것에서 바닥에 있는 장애물을 헤치고 기는 것으로 발전할 수는 있다. 이 원칙을 이해하는 것, 즉 아이가 현재 할 수 있는 수준에서 일어나는 성공을 이해하는 것이 아이를 돕고자 하는 과정에서 무엇보다도 중요하다.

특별한 도움을 필요로 하는 아이는 뇌가 깨어나서 자신의 상황에 딱 맞는 해결책을 알아차릴 수 있는 작은 성공의 경험을 아주 아주 많이 필요로 한다. 자신의 현재 능력 범위를 훨씬 웃도는 것을 해보라는 요청을 받았을 때, 아이의 뇌는 그 문제를 해결해내지 못한다. 그러고는 실제로 그 기술을 배우는 것을 중단해버릴 것이다.

유동적인 목표를 세우라는 것은, 성공과 변화의 경험 가까이에서부터 시작해야 한다는 뜻이다. 아이가 현재의 능력 수준에서 쉽게 접근할 수 있는 곳에서 시작해야 한다. 아이가 다른 사람과 잘 지내지 못하거나, 혹은 제대로 서거나 걷지 못한다면 아이가 현재 할 수 있는 범위 안에서 그 해결책을 찾을 수 있다. 그럴 때 아이는 성공을 경험할 수 있는 기회를 얻는다.

유동적인 목표를 세우라는 것은, 성공과 변화의 경험 가까이에서부터 시작해야 한다는 뜻이다. 아이가 현재의 능력 수준에서 쉽게 접근할 수 있는 곳에서 시작해야 한다.

## ❧ 일상 속에서 유동적 목표 설정하기 ❧

자녀를 내게 처음 데리고 온 부모들은 종종 나에게 이런 질문을 한다. "아이가 언제 걸을 수 있을까요?" "아이가 말을 할 수는 있을까요?" 이런 질문을 받을 때마다 마음속으로 대답을 찾아보지만 언제나 똑같은 대답이 떠오른다. "저도 모릅니다. 만약 자동차 정비공이 고장 난 자동차 엔진을 수리해서 차를 다시 달리게 하는 것처럼 지금 당장 언제쯤 아이가 걷고 말할 수 있는지 대답하거나 곧바로 당신의 아이를 걷게 하거나, 말하게 하거나, 과잉행동을 멈추게 할 수 있는 방법은 없습니다. 분명한 건 아이도 저도 실패할 것이란 사실입니다."

하지만 내가 확실히 아는 것도 있다. 만약 내가 아이와 연결되어 아이가 차이점을 식별해낼 수 있도록 도울 수 있다면, 아이가 새로운 것을 따라하는 데 성공하도록 도울 수 있다면, 자신의 현 위치에서 시작함으로써 성공이라 일컬을 수 있는 새로운 뭔가를 경험할 수 있도록 도울 수 있다면, 아이에게 진전이 있을 것이라는 점이다. 또한 이러한 진전이 계속된다면, 아이는 결국 더 높은 수준의 발달 단계에 도달할 수 있을 것이다.

나의 대답을 들은 부모들은 처음에는 다소 혼란스러워한다. 그도 그럴 것이 아이의 진전을 측정할 수 있는 유일한 방법은 표준 발달 단계표에 의한 것이기 때문이다. 부모들은 대개 아이를 도울 수 있는 유일한 방법은 아이가 발달 단계표상의 평균 목표에 도달할 수 있도록 연습시키는 것이라 믿는다. 그러면 나는 내가 추구하는 것은 지금 이 순간 아이가 처해 있는 상태를 파악하고 그와 비슷한 수준에서 아이에게 변화를 일으키는 것이라고 분명하게 말한다. 즉, 내가 원하는 것은 아이의 움직임과, 생각과, 감정을 한층 더 확장시켜줄 변화를 이루어내는 것이다. 이런 변화는 아이가 그다음 발달 단계에 이르기 위해 반드시 해야 하는 것을 뇌가 해내고 있는 중임을 의미한다. 따라서 아이에게 도움이 되려면 '유동적인 목표'를 가져야 하며 그러기 위해서는 발달 단계표에서 시선을 돌릴 필요가 있다는 사실 또한 분명하게 말한다. 내가 눈여겨보는 점은, 내가 아이에게 어떤 행동을 했을 때 아이가 어떤 반응을 보이는지이다. 비록 아주 작은 반응일지라도 나는 아이의 참여를 기대한다. 또한 아이가 성공의 경험을 하고 있는지, 성공에서 오는 아이의 다양한 표현 속에 기쁨이 담겨 있는지를 살펴보려 한다.

골프 선수인 친구 한 명이 '놓여 있는 대로 쳐라Play it as it lays'라는 골프의 기본적인 규칙에 대해 나에게 설명해준 적이 있다.[3] 장소를 불문하고 공이 떨어진 곳에서 그 공을 쳐야 한다는 의미다. 이 말은 조앤 디디온Joan Didion의 책 제목으로도 유명하다. 이 말을 '유동적인 목표'에 적용해보면, 언제나 아이가 현재 있는 곳에서 아이와 연결되어야 한다는 것을 의미한다. 지금 이 순간 아이가 무엇을 할 수 있는지를 찾고 그 능력과 비슷한 수준에서부터 성공을 이끌어낼 수 있는 방법을 찾아야 한다. 그래서 아이의 뇌가 발달로 이어지는 자신에게 꼭 맞는 길을 찾을 수 있도록 도와주어야 한다. 원대한 목표와 발달 단계표가 우리의 마음을 차지하게 해서는 안 된다. 걷기, 말하기, 사교성, 읽기, 쓰기 등 아이가 결국에는 이뤘으면 하는 목표를 분명하게 하되, 그 목표를 아주 느슨하게 잡는 것이다. 다른 이들이 만들어놓은 발달 단계표가 당신과 아이가 함께하는 활동을 쥐락펴락하게 해서는 안 된다.

이렇듯 작은 변화가 쌓이고 쌓여 장애가 있는 아이들이 자신만의 발달 수준에, 보통은 자신에게 딱 맞는 발달 단계에 이르게 되리라는 사실을 나는 알고 있다. 일반적으로 아이들의 발달 단계표에 압박감을 느끼지 않고 그것에 휘둘리지 않을 때 비로소 아이들에게서 놀랍고 위대한 진전을 목격할 수 있을 것이다.

## 🌿 유동적 목표를 세워야 하는 이유 🌿

빡빡한 목표의 한 가지 예는 터미 타임이라는 것을 아이에게 시키는 것으로, 이는 아기가 혼자서 뒤집기를 하기도 전에 배가 바닥에 닿도록 아기를 엎드려 놓는 것이다.[4] 터미 타임을 옹호하는 주장은 이것이 아이의 신체를 더 튼튼하게 해주어 뒤집기나 기기, 서기와 같은 발달 단계에 아이가 더 빨리 도달할 수 있다는 것이다. 이러한 관행에 대한 일부 초기 문헌은 터미 타임을 빨리 거친 아이일수록 다른 발달 또한 더욱 빨리 성취할 수 있으며, 따라서 더욱 성공적인 삶을 보장할 것이라고 말한다.

하지만 실제로 아이들에게 억지로 터미 타임을 갖게 하면 아이가 보통 등으로 경험해야 할 무목적성의 활동이 이루어지지 않는다. 이러한 무목적성의 활동이 차별화 과정과 뇌의 발달을 위해 얼마나 중요한지 기억할 것이다.

많은 추적 연구가 터미 타임을 한 아이들의 장기적 효과를 면밀히 살폈다.[5] 연구를 통해 이 아이들이 배에서 등으로 뒤집기, 배밀이 기기, 네발 기기, 손 짚은 상태로 앉기를 터미 타임을 하지 않은 아이들보다 세 달이나 빨리 배웠다는 사실이 밝혀졌다. 하지만 흥미로운 점은 이렇듯 초기에 발달이 빨리 이루어졌다고 해서 이후에도 더 빨리 발달 단계 표상의 목표치에 도달하지는 않는다는 것이다. 터미 타임을 한 아이들이나 하지 않은 아이들이나 걷기와 대근육 및 소근육 발달과 같은 목표를 성취하는 데 아무런 차이가 없었다.

이를 보고 다음과 같은 결론을 내리는 부모들이 있을지도 모르겠다. 아이가 초기 발달 단계를 성취하는 데 걸리는 시간을 앞당긴 것이 길게 봤을 때 매우 유익한 것은 아니지만, 적어도 아이가 일찌감치 이러한 목표를 달성하는 것을 본 부모들을 안심시켜 줄 수는 있지 않냐고 말이다. 하지만 이 관행을 좀 더 자세히 살펴보면서 이러한 목표를 부과하는 것이 아이가 움직이는 방식, 아이가 생각하고 느끼는 방식의 질Quality에 어떤 영향을 미칠 수 있는지 의문을 가질 필요가 있다. 터미 타임을 한 것 때문에 우리 아이가 놓친 것이 있지는 않을까?

터미 타임에 대한 연구 중에서 저체중으로 태어난 신생아를 대상으로 한 연구를 보자.[6] 이 연구를 통해 저체중으로 태어난 아기를 혼자힘으로 뒤집을 수 있기도 전에 배를 대고 엎드리게 만들면, 장단기적 자세 문제와 다른 발달상의 문제로도 이어질 수 있다는 것이 밝혀졌다.

소아과의사인 엠미 피클러Emmi Pikler는 제2차 세계대전이 끝나고 바로 유럽에서 큰 규모의 고아원을 운영했다. 그녀는 아이들이 자신만의 속도로 성장하고 발달할 수 있는 안전하고 따뜻한 환경을 제공해야 한다는 생각을 열렬히 지지하는 사람이었다. 그녀는 아이들이 스스로 해내기도 전에 아이들마다 제각각인 표준 발달 단계표상의 발달 속도를 높이려 하거나 같은 어른들이 스스로 정한 완고한 목표를 배제했다. 엠미는 자신의 고아원에 근무하는 간호사와 아이를 돌보는 분들에게 언제나 유동적인 목표를 따르도록 교육했다. 그녀는 "아이의 부모뿐 아니라 아이를 돌보는 사람들이 언어적 자극과 적극적인 개입을 통해 거듭 발달 단계를 촉진시키려 얼마나 애쓰는지" 목격했다.[7]

그녀는 또한 자신의 속도대로, 다시 말해 '유동적인 목표'의 접근법대로 발달할 수 있는 환경에서 자란 고아원의 아이들이 초반에는 발달 단계표보다 서너 달 정도 더디게 성장한다는 사실을 발견했다. 이는 터미 타임에 관한 이후 연구가 보여준 것과 같은 결과였다. 하지만 더욱 중요한 발견은 "이 아이들은 스스로 앉고, 서고, 걷는 것을 배웠을 뿐만 아니라,[8] 눈에 띄게 좀 더 독립적이었고 동작은 좀 더 안정적이었으며, 일반적으로 같은 또래 아이들보다 행동에 자신감도 더 많이 가지고 있고 더욱 차분했다"는 사실이다. 엠미는 이렇게 썼다. "우리는 우리 고

아원에서 자란 아이들의 안정적이고도 균형 잡힌 움직임을 중요하게 여긴다. 이 아이들은 잘 움직일 뿐만 아니라, 넘어진다 하더라도(넘어지는건 피할 수 없지 않은가) 잘 넘어진다.″10[9] 이 아이들은 예쁘게 잘 넘어져서 신생아때부터 우리 고아원에서 자란 1,400명의 아이들 중 단 한 명도 골절상을 입지 않았다.[10]

이러한 발견은 발달 단계표를 예의주시하여 엄격한 목표를 적용하는 보육자의 도움과 상관없이 건강한 아기들은 잘 자라서 자신의 발달 단계에 잘 도달한다는 사실을 보여준다. 아이들은 궁극적으로 어떤 방식으로든 발달 단계표상의 각 단계에 도달한다. 그러나 장애가 있는 아이들에게 목표를 유동적으로 설정하지 않으면 매우 해로운 영향을 미칠 수 있다. 아이가 특정 목표를 성취하도록 하여 얻는 보상을 포기한다면, 아이들의 움직임은 질적으로 더 향상될 것이다.

두 번째 핵심 원칙인 '느리게'를 염두에 둔다면 지금까지 살펴본 연구 결과와 '유동적인 목표'의 중요성을 더 잘 이해할 수 있을 것이다. 인간은 다른 어떤 종보다 더 긴 시간 동안 학습 과정에 가능성을 열어두고 있다. 이렇듯 느리고 오래도록 지속되는 발달은 인간이 받은 축복이 아닐 수 없다. 우리가 충분히 시간을 가지고, 장애가 있는 아이가 자신의 목표에 도달하도록 돕는 과정을 함부로 속단하지 않으며, 그 과정에 엄청난 변화가 생길 수도 있음을 알고 그 과정 자체가 유동적일 수 있도록 유지한다면, 우리는 아이와 아이의 뇌에 성장을 위한 엄청난 선택

---

10 '쉽게 자주 넘어진다'라는 의미가 아니라 '넘어져도 크게 다치지 않도록 잘(well) 넘어진다'는 의미이다.

권을 주는 것과 같다. 너무 빨리 계약을 성사시키려 하지 마라. 아이가 결승점을 통과하는 것을 목표로 삼은 채 전전긍긍해서는 안 된다. 우리 아이의 뇌는 다른 아이들과 똑같이 한 단계에서 그다음 단계로 넘어갈 때 충분히 시간이 걸리도록 설계되었다. 당신이 '유동적인 목표'를 실천하면, 아이의 뇌는 가장 기발한 방법으로 난관을 극복할 방법을 발견할 기회를 얻게 된다.

우리 아이의 뇌는 다른 아이들과 똑같이 한 단계에서 그다음 단계로 넘어갈 때 충분히 시간이 걸리도록 설계되었다.

## ❦ 유동적 목표를 세우는 법 ❦

'유동적인 목표'를 활용하는 데 적용할 수 있는 다음의 아홉 가지 방법을 사용해보면, 자신의 어려움에 대한 해결책을 찾을 수 있는 새로운 길이 열릴 것이다. 내가 여기서 설명하는 기술은 또한 부모와 아이 모두의 스트레스를 줄이고, 행복감은 높여주는 데에도 도움이 될 것이다. 아홉 가지 도구를 실생활에 적용하며 그 과정을 기록하고 싶어질 수도 있다.

### ● 식별한다(Identify)

아이가 장애 진단을 받았다면, 그것이 당신에게 어떤 의미인지 파악하

라. 아이의 특별한 어려움에 대해 어느 정도 이해하고 있는가? 아이를 위해 현재 계획한 목표는 무엇인가? 예를 들어, 그 목표는 아이가 자신의 이름에 반응하는 것일 수도 있고, 집중력을 향상시키는 것일 수도 있고, 일어서는 법을 배우는 것일 수도, 혹은 소근육의 써서 협응하는 능력을 올리는 것일 수도 있다. 아이가 가장 이루어냈으면 하는 목표는 무엇인가? 아이가 특별한 장애 진단을 받지 않았다고 가정하고 엄마로서 아이가 바꿨으면 혹은 극복했으면 하는 행동이나 제약은 무엇인지 구분해보자.

● **목표가 아니라 과정에 집중한다**(Focus on the Process, not the Goal)

기억하길 바란다. 아무도, 심지어 세상에서 가장 건강한 아이도, 단순히 풀쩍 뛰어서 혹은 순전히 연습만 해서는 그다음의 새로운 발달 단계에 도달할 수 없다. 우리는 과정을 통해서 새로운 목표를 성취한다. 아이의 몸을 만져 이렇게 저렇게 조종하거나 아이에게 엄마가 원하는 걸 해보라고 요청하는 등 어떤 식으로든 곧장 원하는 목표를 이루려 아이를 밀어붙이는 자신의 모습을 발견하게 된다면, 이는 아이의 뇌가 필요로 하는 정보를 얻을 기회를 박탈하는 것이나 다름없다. 그 순간 자기자신에게도 아이에게도 한계를 씌우는 것이다. 대신에, 목표에서 시선을 거두고 당신이 이 과정에서 매우 적극적인 역할을 맡고 있다는 사실을 스스로 상기해야 한다. 지금 하던 것을 멈추고, 크게 숨을 들이쉬고, 아이에게 필요한 과정이 일어날 수 있도록 완고한 목표로부터 시선을 돌려보자.

## ● 궁금해한다(Wonder)

아홉 가지 핵심 원칙을 적용할 때는 아이가 그다음에는 무엇을 하게 될지 궁금해해야 한다. 궁금해하면 이전에는 알지 못했던 가능성을 발견하게 된다. 아이가 어떤 반응을 보일지 궁금해해야 한다. 엄마와의 활동을 아이가 좋아할까? 아니면 관심을 보일까? 어떤 크고 작은 변화가 생길지 궁금해하도록 하자. 매 순간 아이와 함께 생각해낸 아이디어나 감정, 아이와 함께 경험한 것에 대해서 궁금해해야 한다. 스스로에게 궁금해할 여유를 허용하면, 해결책의 일부가 될 것이라고는 생각지도 못했던 자리를 마련하는 것과 같다. 아이를 위해 가능성의 세계를 활짝 열어두어라.

## ● 한 발 물러선다(Back Off)

언제나 결과보다 과정을 우선시해야 한다. 아이가 현재 할 수 없는 것을 둘러싸고 이미 정해진 협소한 목표로 빠져들게 되는 상황을 무수히 겪게 될 것이다. 그것은 의사나 치료사, 혹은 어쩌면 학교 선생님이 개인 교육 프로그램을 바탕으로 제안한 목표일 수도 있다. 만약 다른 사람이 아이를 방치하거나 '유동적인 목표'를 선택해서 아이의 미래를 위태롭게 한다며 당신을 비난한다면, 당신이 리더가 될 필요가 있다. 아이와 함께 지내는 다른 사람들에게 '유동적인 목표'를 적용하는 법을 설명해준 다음, 그들에게 아이가 성공을 경험할 수 있는 영역의 언저리에서 작업해달라고 부탁하는 것이다. 아이가 현재 할 수 있는 수준을 훨씬 앞지른 목표로부터 언제 물러서야 하는지를 알아야 한다. 너무 어렵거나, 혹은 너무 이른 시기에 너무 많은 것을 제시하는 목표라면 그 목표가 무엇이든 거기에서 물러서야 한다. 목표를 이루려 애쓰는 과정 자체가 아이에게 불편하고, 고통스럽고 그로 인해 아이가 괴로워한다면, 뒤로 한발 물러서야 한다.

과정보다 결과를 내세우는 것은 아이가 경험하는 제약 그 자체를 아이에게 학습시키는 것과 다름없다. 이는 결국 부모가 되었든 아이가 되었든 그 목표를 이룰 가능성을 포기하게 되는 결과를 가져온다. 물러서야 할 때가 언제인지 모른다면, 실패의 원인을 엉뚱한 곳에서 찾게 된다. 즉, 아이를 도우려는 마음에 잘못된 길로 접어 들었기 때문에 실패한 것이 아니라 아이가 가진 장애 때문에 실패한 것이라는 잘못된 믿음에 빠질 수 있다.

목표를 이루려 애쓰는 과정 자체가 아이에게 불편하고, 고통스럽고 그로 인해 아이가 괴로워한다면, 뒤로 한발 물러서야 한다.

## ● 놀아준다(Play)

아이와 함께 가는 길이 즐거울 수 있도록 최선을 다해야 한다. 부모에게는 시간 낭비인 것처럼 보일 수도 있지만, 즉흥적으로 여러 방향으로 틀어가며 아이와 함께 이리저리 거니는 법을 배워야 한다. 무목적의 활동 및 무작위성의 중요성을 명심하고, 언제나 아이에게 맞게 맞추고 아이의 반응에 맞춰 따라가야 한다. 아이를 위해 특정 목표를 세운다는 것은 당신도 아이도 미지의 세계에 들어서는 것과 같다. 아이의 뇌는 새로 얻은 모든 정보로 인해 번영할 것이며, 그러는 중에도 새로운 가능성을 찾아낼 것이다. 이런 방식을 통해 아무도 예상치 못한 방식으로 성장하고 향상되어 아이가 당신을 아주 놀라게 할지도 모른다.

### ● 기존 목표가 바뀔 수 있음을 받아들인다(Embrace Reversibility)

예상치도 못한 기회가 생겨나 아이를 위해 한두 가지 목표를 더 조율하고 싶을 때가 올 수도 있을 것이다. 그런 경우에는 변화가 생겼으면 하는 목표 과정에 즉각 마음의 문을 열어두고, 기존에 의도했던 목표를 기꺼이 바꿔야 한다. 나는 이것을 '취소 가능성'이라고 부른다. 아이가 자신의 길을 잘 헤쳐나감에 따라, 목표 일부를 아예 바꿔 버리고 싶을 때가 올 수도 있다. 다시 한번 말하지만, 이는 당신이 원래 의도했던 목표와 그 목표에 맞게 아이와 함께 행했던 모든 행동 수칙을 바꿔야 한다는 것을 의미한다. 다른 무언가를 찾는 중에 너무나 많은 돌파구가 발견되었다면 기꺼이 새로운 돌파구를 선택할 수 있어야 한다. 필요하다면 언제든 기존의 목표를 바꿀 수 있음을 인식하고 그것을 실행할 수 있다면, 당신이 아이에게 더 잘 반응하는 부모가 된 것이다. 한번 정한 목표를 철저하게 고수하는 것보다는 '취소 가능성'을 더 우위에 둘 수 있어야 한다.

### ● 통제하려는 마음에서 벗어난다(Let Go)

아이가 이뤄낸 결과를 당신이 통제하려고 해서는 안 된다. 아이 성장의 질적인 측면에서 당신은 엄청난 영향을 미치며 심오한 방식으로 아이의 성장에 기여하며 이는 아이가 점점 더 잘할 수 있는 가능성을 매우 높여준다. 하지만 아이가 무엇을 하든 혹은 주어진 순간에 무엇을 할 수 있든 그것은 당신의 직접적인 통제 영역 밖에 있다. 우리가 결과를 통제하려고 할 때, 예측에서 벗어나기 시작한다. 아이의 뇌는 수십억 개의 정보 조각을 만들어내고 통합해내는 데 있어서 자유로워야 한다. 이것이 우리가 새로운 것을 만들어내는 방식이다. 우리가 너무나 계획적이며 결과를 통제하려는 것에 갇혀 벗어나지 못하면, 우리도 알 수 없는 것을 알아내려 예측하려는 것이나 다름없다. 우리의 노력으로 아이를 제약하고 새로운 가능성을 위한 기회를 축소할 뿐이다.

우리가 결과를 통제하려고 할 때, 예측에서 벗어나기 시작한다.

● **아이와의 연결을 소중하게 여긴다**(Cherish the Connection)
지금 여기에서 아이에게 일어나고 있는 일이 당신의 다음 행동 강령을 안내하도록 하라. 이는 아이의 마음과 정신이 필요로 하는 것(즉, 엄마가 봐주었으면 하는 것, 엄마와 자기 사이에 생긴 연결을 느끼는 것)을 부모로부터 제공하여 아이가 자신의 제약을 더 잘 극복할 수 있게 해줄 것이다. 여기에 집중함으로써 아이도 엄마도 모두 힘이 솟는 것을 느끼게 될 것이다.

● **실수를 포용한다**(Embrace Mistakes)
아이에게도, 그리고 자신에게도 실수를 해도 괜찮다는 심리적 여유를 허용해야 한다. 아홉 가지 핵심 원칙을 올바르게 실행하는 것에 대해 걱정할 필요가 없다. 아이가 제대로 해야 한다는 것에 대해서도 염려할 필요 없다. 심지어 '유동적 목표'를 반드시 이루어야 한다고 걱정할 필요도 없다. 실수는 정보의 보고를 만들며 이를 통해 아이의(그리고 당신의) 뇌는 다른 목표를 성취하고 당신이 아이를 위해 세운 목표를 어떻게 달성하는지 알아내는 방법을 발견할 수 있다. 뇌는 이를테면 많은 실험과 여타 유사한 다른 경험을 통해 자연스럽게 목표에 도달하는 자가 조직 시스템Self-Organizing System이다. 목표가 더 위대하고 어려울수록, 아이는 더 많은 실수, 자기 교정, 자기 발견의 여지가 필요하다.

장애를 가진 아이가 있다는 것 자체가 부모에게 많은 것을 요구한다. 자신에게 이런 요구가 주어질 것을 미리 알고 준비하는 사람은 아무도 없다. 이는 엄청난 어려움이며, 그 앞에는 두려움, 걱정, 그리고 혼란으로 이어질 수 있는 엄청난 불확실성만이 존재한다. 그리고 그런 불안한 감정 때문에 우리는 해결책을 찾고 안정감을 얻겠다는 희망으로 완고한 목표를 세우는 쪽으로 자신을 몰아붙이는 경향이 있다. 하지만 어렵더라도 자신이 느끼는 불확실성과 두려움에도 불구하고 끊임없이 유동적 목표를 세우기 위해 노력해야 한다. 아이를 위해 세운 목표든, 아이가 목표를 달성하는 것을 돕기 위해 자신이 택한 길이든 두려움과 불확실성이 그 목표를 좌우하도록 가만히 두고 보아서는 안 된다.

# 학습 스위치를 켠다

: 뇌의 학습 스위치가 꺼졌던 스코티,
공부를 즐거워하는 아이가 되다

항상 새로운 것을 배운다는 마음으로 인생길을 걸어라.
그러면 그런 삶을 살게 되리라.

**_버논 하워드**

'학습 스위치Learning Switch'는 비유적 표현으로, 우리 뇌에
실제로 이와 같은 생체역학적 장치가 있는 것은 아니다. 이는 어떤 순
간에도 아이의 뇌가 학습할 태세가 되어 있는지(뇌는 원래 학습 기계로
서의 역할을 하도록 설계되어 있다) 아닌지 그 사실 여부를 묘사하기 위한
하나의 방법이다. 학습 스위치가 켜져 있다면, 뇌가 고성능 모드로 설
정되어 있어 아이가 좀 더 뛰어난 학습자가 될 수 있다. '학습 스위치'가
꺼져 있다면 뇌가 저성능 모드로 설정되어 있는 것으로, 아이는 학습
효율이 떨어지는 학습자가 된다.

우리는 '학습 스위치'를 켜거나 끈다는 것이 무엇을 의미하는지 어느 정도는 알고 있다. 이는 뇌가 작동하는 방식에 실제 변화가 생겼다는 의미다.[1] 즉, 당신이 좀 더 기민해지는 것이다. 스스로 흥미를 느끼고 있다는 것을 깨닫게 되며, 이전에는 이해되지 않았던 것을 갑자기 깨우치게 되거나 예전에는 할 수 없었던 무언가를 할 수 있게 된다.

뇌파를 측정하기 위해 뇌파도EEG, Electroencephalogram를 사용하면, 뇌의 학습 스위치가 켜져 있을 때와 꺼져 있을 때의 뇌 활동에 엄청난 차이가 있다는 것을 알 수 있다.[2] 하지만 이와 같은 사실을 알아내기 위해서 뇌파도 같은 거창한 도구까지 필요한 것은 아니다. 우리는 아이들이 우리가 한 말이나 행동을 언제 받아들이는지 감지할 수 있다. 아이들이 언제 자기 주변에서 혹은 내면에서 일어나고 있는 일을 자각하고 있는지 우리는 구별할 수 있다. 아이가 반응하고 있다는 것도 안다. 아이의 눈빛에서, 움직임에서, 얼굴 표정에서, 혹은 아이가 내뱉은 단어나 소리 등을 보고 아이의 그러한 반응을 감지할 수 있다.

아이의 학습 스위치가 켜져 있는지, 꺼져 있는지 구별해내는 것은 중요하다. 학습 스위치가 꺼져 있을 때는 아이한테 무슨 짓을 해도 아이는 배우거나 변화하지 않을 것이다. 학습 스위치가 켜져 있으면, 뇌는 아이를 둘러싼 세상에서 제공하는 시각적 요소, 소리, 냄새, 맛, 촉감을 잘 받아들일 뿐 아니라 자기 내면의 감정과 감각 또한 잘 받아들이게 된다.[3] 아이는 이 모든 자극과 함께 새로운 뭔가를 하기 시작한다. 아이가 배우기 시작하는 것이다. 그와 동시에 뇌에서도 변화가 일어나기 시작한다.

# ✤ 글자를 겹쳐 쓰는 아이 ✤

스코티는 발달 지연이라는 진단을 받았고, 모든 면에서 발달이 더뎠다. 두 살이 지나고 나서야 걷기 시작했고 그 후에도 무수히 많은 치료와 사람들의 도움을 받았다. 스코티는 주의력결핍 과잉행동장애의 모든 증상을 보였다. 과외 선생님에게 따로 지도를 받았는데도 아직 읽거나 쓰는 법을 배우지 못했다. 과체중에 걸음걸이가 산만했으며, 공간 지각력이 좋지 않았다. 또한 아주 외향적인 성격이어서 쉴 새 없이 입을 놀렸다. 무엇보다, 스코티는 주변 사람들의 감정에 아주 섬세하게 반응했다. 정서 지능이 잘 발달한, 상당히 사랑스러운 아이라는 생각이 들었다.

스코티를 만나기 전 나는 스코티의 부모와 전화 통화를 했다. 당시 스코티는 열 살이었고 4학년이었다. 스코티의 부모에게 전해 들은 말로 판단할 때, 다양한 사람들이 스코티를 가르치기 위해 많은 노력을 들였지만 스코티는 자신이 배우는 것을 제대로 소화하고 있지 못하고 있음이 확실했다. 스코티의 부모는 아이가 어느 정도 알파벳을 깨우치기는 했으나 어느 날엔 잘 맞추고 어느 날엔 틀리는 등 실력이 들쭉날쭉 하다고 했다.

부모의 설명을 듣고, 스코티가 지금까지 학습한 것은 읽기에 대한 실패 경험이라는 것을 알 수 있었다. 스코티가 읽기와 쓰기를 잘 해내려고 애쓸 때 스코티의 뇌가 만들어내는 패턴은 스코티가 계속해서 실패를 반복하게 만들었다. 이러한 실패의 패턴이 점점 더 깊숙하게 스코티의 뇌에 각인되고 있었던 것이다. 스코티의 뇌는 이미 할 줄 아는 것을 반복하는 것으로만 길을 좁혀나갔고, 따라서 이러한 어려움에 도움이 될 만한 그 어떤 새로운 정보도 만들어내지 못했다. 스코티의 뇌는 실패의 경험을 끊임없이 만들어낸 것이다. 이 모든 상황이 알려주는 바는 확실하고 명확했다. 적어도 읽기와 쓰기에 관해 스코티의 '학습 스위치'는 꺼져 있었다.

읽고 쓰기 과외 시간 동안 스코티가 비협조적이며 저항한다는 이야기를 들었을 때 나는 놀라지 않았다. 나는 스코티가 자신을 가르치려는 노력에 적어도 어느 정도는 싫은 내색을 하거나 저항할 것이라고 예상했다. 계속해서 같은 것에 실패하고 싶어 하는 사람은 아무도 없기 때문이다.

계속해서 같은 것에 실패하고 싶어 하는 사람은 아무도 없다.

나는 스코티의 부모에게 내가 스코티와 작업하기 전 적어도 두 달 동안은 과외뿐만 아니라 그 밖에 모든 읽기와 쓰기 연습을 중단해달라고 요청했다. 스코티가 현재 겪고 있는 반복적인 실패의 경험으로부터 벗어날 시간이 필요했다. 스코티의 학교 상담 선생님을 포함해 모든 사람들이 경악을 금치 못했다. 그들은 스코티가 지금까지 이룬 진척이 물거품이 될 것을 우려했다. 하지만 나는 스코티가 그동안 무슨 진척을 이뤄냈다는 것인지 알 수 없었다. 스코티가 잃게 될 유일한 것은 실패라는 아주 깊이 뿌리내린 제한적 패턴밖에 없었다. 그리고 그것을 잃는 것은 좋은 일이었다.

여름방학부터 스코티와 집중 수업을 시작했다. 스코티는 조금 수줍은 듯했지만, 아주 사랑스럽고 예의 바른 아이였다. 나는 스코티에게 자기 이름을 써볼 수 있는지 물어보았다. 이는 대부분의 아이들이 좋아하는 것이었다. 스코티는 조금 불평하며 싫은 내색을 표하기는 했으나 알겠다고 하며 망설이다가 종이 위에서 연필을 움직이기 시작했다. 원형의 무언가를 들쑥날쑥하게 그리는 것처럼 천천히 작게 움직여나갔다. 그러다가 마치 첫 번째 글자를 완성한 것처럼 잠깐 멈췄다. 하지만 스코티가 휘갈겨 쓴 것은 철자 S처럼 생기지도 않았고 다른 글자와도 닮은 구석이 전혀 없었다.

두 번째 글자를 쓰려는 듯 스코티는 첫 번째 글자 위에다가 두 번째 글자를 다시 쓰기 시작했다. 이번에도 작고 들쑥날쑥한 원을 그리듯 연필을 움직여나갔다. 스코티는 이런 식으로 한 글자 위에 또 다른 글자를 겹쳐 쓰기를 대여섯 번을 반복했다. 그러더니 자기 이름을 다 썼다는 듯이 쓰기를 멈추었다. 스코티는 자기가 뭔가를 해냈음을 인정해주기를 바라는 것처럼 나를 쳐다보았다. 자신이 성공적으로 해냈는지 실패했는지 알지 못하는 것은 말할 것도 없었다. 나는 스코티에게 고맙다는 말 외에는 그 어떤 말도 하지 않았다. 그리고 레슨을 계속 진행했다.

내가 보기에 확실히 스코티는 읽고 쓰는 법에 대해 아는 바가 전혀 없어 보였다. 잔뜩 움츠린 어깨와 팔, 긴장되고 음울한 얼굴 표정을 볼 때 스코티의 학습 스위치는 분명 꺼져 있는 상태였다. 스코티의 학습 스위치가 꺼져 있다는 것은 지난 4년 동안 학습되어 깊게 새겨진 행동을 스코티가 의례적으로 똑같이 반복한다는 사실을 통해 추가적으로 증명되었다. 스코티는 색다른 무언가를 하려고 하지 않았다. 변하려는 시도도 기대도 하지 않았다. 스코티의 '학습 스위치'는 꺼져 있었다.

첫 번째 세션과 그다음 세션 내내 나는 스코티가 눈동자를 오른쪽으로 전혀 움직이지 않고 자신의 목도 오른쪽 방향으로는 자발적으로 돌리지 않는다는 것을 발견했다. 하지만 내가 스코티의 목을 오른쪽으로 움직였을 때에는 분명 목이 오른쪽으로 돌아갔다. 스코티는 자신을 둘러싼 세계에서 오른쪽에 대한 자각이 부족한 것 같았다.

서툰 걸음걸이와 글을 쓰려 안간힘을 쓰는 스코티를 관찰하며 나는 스코티에 대해 많은 것을 알 수 있었다. 움직임을 조화롭게 해내려면 기저에서 작용하는 차별화 과정과 뇌 지도를 만드는 과정이 필요한데, 스코티의 뇌는 그 과정에서 이루어지는 일정 부분을 놓친 것이다. 제일 먼저 해야만 하는 일은 스코티의 학습 스위치를 켜는 것이었다. 그렇지 않으면 스코티에게 읽고 쓰는 법을 가르치는 그 어떤 시도도 그저 시간 낭비일 뿐이었다.

나는 스코티의 뇌가 차이점을 식별해낼 수 있도록 내 손가락으로 점, 직선, 혹은 구불구불한 선을 스코티의 얼굴, 팔, 손, 등, 그리고 가슴에 그렸다. 처음에 스코티는 내가 그린 모양이 무엇인지 말하지 못했으며 모양들을 서로 구별해내지 못했다. 하지만 재빨리 그것에 익숙해졌다. 나는 또한 점진적으로 스코티가 조금 더 복잡하고 세밀한 움직임을 해보도록 유도하며 스코티가 자신의 온몸을 더욱 잘 인지할 수 있도록 도왔다. 스코티는 이 과정을 매우 즐겼다. 두 번의 세션 만에 스코티는 불평하던 것을 완전히 멈추었다. 스코티는 자신의 학습 스위치를 켜고는 모든 수업에 열성적으로 참여했다. 우리가 무엇을 해야 하는지 자신만의 생각이나 의견을 제시하기 시작했다. 스코티는 나와의 레슨에서 더 자주 웃었다. 자신을 둘러싼 환경을 훨씬 잘 인식하고 그것에 대한 자신의 견해도 말했다. 스코티의 사고는 매일 더욱 날카로워졌으며 눈에 띄게 움직임에 힘이 생기고 기술이 붙었다. 게다가 스코티는 나와의 레슨을 아주 재미있어 했다. 세상이 훨씬 더 많이 이해되기 시작했고 자신의 새로운 지식에 확실히 힘을 얻은 듯했다.

이 지점에 이르자 나는 스코티에게 자기 이름을 다시 쓰고 싶은지 물어보았다. 스코티는 아주 신이 나서는 그렇다고 했다. 스코티는 손에 연필을 잡고 천천히 그리고 신중하게 '스-코-티'라고 적었다. 이번에는 철자 하나하나가 독립된 각자의 자리에 쓰였고 모두 쉽게 식별할 수 있었다.

그다음 주에 스코티는 집으로 돌아가서 다시 과외 수업을 시작했다. 선생님은 약속한 대로 스코티와 그냥 놀 생각이며 읽기도 쓰기도 시키지 않겠다고 말했다. 나중에 선생님은 내게 전화를 걸어서는 놀란 목소리로 말했다. "스코티가 완전히 다른 애가 되었어요!"

그날 스코티는 교실로 걸어 들어와서는 알파벳 교구 바구니 쪽으로 곧장 향했다. 스코티가 바구니를 책상으로 가져오자 선생님은 오늘은 그냥 놀 거라고 말했다. 하지만 스코티는 철자를 가지고 단어를 만들자고 고집했다. 이렇게 주도적인 모습은 처음이었다. "철자를 아는 것은 물론이고 읽기랑 쓰기 활동까지 하자고 하더라니까요."

선생님에게 더욱 인상적이었던 것은 스코티가 행복해하는 모습이었다. 스코티는 불평도 딴 짓도 하지 않았다. 수업 시간 내내 집중력을 유지했으며, 배우고 싶어 했다. 나는 스코티의 선생님에게 말했다. "스코티의 학습 스위치가 이제 켜진 겁니다. 장담하는데, 이제 스코티는 모두를 놀라게 할 거에요."

## 🌿 아이를 전체적으로 바라보는 법 🌿

아이의 문제점이나 제약이 있는 특정 부분에만 시선을 두는 것은 자연스러운 반응이다. 하지만 그렇게 할 때, 우리는 아이 전체를 보지 못하게 된다. 풍부한 내적 경험과 복잡성을 지닌 전체로서의 아이의 모습이 우리의 시선을 교묘히 피해나가며 우리 스스로도 한계가 있는 방식으로 빠져버리는 경향이 있다.

우리도 모르는 사이에 우리의 학습 스위치가 꺼져버리는 것이다. 우리가 깨어나 집중 영역을 넓히고 아이가 가진 제약과 아이를 향한 걱정의 시선을 넘어서 아이를 보면, 우리의 꺼져버린 학습 스위치를 다시 켤 수 있다. 아이를 좀 더 온전히, 좀 더 전체적으로 보게 되는 것이다. 그리고 아이에 대해서 이전에는 알아차리지 못했던 사실을 발견하게 된다. 아이와 상호작용하고 아이를 도울 수 있는 새로운 가능성을 발견하게 된다. 아이에게 유익한 새로운 기회가 문득 나타나 우리에게 그 모습을 드러내 보이는 것이다. 우리는 익숙한 문제와 직접적으로 혹은 뚜렷하게 관련이 없는 영역에서도 좀 더 창의성을 발휘해서 아이의 뇌가 차이점을 식별하고 진화하는 것을 도울 수 있다.[4] 한편, 아이는 전혀 예상하지도 못한 방식으로 자신에게 가장 큰 제약이 있는 부분에서도 성장을 이루어낸다. 그 과정에서 우리의 학습 스위치는 물론이고 아이의 학습 스위치도 켜진다. 그리고 이는 뇌의 조직화 능력을 전반적으로 향상시킨다.

아이가 가진 제약과 아이를 향한 걱정의 시선을 넘어서 아이를 보면, 우리의 꺼져버린 학습 스위치를 다시 켤 수 있다.

## 🌿 세 가지 선을 이용해 글자를 배우다 🌿

나는 스코티의 부모가 걱정하는 바를 무시하지는 않았지만, 스코티의 제약을 내 마음 저 뒤편으로 밀어두어야 한다고 생각했다. 스코티의 문제에만 초점을 맞추는 것이 아니라 아이를 하나의 전체적인 사람으로 바라보며 나의 학습 스위치를 켜놓는 것이 얼마나 중요한지 알고 있었기 때문이다. 그렇게 함으로써 스코티에 관해 많은 것을 금세 알게 되었다. 스코티가 사랑스러운 아이라는 것, 정서 지능이 있으며 다른 사람들과의 관계를 자각한다는 것, 글을 어떻게 쓰는지 아는 바가 거의 없다는 것, 머리를 오른쪽으로 움직이지 않는다는 것, 눈동자의 움직임에 제약이 있다는 것, 공간 구성 감각이 떨어진다는 것이 내가 스코티에 대해 발견한 것이었다. 나는 또한 스코티가 걸을 수는 있지만 예쁘게 걷지는 않는다는 것에도 주목했다. 자신의 신체에 대한 자각이나 차별화 과정이 불충분한 상태에서 스코티의 뇌가 이렇듯 매우 복잡한 활동(걷기)을 조직화했다는 것은 스코티기 매우 뛰어난 뇌를 가지고 있다는 것을 의미했다.

스코티의 학습 스위치를 켜면, 그리고 움직임과 감각 지각을 더 잘 식별하고 더 잘 조직화할 수 있는 뇌의 능력을 일깨워준다면, 스코티의 삶이 더 좋아질 것이 분명했다. 하지만 나도 스코티를 나아지게 할 수 있는 방법을 미리 알았던 것은 아니다. 생각하고, 느끼고, 걷고, 달리고, 읽고 쓰는 모든 능력이 스스로 모든 영역을 조직화하고 차이점을 식별해내는 뇌의 능력에 달려 있다. 그래서 나는 스코티를 전체적으로 보는 총체적 관점을 유지하기 위해 노력했다.

생각하고, 느끼고, 걷고, 달리고, 읽고 쓰는 모든 능력이 스스로 모든 영역을 조직화하고 차이점을 식별해내는 뇌의 능력에 달려 있다.

부드럽고 섬세한 움직임은 신체에 대한 자각을 높일 수 있도록 도움을 주는데, 스코티는 자신의 신체에 대한 자각이 당연히 부족했다. 그래서 나는 부드러운 움직임으로 스코티를 리드하는 것으로 시작했다. 그런 다음 나는 스코티의 피부에 여러 가지 선을 그렸다. 볼에 먼저 그리기 시작했는데, 스코티는 내가 볼에 그린 점, 직선, 구불구불한 선을 처음으로 성공적으로 구별해냈다. 이 모든 과정에서 스코티의 뇌에 어떤 자극을 주었는지를 주목할 필요가 있다. 스코티는 자신이 느낀 다양한 감각을 식별해서 그 감각에 상응하는 모양과 연결지었을 뿐만 아니라[11] 전반적으로 차이점을 더 잘 식별해낼 수 있게 되었다. 자신의 눈동자와 머리를 오른쪽 방향으로 움직이는 법을 배우자 오른쪽 공간이 스코티에게 활짝 열렸다. 그리고 자신을 둘러싼 세상을 더욱 잘 이해하게 되었으며, 움직일 때 더 안정감을 느꼈고 더 많은 위험도 감수할 수 있게 되었다.

나는 레슨을 하는 동안 언제나 나의 학습 스위치를 최상의 모드로 유지하기 위해 노력한다. 이는 아이에 대한 나만의 총체적인 자각을 유지하기 위한 것일 뿐만 아니라 아이의 뇌가 깨어났음을, 다시 말해 아이의 학습 스위치가 켜졌음을 알 수 있는 변화를 관찰하기 위한 것이다. 이런 식으로 아이는 제약이 아닌 온전한 전체로서 자기 자신을 경험할 수 있다.

수업 내내 나는 스코티의 온전한 전체에 집중했다. 스코티의 제약에 집중한 것이 아니었다. 나는 스코티가 배우고 성장할 수 있는 기회가 있다면 어떤 방법이든 기꺼이 활용할 마음을 갖고 있었다. 여러 가지 핵심 원칙을 적용하며 나는 스코티의 뇌에 다양한 기회를 제공했다. 더 세밀하게 차이점을 식별해낼 수 있도록 경험해볼 기회, 뇌의 조직 능력을 향상시키고 성장할 기회를 아이에게 주려 노력했다. 스코티는 스스로를 성공적인 모습으로 경험하고 있었으며 학습에 대해 즐거움과 흥

---

11 자신의 얼굴에 점을 그리는 감각, 직선을 그리는 감각 등을 식별해서 직선을 그리는 감각일 때에는 직선이라고 말할 수 있게 되었음을 의미한다.

분감을 느끼고 있었다.

　부모들도 다양한 방식으로 핵심 원칙들을 아이에게 적용하다 보면, 자신의 학습 스위치를 켜고 아이를 전체로 보는 것이 곧 아이가 자신의 학습 스위치를 켤 수 있도록 도와주는 방법임을 알게 될 것이다.

## ❧ 학습 스위치를 켜야 하는 과학적 근거 ❧

'학습 스위치'라는 용어는 조명 스위치처럼 켜고 끌 수 있는 뇌 속의 어떤 기계 장치를 묘사하는 말은 아니지만,[5] 눈으로 목격 가능한 실재적 변화를 묘사하기는 한다. 나는 이것을 수천 번이나 아이들과 작업하면서 목격했다. 아이의 뇌는 학습 모드 상태이거나 그렇지 않거나 둘 중 하나다. 아이의 뇌가 학습 모드일 때에는 아이와 어떤 활동을 하더라도 아이의 발달에 도움이 된다. 학습 스위치가 꺼져 있다면, 무엇을 해도 아이에게 변화가 거의 일어나지 않는다. 오히려 대부분의 경우 아이의 제약이 더욱더 깊이 뇌에 각인될 뿐이다.

　학습 스위치가 꺼져 있다면, 무엇을 해도 아이에게 변화가 거의 일어나지 않는다. 대부분의 경우 아이의 제약이 더욱더 깊이 뇌에 각인될 뿐이다.

　매일 전 세계에서 새로운 발견이 이루어지고 있지만 학습하는 뇌의 능력 중 상당 부분이 여전히 미스터리로 남아 있다. 하지만 지금까지 과학적으로 입증된 중요한 사실 중 하나는 학습이 일어나기 전에 반드시 일어나는 특정한 상황이 있다는 것이다. 그리고 이는 실험실에서도 측정될 수 있다. 예를 들어, 학습 스위치가 켜지기 위해서는 충분한 수준의 각성이 일어나야만 한다. 이는 생리학적이고, 생화학적이며, 심리학적인 각성 상태를 말한다.

우리의 감정은 이러한 각성 과정에서 중요한 역할을 하는데, 신경세포 간의 의사소통에 영향을 미쳐 시냅스 민감도와 신경세포 사이의 정보 전달을 증가시키기도 감소시키기도 한다. 그리고 이것은 모든 학습과 발달의 근간이다. 뇌에서 만들어지는 화학물질이 있다는 것은 과학적으로 증명된 사실이다. 이 화학물질은 우리의 감정에 의해 유발되며 신경조절물질이라 불린다.[6] 이 신경조절물질은 신경세포가 서로에게 어떤 영향을 주는지를 결정하는데, 우리의 감정 상태에 따라 뇌의 각성 정도가 증가하기도 하고 감소하기도 한다. 이렇듯 감정은 뇌 전반에 걸친 정보 처리에 엄청난 영향을 미친다. 감정은 뇌를 주의 집중하는 학습 상태로 만들기도 혹은 뇌가 작동을 멈추고 새로운 학습이 거의 혹은 아예 일어나지 않게도 만들 수 있는 잠재력을 지니고 있다. 즉 학습 스위치를 켜기도 하고 끄기도 한다는 것이다.

뇌를 연구하는 대부분의 과학자들이 동의하듯, 감정은 또한 주의를 집중하는 데 중요한 역할을 한다. 이는 새로운 학습이 일어나기 위해 필수적인 요소다.[7] 슬픈 감정은 집중하는 대상과 우리가 집중하는 방식에 영향을 미치며, 이는 행복한 감정을 느낄 때 주의 집중하는 방식과는 매우 다르다. 우리의 감정은 우리 뇌가 정보를 처리하는 방식뿐 아니라 우리의 사고가 체계화되는 방식에도 영향을 미친다. 가장 흔한 감정 중 하나인 흥미는 어떤 것을 배우기 위해 반드시 필요한 감정인 것처럼 보인다. 동물 연구를 보면 뚜렷한 동기와 참여 의지를 가질 때 전뇌Whole Brain가 활성화되며, 이 영역은 동물이 스스로를 더욱 잘 조직화하는 것을 돕는다는 것을 알 수 있다.

우리가 감정과 뇌의 관계를 이해하는 것처럼, 장애가 있는 아이를 키우는 부모들의 불안과 두려움이 아이의 학습 과정에 미치는 영향을 이해하는 것은 특히 중요하다. 불안과 두려움은 아이가 집중할 수 있는 범위를 좁히고 집중력을 떨어뜨려 아이가 안전함을 느끼는 것에만 관심을 갖도록 만든다. 그 외에는 아무것도 관심이 없도록 만드는 것이다. 아이들의 감정과 감각 운동 발달에 관한 책의 저자이자 연구자이기도 한 앨런 포겔Alan Fogel은 "위협에 반응하여 안전을 추구하는 것은 우리 신경계가 하는 가장 중요한 역할이다"라고 말했다.[8] 불안과 두려움은 아이의 학습 스위치를 꺼버린다.

불안과 두려움은 아이가 집중할 수 있는 범위를 좁히고 집중력을 떨어뜨려 아이가 안전함을 느끼는 것에만 관심을 갖도록 만든다. 그 외에는 아무것에도 관심이 없도록 만드는 것이다.

(실재하거나 인식되는) 위협을 느끼면서 장기적으로 스트레스를 받는 것은 특히나 해롭다.[9] 이는 뇌 수용체에 손상을 주어 기분과 기억

력에 부정적인 영향을 미치며 아이의 과잉행동을 유발한다. 불안, 두려움, 고통, 피곤 등 이 모든 것은 아이의 학습 스위치를 꺼뜨리는 경향이 있다. 반면 안전, 부모와의 연결, 장난기, 즐거움, 편안함, 수용과 사랑과 같은 것은 모두 학습 스위치가 켜질 수 있도록 돕는다.[10]

## 🌿 내 아이의 학습 스위치를 켜는 법 🌿

다음의 내용은 아이의 학습 스위치를 켜고 더욱 효율을 높이는 데 도움이 되는 방법이다. 이런 방법을 통해 아이는 더 나은 학습자가 될 수 있다. 다시 말해 아이는 학습하는 법을 배우고, 더 빠른 속도로 더 많이 성장하고 발달할 것이다.

### ● 학습 스위치가 켜져 있는지 확인한다(Is the Switch On?)

아이의 학습 스위치가 언제 켜져 있는지 알아차리는 법을 배워야 한다. 어떤 부모는 이를 "베일이 걷혔다"라고 표현하기도 한다. 아이의 눈이 더욱 밝게 빛나고 부모가 하는 행동을 눈으로 좇으며 자신의 눈을 움직인다. 좀 더 활기 넘치고, 좀 더 목소리를 크게 내며, 더 많이 움직이기 시작한다. 아주 작은 부분일지라도 엄마와 함께하는 활동에 적극적으로 참여한다.

또한 미소 짓거나 웃으며 혹은 다른 방식으로 자신이 행복하다는 것을 드러낸다. 어쩌면 아이가 궁금해하고 흥미 있어 하며, 자기 내면과 자기 주변에서 일어나는 일을 좀 더 잘 자각한다는 것을 알게 될 수도 있다.

● **자신의 학습 스위치를 켠다**(Turn on Your Own Learning Switch)

아이가 자신의 학습 스위치를 켜도록 도우려면, 먼저 자신의 학습 스위치를 켜놓을 필요가 있다. 자기 자신을 '지금 이곳에' 온전하게 존재하게 할 수 있다면, 학습 스위치를 켠 것과 같다. 일단 학습 스위치가 켜졌다면 아이에게 무슨 일이 일어나고 있는지 관심을 가지며 알아차려야 한다. 스스로를 아이의 리듬에 맞추면, 아이의 발달을 위해 필요한 환경과 아이를 영원히 바꿀 수도 있는 자극을 줄 수 있다. 이 과정은 무엇보다 자신의 학습 스위치를 켤 수 있다는 것을 인지하는 것에서부터 시작된다.

우선 자신의 학습 스위치를 켜겠다는 의도를 가지고 노력해야 한다. 다음으로, 원하면 언제든지 켤 수 있는 상상의 스위치가 있어서 어둠 속에서 밝게 불을 켤 수 있는 방이나 다른 공간을 상상해보자. 이 스위치의 색깔도 정하고 마음에 드는 모양도 정해본다. 그리고 나서 그 방에 다가가 스위치를 켜는 상상을 해보자. 마음의 눈으로 뇌가 환하게 켜지는 것을 보고, 콧노래를 부르며, 아이와 상호작용할 때 사용할 수 있는 새로운 아이디어나 가능성을 미리 준비해놓는 것이다.

이 과정을 더 자주 해볼수록 더 쉽게 새로운 아이디어를 얻을 수 있으며, 그렇게 하다 보면 습관처럼 언제든 자신의 학습 스위치를 켜게 될 것이다.

# ✤ 학습 스위치를 꺼뜨리는 요인들 ✤

아무리 굳게 마음을 먹어도 아이와 함께 있다 보면 아이 혹은 당신의 학습 스위치를 꺼뜨리는 상황에 직면하게 된다. 이러한 신호에 주의를 기울이고 스위치가 꺼지는 상황을 피하는 것이 매우 중요하다. 다음은 특별히 주의해야 할 스위치 꺼뜨리는 상황이다.

## ● 고통(Pain)

'고통 없이는 얻는 것도 없다'는 말은 누구나 들어보았을 것이다. 하지만 아이의 학습 스위치를 켜는 것과 관련해서는 이것은 잘못된 말이다. 고통과 불편함은 확실히 학습 스위치를 꺼뜨린다. 특정한 의료적 처치를 받아야 한다거나 아이의 특수한 상태에 기인한 증상으로 고통을 겪는 것과 같이 아이가 고통을 겪을 수밖에 없는 상황이 분명히 있다. 이러한 경우에도 우리는 최선을 다해 아이를 편안하게 해줘야 하며 아이가 안전하다고 느끼고 사랑받고 있다고 느낄 수 있도록 도와줘야 한다. 다행스러운 것은 고통을 피할 수 있고, 무엇보다 아이가 제대로 성장하고 뇌가 지닌 모든 중요한 능력을 잘 발달시키려면 고통을 피해야만 하는 경우도 있다는 것이다.

아이가 만약 특정 치료를 거부하며 울부짖는다면, 분명 아이는 신체적 혹은 감정적 고통을 겪고 있는 것이며, 그에 따른 정신적 고통 또한 경험하고 있는 것이다. 아이의 뇌가 가장 우선시 하는 일은 아이가 확실히 보호받고 안전하다고 느낄 수 있도록 아이의 안전을 보장하는 일이다. 고통은 위험을 의미한다. 사라지지 않거나 계속해서 밀려드는 고통, 위험, 두려움에 대한 반응으로 절망과 심지어 우울감이 표출된다. 아이가 이런 감정을 느낄 때마다 아이의 학습 스위치는 꺼져버린다. 일상적인 활동을 하든, 실내 운동이나 홈테라피를 하든, 아이가 편안한 방식으로 활동을 하려면 어떻게 해야 하는지 방법을 찾아야 한다. 아이가 즐거워하는 일이어야 하며, 아이 스스로 안전하다고 느껴야 한다는 것을 잊어서는 안 된다. 고통스러운 일정은 최대한 피하는 것이 바람직하다.

### ● 과도한 반복(Excessive Repetition)

기계적이고 과도한 반복은 아이의 학습 스위치를 무서운 속도로 꺼뜨린다. 언어 치료를 위해 아이에게 반복 연습을 시키거나, 한 명 혹은 그 이상의 어른들이 아이를 기게 하거나, 일련의 동작을 반복적으로 시키고, 강직이 있어 뻣뻣한 팔에 스트레칭을 해 펼 수 있도록 운동시키는 것이 여기에 해당한다. 이렇게 되면, 아이의 운동이나 일상이 '제약'이라는 이름의 기존 패턴에 더욱 깊이 새겨지게 된다. 불편함, 두려움, 불안, 불쾌한 경험에서 벗어나고자 하는 욕망 등의 기존 패턴에 완전히 갇혀버리는 셈이다.

반복은 아이가 이전에는 할 수 없었던 무언가를 해내는 방법을 완전히 이해한 후에만 효과가 있다. 자신의 행동을 방해하던 장애물이 사라지면 아이는 누가 시키지 않아도 그 과정을 즐기며 자발적으로 그 행동을 계속해서 반복한다. 그리고 즐거움과 성공이라는 감정으로 가득 찬 성공적인 새로운 패턴이 새겨지게 된다. 아이들 모두 이런 방식으로 성장한다. 아이가 힘든 것을 해내길 기대하며 아이에게 똑같은 것을 반복적으로 시켜서도 안 된다. 과도한 반복을 중단하자. 그러고는 '아홉 가지 핵심 원칙'을 적용해보는 것이다. '다양성'의 원칙, '유동적 목표'의 원칙, '열의'의 원칙으로 시작하면 된다. 이 원칙들은 과도한 반복에 뛰어난 해독제 역할을 한다. 이런 방법으로 우리는 아이의 학습 스위치를 켤 수 있다.

### ● 피로(Fatigue)

아이의 학습 스위치를 꺼뜨리는 것 중에서 우리가 파악하기 힘든 것 중 하나가 피로다. 학습 스위치가 켜져 있으면, 아이의 뇌는 분당 수백만 개의 새로운 연결을 만들어내며, 이러한 연결은 엄청나게 빠른 속도로 바뀐다. 이는 아이에게 고된 일이다. 뇌 작동은 엄청나게 많은 에너지를 소모한다. 연구에 따르면, 학습을 위한 최적 시간은 20분을 넘지 않는다.[11] 이 시간 동안만 학습이 일어난다고 보는 것이다.

만약 학습이 일어나지 않는다면, 즉 아이의 학습 스위치가 꺼져 있다는 의심이 든다면 하던 활동을 멈춰야 한다. 아이의 학습 스위치가 꺼져 있을 때는 무엇을 하든 효과가 없기 때문이다. 어떤 활동이든 20분을 넘게 되면, 뇌는 새로 얻은 아직은 연약한 연결고리를 잃게 되거나 그 연결고리가 끈끈해져 제대로 사용하는 데에 제약이 생긴다. 또한 아이는 방금 자신이 배운 것에 접근해볼 수 있는 접근성을 상실하게 된다.

만약 학습이 일어나지 않는다면, 즉 아이의 학습 스위치가 꺼져 있다는 의심이 든다면 하던 것을 멈춰라.

아이가 뭔가 새로운 것을 한다면, 나는 당장 거기에서 멈추라고 부모들에게 말하곤 한다. 아이가 방금 해낸 새로운 것을 또 해보라고 시킴으로써 아이가 진짜 학습했는지를 보고 위안을 받고자 하는 자신의 내적 욕구에 귀 기울여서는 안 된다. 아이가 새로운 활동을 해냈을 때는 아이와 원래 하고 있던 활동을 아주 다른 것으로 바꾸어야 한다. 혹은 아이가 피곤해 보이거나 내적으로 깊이 집중하고 있는 것처럼 보인다면, 또는 자신의 생각과 감정과 감각에 사로잡혀 있다는 느낌이 든다면, 아이에게 그 모든 것을 통합할 시간을 주어야 한다. 배고파한다면 먹게 하고, 졸려 하면 자게 하고, 놀고 싶어 한다면 놀게 하고, 회복할 수 있게 내버려두는 것이다. 아이와의 상호작용은 나중에 언제든 다시 시작할 수 있다.

### ● 무력감(Powerless)

아이가 고통, 불편함, 지루함, 혹은 혼란을 경험하고 있거나 지금 하는 활동에 관심을 보이지 않는 데에도 끝까지 버티며 계속해보라고 고집을 부리면, 아이는 무력감을 느낀다. 무력감은 아이의 학습 스위치를 꺼뜨린다. 아이가 참여하고 흥미를 보이고 함께 있는 사람 또한 자신의 경험에 반응을 보일 때, 아이는 힘이 솟고 학습 스위치도 켜진다. 아이가 정서적으로 학습 과정에 집중하게 되는 것이다. 그런 순간에는 아이가 즐거워하며 아이에게 생동감이 돌고 있음을 누구나 느낄 수 있다. 이는 그저 아이가 원하는 것만을 해야 한다는 것을 의미하지 않는다. 하지만 아이가 경험하는 것에 언제나 진심으로 반응해야 한다는 사실만은 잊어서는 안 된다.

## ❧ 학습 스위치를 켤 수 있는 환경을 만들어라 ❧

아래는 아이의 학습 스위치를 켜는 데 도움을 주기 위해 적용할 수 있는 방법들이다. 가능한 한 자주 활용해보길 바란다.

### ● 아이가 흥미 있어 하는 것을 제공한다(Your Child's Interest)
무엇이 아이의 관심을 끄는지 찾아내라. 이는 특정 소리일 수도, 색깔일 수도, 모양이나 게임, 활동, 아니면 특정 음식일 수도 있다.

### ● 여러 핵심 원칙을 활용한다(Use the Other Essentials)
'주의를 기울이는 움직임', '천천히', '섬세함', '다양성', '열의', '유동적 목표'와 같은 핵심 원칙을 다양하게 사용한다. 아홉 가지 핵심 원칙을 아이가 좋아하는 무언가와 결합하는 것은 언제나 아이의 학습 스위치를 켜게 만든다. 어떤 부모는 자폐 스펙트럼이 있는 자신의 아이가 화려한 패브릭 리본을 만지고 느끼는 것을 좋아한다는 것을 발견했다. 그 엄마는 여러 종류의 형형색색의 작은 천 조각을 모았고, 창의적인 방식으로 천의 촉감와 색감을 활용하여 아이의 뇌가 차이점을 식별해내는 것을 돕기 위해 '다양성'의 원칙을 사용했다.

● **호기심 어린 눈으로 아이를 바라본다**(Get Curious About Your Child)
아이가 감정적으로, 신체적으로, 그리고 정신적으로 어떤 영향을 받는지 언제나 관찰해야 한다. 학습 스위치가 켜져 있는 상태에서 아이가 생각하고 느끼고 감지하고 보고 듣는 모든 것은 아이의 성장과 발전에 도움이 된다는 것을 명심해야 한다. 학습 스위치가 켜져 있다면 언제나 아이는 자신에게 유의미하게 작용할 새로운 발견을 해낼 것이다.

우리가 어떤 의도를 가지고 있든, 어디에 중점을 두고 있든 상관없이 아이는 새로운 것을 발견해낸다. 이는 우리가 아이를 학습시키려 노력했기 때문이 아니다. 아이의 뇌가 제 역할을 해낼 수 있도록 도와주었기 때문이다. 학습 스위치를 켜주고 아이가 새로운 정보를 어떻게 사용하든 제약을 두지 않았기 때문이다. 아인슈타인은 '섞기 놀이'Recombinant Play'라는 것에 대해 언급한 적이 있다. 이는 그야말로 정보가 모두 섞이는 것을 의미한다. 이는 정답만을 따라서는 결코 만들어낼 수 없는 어떤 결과를 만들어내는 것을 의미한다. 그리고 엄청난 변화는 바로 이런 데서 시작된다.

# 상상력과 꿈을 존중한다

: '나'를 말하지 않던 자폐아 아리에게 '나'가 생기던 날

일단 가능성의 도화선이 설치되면 이를 점화하는 것은 상상력이다.

_에밀리 디킨슨

나는 넌센스를 좋아한다. 넌센스는 뇌세포를 깨운다.

_닥터 수스

인간의 뇌는 우리에게 상상하고, 꿈꾸고, 내면에서 새로운 것을 만들어낼 수 있는 능력을 준다. 마치 무에서 유를 창조하듯 말이다. 상상하고 공상에 잠기며 바라는 것을 마음속에 그릴 줄 아는 아이의 능력은 아이의 성공적인 성장과 발달에 중요한 부분이다. 이것을 해낼 수 있는 능력의 수준에 따라 아이의 인생도 달라진다. 또한 아주 기본적인 기술에서부터 삶에서 나중에 선택하게 될 목표에 이르기까지, 아이가 하는 모든 것과 관련하여 아이가 경험하게 될 개인적 역량을 형성하는 데 도움이 된다.

상상력은 뇌 전반에 불을 밝혀 수십억 개의 새로운 연결을 만들어낸다. 상상력과 공상을 통해 새로운 연결을 형성하여 미래로 연결짓는 이러한 능력은 우리 인간만이 가진 최고의 선물로, 우리가 스스로의 제약을 뛰어넘어 나아가도록 해주며 대체 불가능한 방식으로 새로운 가능성과 현실을 만들어낸다. 아인슈타인은 "상상력이 전부다. 상상력은 살면서 펼쳐질 흥미로운 일들의 예고편이다"라고 말했다.

상상력은 아이의 미래를 위한 보고寶庫다. 건강한 아이들에게서는 상상력과 조화를 이룬 창의력이 생동하며 왕성하게 작동한다. 상상력과 창의력은 아이들이 세상이라는 무대에 도달하는 과정에 필수적인 요소이자, 새로운 기술과 능력을 발달시키며 거의 무한한 가능성을 발견하는 데 가장 필요한 요소이기도 하다.

아이에게 장애가 생기면, 상상하고 공상하려는 아이의 자연스러운 성향이 완전히 혹은 부분적으로 멈출지도 모른다. 이런 상황은 아이가 겪는 어려움 때문에 발생하기도 하며, 가끔은 아이가 자신이 느끼는 고통에 모든 주의를 집중하는 것이 원인이 되기도 하다. 그저 자신의 생존을 위해 노력하는 과정에서 고통에 온 신경을 집중할 때 상상력이 들어설 자리는 없다. 혹은 아이가 받은 진단의 결과로 상상하는 능력에 제약이 생기기도 한다. 이유가 무엇이든 우리가 노력하여 아이의 상상력을 깨워주는 것, 그리하여 학습과 발달을 위해 모든 건강한 아이들이 의존하는 상상력이라는 보고에 아이가 접근할 수 있도록 하는 것은 무엇보다 중요하다.

여덟 번째 핵심 원칙인 '상상력과 꿈Imagination and Dreams'을 통해, 뇌는 자신의 역량을 최고 수준으로 끌어올려 아이의 제약을 극복하기 위한 더 나은 해결책을 더욱 적극적으로 찾을 수 있게 된다.

## ☙ 새로운 이야기를 지어보자 ❧

내가 아리를 처음 만났을 때 아리는 다섯 살이었다. 아리는 자폐증 진단을 받았다. 나이에 비해 키가 컸고 큰 눈에 갈색 눈동자를 가진 호리호리하고 잘생긴 아이였다. 자폐 스펙트럼을 진단받은 아이들이 가지고 있는 전형적인 증상들이 아리에게 많이 보였는데, 그중에서도 심하게 고집을 부리는 것과 인칭 대명사 '나'를 거의 사용하지 않는다는 것이 가장 눈에 띄었다.[12] 아리의 부모는 첫 번째 세션을 위해 아리를 데려왔고, 아리가 특별히 좋아하는 〈토마스와 친구들〉이라는 비디오를 틀어주기 위해 DVD 플레이어도 함께 가져왔다.

첫 번째 세션을 시작하기 전에 아리의 부모는 아리를 테이블에 눕히는 동안 DVD를 트는 것이 어떻겠냐고 했다. 그러면 아리가 덜 불안해할 것이라고 믿었기 때문이었다. 나는 아리가 어떻게 행동하는지, 또한 아리와 내가 연결되는지 확인해보기 위해 처음에는 비디오 없이 해보겠다고 했다. 그렇게 몇 분이 지났고 아리가 굉장히 불안해서 수업에 제대로 참여할 수 없음이 확실해졌다. 그래서 나는 비디오를 틀어

---

**12** 아리는 I(내가, 나는)와 me(나를)를 잘 사용하지 못했다.

도 좋다고 했다. 일단 비디오를 틀자 아리는 미동도 없이 그 작은 스크린에 빠져들었고 너무 놀랄 만한 일이 벌어졌다. 비디오 장면에 나오는 모든 대사를 아리가 하나도 빠짐없이 읊어대기 시작한 것이다. 아리는 해당 장면이 나오기 전에 살짝 앞서서 모든 대사를 줄줄 암송했다. 아리는 이야기를 통째로 외워서 알고 있었다. 10분짜리 영상을 통째로 말이다!

이러한 행동이 수반하는 확실한 문제점과 더불어 내가 알아차린 것은 아리가 모든 대사를 줄줄 읊는 동안 상상력을 하나도 동원하지 않는다는 점이었다. 아리는 마치 기계처럼 반응했다. 장면을 묘사하는 표현이나 목소리 톤에 어떤 변화도 없었다. 그 스토리에 자신의 감정이나 느낌을 조금도 담아내지 않고 있었다. 비디오가 끝나자 아리는 즉시 손을 뻗어 다시 처음부터 재생시키려 버튼을 눌렀다. 그러고는 언제나 그렇듯 완전히 똑같은 방식으로 이야기를 읊어댔다.

'주의를 기울이는 움직임'을 포함해 다른 핵심 원칙을 이용하여 아리에게 얼마간 레슨을 하자, 아리의 근육 긴장도에 변화가 생기기 시작했고 아리는 자신의 몸을 조금 더 부드럽고 협응적인 방식으로 움직였다. 이를 통해 아리의 뇌가 깨어나고 있으며 반응하고 있다는 것이 확실해졌다. 특정 부분에서 나는 DVD 플레이어를 몇 초간 일시정지했다. 아리는 놀란 듯 보였으나, 더욱 맹렬히 영상 속의 이야기를 계속 읊었다. 나는 재빨리 비디오를 다시 재생했다. 비디오를 다시 재생하자, 아리의 입에서 나오는 대사와 영상 속의 장면이 일치하지 않게 되었다. 아리는 대사를 읊는 것을 멈추고 잠시 혼란에 빠진 것 같았다. 나는 비디오가 재생되는 부분에서부터 대사를 다시 읊어보라고 상냥하게 격려했다. 순간 주저하더니 아리는 대사를 말하기 시작했다. 나는 비디오가 재생되도록 가만히 두고 있다가 이제 비디오를 다시 일시정지시킬 테니 아리에게 준비하라고 일러두었다. 내가 비디오를 일시정지시키자, 아리는 확신에 차서는 멈추지 않고 대사를 읊어댔다. 마치 비디오가 계속 나오고 있다는 듯이 말이다. 하지만 내가 비디오를 다시 틀자, 이번에는 아리가 자신의 대사와 영상 속의 장면이 일치하지 않는다는 것을 깨닫고는 재빨리 영상과 맞는 대사를 읊기 시작했다.

그다음 날, 아리와 작업을 시작할 때 DVD 플레이어를 틀어도 된다고 확실히 해두었다. 이번에는 색다른 것을 시도해보았다. 비디오를 일시정지시킨 후, 영상 속의 이야기와 관련된 몇 가지 질문을 던지기 시작했다. 그때는 나도 이야기를 꽤 잘 알게 된 상태였다. 예를 들면 아리에게 다음과 같이 제안했다. "토마스 기관차가 당장 언덕으로 가지 않을 건가 봐. 감자튀김을 먹으러 맥도날드에 먼저 가기로 했나 본데. 아리는 어떻게 생각해?" 나는 비디오 속 이야기에 나의 상상력을 더해 아리도 나와 함께 상상력을 펼쳐보게 했다. 처음에 아리는 다시 매우 불안한 반응을 보였다. 그러고는 이야기를 더 빠르고 힘차게 읊어댔다. 나는 한발 물러나며 말했다. "오, 괜찮아. 괜찮아." 나는 아리가 마지막으로 읊은 부분을 따라 말하며 비디오를 다시 켰다.

1~2분 정도 지나고 아리가 여러 가지 방식으로 움직일 수 있도록 도와주자 아리의 몸이 조금 더 유연해졌으며 등에도 힘이 더 생겼다. 이는 아리의 뇌가 깨어났으며 학습 모드가 되었다는 것을 의미했다. 나는

다시 비디오를 일시정지했고, 또다시 이야기에 상상력을 더해볼 것을 제안했다. 이번에는 아리가 이전보다 훨씬 덜 불안해하는 반응을 보였다. 아리가 아주 아주 오랫동안 지속된 깊은 몽환 상태에서 어느덧 깨어난 것만 같았다. 아리가 나를 쳐다보더니 토마스의 다음 행선지를 상상해서 자신이 꾸며낸 이야기를 나에게 들려주었다. 아리는 토마스는 괴물과 싸우러 갔다고 했다. 아리가 상상을 하고 있었다!

곧 토마스를 위한 새로운 모험을 지어내는 것이 우리의 게임이 되었다. 내가 비디오를 일시중지시켜도 아리는 이제 화를 내지 않았다. 아리는 상상력을 발휘하기 시작했으며 대사를 반복해서 암송만 하던 것에서 벗어나 내가 새로운 이야기를 만들어내는 걸 도와주고 있었다. 아리는 심지어 자신이 대사를 그대로 암송하고 있는 것인지 자기가 꾸며낸 이야기를 하고 있는 것인지 맞춰보라고 말하는 수준에 이르렀다.

아리가 정말로 좋아했던 또 다른 활동은 작은 공을 아빠와 번갈아가며 던지는 것이었다. 아빠가 자신에게 공을 던져주기를 바랄 때면 아리는 언제나 "나(me)한테 공을 던져요"라는 의미로 "아빠(you)한테 공을 던져요"라고 말하곤 했다. 아리가 자신의 상상력을 활용하기 시작하고 이틀 정도 지나서 나는 아리의 뇌가 이제는 대명사도 이해할 수 있지 않을까 궁금했다.

나는 '다양성'의 원칙을 이런저런 방법으로 사용하면서 아리가 인칭 대명사인 '내가(I)', '네가(you)', '나를(me)', '너를(you)'을 구분하도록 도와주었다. 처음에는 아리가 바뀌지 않을 것만 같았다. 하지만 아리는 어느 순간 잠시 멈추었고 내면으로 아주 깊숙이 들어가 숙고하는 듯이 보였다. 그러더니 아빠를 향해 말했다. "나(me)한테 공을 던져요." 상상력은 아리에게 새로운 세상을 창조하도록 해주었을 뿐만 아니라, 자기 자신을 깨닫고 자신을 타인과 구분하며 인칭대명사를 올바르게 쓸 수 있도록 해주었다.

## ❧ 상상력은 실재한다 ❧

아리의 사례에서 알 수 있듯, 상상력은 실재한다. 이는 뇌에서 일어나는 실제적인 작용이다. 새로운 것을 만들어내는 데 상상력은 값을 매길 수 없을 정도로 소중한 것이다. 아이의 내적 세계와 외적 세계 모두 상상력의 숨결이 필요하다. 상상력은 아이의 뇌가 작동하는 질적 수준을 높여줄 힘을 가지고 있다. 또한 상상력은 새로운 길을 개척하여 움직이고, 생각하고, 느끼는 것에 관한 새롭고 세련된 방식을 만들어낸다.

상상력은 딱히 실체를 가지고 있지 않다. 우리가 상상력을 직접 만지거나, 보거나 그것의 냄새 맡거나 들을 수 있는 것은 아니기 때문에, 상상력이 진짜 실재한다고 믿거나 혹은 상상력이 중요하다고 믿기 어려울 수 있다. 그러나 상상력은 실재할 뿐만 아니라 모든 변화와 성장에 필수적인 요소다.

상상력은 새로운 길을 개척하여 움직이고, 생각하고, 느끼는 것에 관한 새롭고 세련된 방식을 만들어낸다.

상상 속에서 피아노 연습을 한 사람이 실제로 피아노를 연습한 사람과 같은 결과를 얻거나 혹은 더 좋은 결과를 얻는다는 것을 보여주는 연구 자료도 있다.[1] 상상력을 동원하여 연습할 수 있는 사람은 최소한의 물리적 연습을 하면서도 한발 앞선 기술을 얻을 수 있다. 상상력이라는 강력한 도구를 사용하는 데 더욱 능숙해지기 때문이다.

상상력과 창의력은 동전의 양면과 같다. 나무 막대를 가지고 노는 소녀를 상상해보자. 이 소녀는 자신의 상상 속에서 막대를 마술 지팡이로 탈바꿈시키고 그렇게 함으로써 완전히 새로운 세계를 만들어낸다. 아이는 계속해서 자신이 만들어낸 현실 속에서 놀면서 그 안에서 무수한 아이디어와 행동을 개발해낸다. 그동안 소녀의 뇌는 내내 새로운 연결과 패턴을 만들어내는데, 이런 과정 속에서 아이는 하나의 온전한 전체로서 성장해나간다.

아리에게 상상력의 세계를 열어줌으로써 강박적이고 고집스럽게 반복하는 행동(비디오의 대사를 쉴 새 없이 그대로 읊조리는 것)과 그것과 함께 나타나는 불안을 줄이는 데 도움을 줄 수 있었다. 상상력을 발휘할 수 있게 되면서 아리의 뇌 또한 제 역할을 더 잘 해낼 수 있게 되었다. 이는 또한 아리가 '나(I)'와 '너(thou)'[13]를 구별하고 진정으로 자기 자신이 될 수 있는 매우 중요한 길에 들어설 수 있게 해주었다.

---

13 thou는 '네가', '너는'처럼 주어 자리에 오는 '너'를 의미하는 단어다.

우리는 모두 확산적 사고Divergent Thinking를 할 수 있는 능력을 가지고 있다. 즉, 특정 문제에 대해 여러 가지 해결책을 마음속으로 그려볼 수 있는 능력이 있다. 확산적 사고의 간단한 예로 우리가 종이 클립의 용도를 얼마나 많이 생각해낼 수 있는가를 들 수 있다. 확산적 사고를 측정하기 위한 테스트를 개발한 길포드J. P. Guilford에 의하면, 확산적 사고를 하는 사람들은 하나의 문제에 대한 여러 가지 해결책을 제시하는 데 막힘이 없을 뿐만 아니라 각 해결책이 상대적으로 얼마나 유용하고 독창적이며 효과적인지 또한 판단해낼 수 있다고 한다.

확산적 사고 능력을 측정하는 길포드의 척도를 사용해서, 조지 랜드George Land는 세 살에서 다섯 살 사이의 아이 1,500명을 대상으로 테스트를 진행했다.[2] 그중 98퍼센트의 아이들이 확산적 사고 지수에서 천재에 해당하는 점수를 얻었다. 이 아이들의 상상력과 창의력은 놀라웠다. 조지는 5년 뒤에 여덟 살에서 열 살이 된 같은 아이들을 대상으로 다시 테스트를 실시했는데, 이때는 32퍼센트의 아이들만이 천재에 해당하는 점수를 얻었다. 또한 20만 명의 성인들을 대상으로 같은 테스트를 했을 때는, 고작 2퍼센트만이 확산적 사고 지수에서 천재라는 결과가 나왔다.

'이 결과가 장애를 안고 있는 우리 아이와 무슨 관련이 있을까?' 하는 의문이 들 수도 있다. 무엇보다 아주 어린 아이들은 확산적 사고에서 모두 천재라는 사실에 주목할 필요가 있다. 아이들의 뇌는 창의적이며, 무한한 상상력을 발휘하고, 하나의 특정 결과를 얻는 데 무수히 많은 다양한 방법을 찾도록 설계되었다. 따라서 아이에게 장애가 있다면, 아이의 뇌가 이 잠재력을 최고로 발휘하여 자신이 가진 특수한 난제에 자신만의 해결책을 찾도록 해야 한다.

예를 들어 기기에서 걷기, 옹알이에서 발화로 이어지는 길은 하나로 정해져 있지 않다. 아이가 자신만의 목적지에 도달하기 위해서 찾아내고 따라야 할 길은 한 가지만이 아니다. 인간의 뇌는 기발하고 독창적인 해결책을 만들어내는 능력이 있고, 상상력은 그 놀라운 능력의 자양분이 되어준다. 특별한 아이들에게 단 하나의 잘 닦인 길만을 가도록 하면, 다시 말해 일반 아이들이 특정 능력을 배양하기 위해 걷는 길을 따르도록 강요한다면 커다란 기회를 놓칠 수 있다. 걷기나 말하기 등을 정복하기 위해서 정해진 길을 계획하고 처방할 수 있다고 착각하지 말라. 아이의 뇌가 타고난 능력을 발휘할 기회를 박탈하는 일이다.

아이가 자신만의 목적지에 도달하기 위해서 찾아내고 따라야 할 길은 한 가지만이 아니다. 인간의 뇌는 기발하고 독창적인 해결책을 만들어내는 능력이 있고, 상상력은 그 놀라운 능력의 자양분이 되어준다.

그 아이만의 독특한 장애나 어려움에 대한 답을 찾는 데 필수적인 상상력, 확산적 사고, 독창적인 문제 해결력과 같은 뇌가 천부적으로 부여받은 능력이 우리가 정답이라고 생각하는 한 가지 길 때문에 발휘되지 못하게 된다. 그러므로 아이가 자신의 상상력을 사용할 수 있도록 도움을 준다는 것은 곧 아이의 뇌가 자신에게 꼭 맞는 해결책을 찾도록 지지하는 것과 같다.

## 🌿 모든 아이는 천재성을 가지고 있다 🌿

수년 전에 펠덴크라이스 박사님과 함께 순회를 하던 중에 뇌성마비가 있는 네 살 된 아들을 데려온 부모를 만나게 되었다. 우리는 그 아이와 첫 번째 수업을 시작했다. 아이가 기다리고 있던 곳에서 펠덴크라이스 박사님의 작업 테이블로 가려면 대략 다섯 계단을 더 올라가야만 했다. 다리에 강직이 꽤 있었고 따라서 다리를 움직이는 것이 어려웠던 아이는 보조기를 사용했다. 아이가 자신의 굳은 다리와 철제 보조기를 가지고 끙끙거리며 계단과 힘들게 사투를 벌이는 동안 박사님은 우두커니 서서 끈기 있게 기다렸다.

조금 지나자 아이는 두 번째 계단과 세 번째 계단 사이에 있었고 계단을 오르겠다는 자신의 과제에 온전히 집중하고 있었다. 펠덴크라이스 박사님이 나에게 몸을 돌려 히브리어로 말했다. "이 아이는 천재야!"

"그 이유가 뭐죠?" 나는 물었다. 나로선 힘들게 몸을 움직이는 아이의 몸짓에서 그 어떤 천재성도 발견하기 어려웠다.

"계단을 오르는 방법을 스스로 알아내는 저 아이만의 방식을 눈여겨보게!" 박사님이 대답했다.

이 경험은 도움이 필요한 특별한 아이들을 내가 어떻게 생각해야 하는지 정의를 내리는 데 도움이 되었다. 그리고 시간이 지나면서 나는 모든 아이에게서 천재성을 발견할 수 있다는 것을 깨닫게 되었다. 이 천재성은 외견상의 완벽함이나 (계단을 쉽게 오르는 것과 같은) 우아함에서 찾을 수 있는 것이 아니라 상상력과 확산적 사고를 활용할 수 있는 능력에서 발견되는 것이었다. 힘든 과제에 도전하며 그것을 성취해낼 수 있는 자신만의 방법을 찾기 위해 상상력과 확산적 사고를 사용할 줄 아는 능력 안에 바로 아이의 천재성이 깃들어 있다. 이것이 바로 장애가 있는 우리 아이들이 성공적으로 성장하기 위해서 반드시 사용해야만 하는 상상력, 확산적 사고, 창의력이 가진 기능이다.

## ❧ 백일몽이 지닌 마법 ❧

상상력과 같은 맥락에 있는 것이 '공상에 잠기는 것Daydreaming'이다. 아이들은 자주 공상에 잠긴다. 이러한 백일몽은 아이들에게 마음이라는 안식처에서 무한한 가능성을 탐색하도록 해준다. 아이들은 공상을 통해 하나의 환경을 만들어내는데, 살면서 매 순간 일어나는 다양한 감각, 감정, 움직임, 아이디어, 대인관계의 경험을 자신의 공상이 빚어낸 환경 속에서 활용한다. 예를 들면, 신경생리학적 연구는 모든 신체 활동은 사람이 공간 속에서 움직이고 있다는 이미지에 의해 뇌에서 만들어진다는 것을 보여준다.[3] 걷거나 달리거나 수영을 하거나 테니스를 치고 있는 자신의 모습을 꿈꾸거나 그런 이미지에 대한 공상에 잠겨 있을 때 그것이 마음속에 나타나는 것처럼 말이다.

자신의 마음속에 그려진 이 이미지는 해당 활동에 대해 계속해서 움직이는 이미지를 만들어내는데, 이는 시각적일 뿐만 아니라 우리의 모든 감각으로부터 나오는 정보까지도 포함한다.[4] 예를 들면, 아이들은 모방 그 자체만으로는 걷는 법을 배우지 못한다. 다른 사람들이 걷는 모습을 지켜보면서 뇌에서는 차별화 과정이 일어나고, 뇌는 그 과정에서 얻은 정보를 활용하여 스스로를 재구성하고 결국 서고 걷게 된다. 주변 사람들이 걷거나 뛰거나 혹은 다른 방식으로 움직이는 것을 볼 때, 우리는 그 경험을 실제로 해보는 자신의 모습을 상상한다. 우리의 상상과 몽상이 그 활동을 우리 마음속에 불어넣어 살아 움직이게 하는 것이다.

늑대에 의해 길러진 아이는 늑대처럼 걷고 뛰는 법을 학습했다.[5] 이 아이는 네 발로 능숙하게 이동했으며 온전히 직립으로 걷는 법을 결코 배우지 못했다. 비슷한 맥락으로, 아이들은 영웅이나 공주가 될 수도 있고, 그들의 상상 속에서 의사도, 예술가도, 혹은 선생님도 될 수 있다. 그리고 나중에 그들이 상상했던 꿈을 실현할 직업을 선택한다.

우리의 상상과 몽상이 그 활동을 우리 마음속에 불어넣어 살아 움직이게 하는 것이다.

상상력과 몽상을 사용할 수 있도록 아이를 도울 방법을 찾고 있다면, 그래서 아이들이 실제로 몸을 움직여서 혹은 아이가 잘 움직이지 못한다면 마음속에서라도 자신의 꿈, 환상, 혹은 상상 속에서 일어나는 장면들을 활용하도록 돕고 싶다면 내면에 잠자고 있는 무한한 에너지와 열정의 원천에 아이들이 접근할 수 있도록 해야 한다. 많은 부모들은 특히 놀이를 통해서 이미 자연스럽게 이런 활동을 아이와 함께하고 있다. 아이에게 자신의 손가락이 고양이 걸음을 걸어 친구를 찾고 있는 척해보라고 하거나 엄마 손이 고양이가 되어 부드럽게 걸어 올라가 아이의 볼에 바싹 다가간다거나 하는 등 단순하고 재밌는 것이면 된다. 아이의 손에 약간 강직이 있어 뻣뻣하다면, 이러한 활동은 아이가 자신의 손에 관심을 갖게 하고 기꺼이 자신의 손을 움직여보게 하는 방법이 될 수도 있다.

공상에 잠기는 것은 종종 시간 낭비처럼 보일 수도 있다. 우리는 대부분 항상 집중하고 정신을 맑게 해서 무엇을 하든 면밀히 주의를 기울여야 한다고 믿으며 자랐다. 그래서 좀 나태해지거나 멍 때리고 있는 순간에만 몽상에 빠지곤 한다. 심지어 우리는 몽상은 비생산적이며 따라서 몽상에 잠긴 아이를 게으르다고 보기도 한다. 하지만 연구에 의하면 이는 사실이 아님을 알 수 있다.[6]

우리는 관습적으로 대부분의 시간을 목표지향적인 사고를 하는 데 사용한다고 생각한다. 물론 쓸데없는 생각들이 주기적으로 깜빡이를 켜고 들어와 방해를 하기도 한다. 그러나 연구에 따르면, 우리는 대부분의 시간을 덜 목표지향적이며 의도치 않은 생각을 하면서 보낸다. 그래서 사실 우리는 대부분 공상에 잠겨 있고, 이 공상이 정기적으로 목표지향적인 사고에 의해 방해받고 있다.

공상에 잠겨 있을 때, 충동 억제, 판단, 언어, 기억, 운동 기능, 문제 해결, 사회화, 자발성, 그리고 감각 정보 처리에 관여하는 뇌의 영역에 불이 켜진다. 달리 말하면, 아이가 꿈꾸며 공상에 잠겨 있을 때, 아이의 뇌는 전구에 불이 들어오듯 밝게 켜지며 활기를 띠는 것이다. 공상에 잠기는 것은 정상적이고 건강한 것이다. 아이가 공상에 빠져 있을 때, 아이의 뇌는 능숙하게 정보를 통합하고 체계화하며, 살면서 나중에 활용하게 될 새로운 연결을 만들어낸다. 공상에 빠진다는 것은 아이의 뇌가 매우 유연해지며 마치 비옥한 땅과 같은 상태가 되는 것이며, 이런 상태에서 뇌는 예상치 못한 해결책과 발견을 끌어낼 수 있다. 이는 장애가 있는 아이에게 너무나 필요한 것이다.

아이가 꿈꾸며 공상에 잠겨 있을 때, 아이의 뇌는 전구에 불이 들어오듯 밝게 켜지며 활기를 띤다.

교실에 앉아 공상에 빠져 선생님의 말에 주의를 기울이는 것처럼 보이지 않는 아이는 그 순간 주어지는 특정 정보를 놓치고 있을 가능성이 아주 크다. 그것 자체만으로도 탐탁지 않다. 왜냐하면 우리는 아이가 수업을 듣고 수업에 집중하길 원하기 때문이다. 그러나 어쩌면 그 순간 아이의 뇌는 공상에 빠진 채 방금 선생님에게서 들은 것을 이해하고자 창의적인 생각을 하고 있는 것일 수도 있다. 아니면, 선생님이 한 말이 아이의 마음속에 선생님이 원래 가르쳐준 내용에서 한 단계 더 나아가는 새로운 아이디어를 불러일으킨 것일 수도 있다.

여기서 명심해야 할 것이 있다. 아이는 우리가 정보를 마구 밀어 넣어도 되는 빈 벽장이 아니다. 학습은 매우 창의적인 과정을 통해 이루어지며, 끊임없이 '상상력과 꿈'을 사용한다. 아이가 배우는 모든 것은 아이의 뇌에서 상상되고 발명된 것으로, 처음부터 아이의 내면에서 먼저 만들어진 것이다. 우리가 아이에게 가르치려고 하는 그 어느 것도 아이의 내면에서 자리 잡지 않으면 아이는 그것을 온전하게 사용할 수 없다. 그런 점에서 몽상에 잠기는 것은 아이들이 배운 것을 내면에 자리 잡게 하는 데 매우 중요한 역할을 한다.

## ✿ 상상하고 꿈을 꾸어야 하는 이유 ✿

상상력, 공상, 환상과 같은 손에 잡히지 않는 것들은 그렇게 유용하지 않다는 생각을 바꾸는 것이 어려울 수도 있다. 장애가 있는 자녀를 돕고자 하는 매우 심각한 난제에 맞닥뜨린 상황에서 실체 없는 것들이 큰 도움이 된다는 생각을 받아들이기가 물론 어려울 것이다. 이 지점에서 더 많은 연구 결과들이 도움이 될 수 있다. 스티븐 제이 린Steven Jay Lynn과 주디스 루Judith Rhue는 심리학자로 6,000명의 남녀를 연구했다.[7] 그들은 환상이나 공상에 잘 빠지는 사람들이 공상을 하지 않는 사람들보다 문제 해결력이 뛰어나고 감정 이입을 더 잘하며 좀 더 창의적이라는 사실을 발견했다. 공상에 잘 빠지는 사람들은 또한 좀 더 유연하게 사고하고 즉흥적이며 훨씬 더 매력적이었다. 이 모든 것은 '상상력과 꿈'

을 통해 새로운 정보와 새로운 패턴을 창조해내는 뇌의 능력에 따른 결과라고 볼 수 있다.

하지만 상상력과 꿈이 효과를 발휘하는 분야가 정신적 혹은 인지적 기능에만 국한되는 것은 아니다.[8] 알리아 크럼Alia J. Crum과 엘렌 랭거Ellen J. Langer는 일곱 개의 서로 다른 호텔에서 일하는 84명의 여성 직원들에 대해 연구했다. 그들은 실험 참가자를 두 그룹으로 나누었다. 첫 번째 그룹은 실험군으로 객실을 청소하는 자신의 일이 좋은 운동이라는 점과 생기 넘치는 삶을 위한 권장 사항을 충족시킨다는 말을 들었다. 두 번째 그룹은 대조군으로 아무 말도 듣지 못했다. 두 그룹 모두 자신들의 일을 일상적으로 계속 해나갔다. 4주가 지나자 실험군에 속한 사람들의 몸무게, 혈압, 지방, 허리-엉덩이 비율, 그리고 체질량지수가 감소했다. 반면 대조군에서는 주목할 만한 변화가 하나도 나타나지 않았다. 이 연구는 상상력이 실제로 신체 변화를 가져온다는 사실을 보여준다. 이처럼 아이에게 상상력을 접목하면, 뇌의 역량이 향상됨과 동시에 아이들이 어떤 활동을 하든 그 결과에 영향을 미칠 수 있다.

### 내 아이의 상상력을 높여주는 방법

아이들은 두 살 즈음이 되면 상상 놀이 혹은 가상 놀이에 참여하기 시작한다.[9] 이때가 되면 아이들은 진짜와 가짜를 분간할 수 있으며 상상의 게임을 한다. 현실과 상상 간의 차이점을 식별해내는 아이들의 능력은 확산적 사고와 창의력을 위한 기회를 제공하여 놀랍고도 새로운 가능성을 만들어낸다. 다음은 '상상력과 꿈'이라는 강력한 핵심 원칙을 아이의 일상에 접목하는 데 도움이 되는 방법들이다.

## ● 아이와 놀아준다(Let's Play)

놀이는 아이의 상상력을 활성화하는 가장 흔한 방법 중 하나다. 우리가 아이와 함께하는 대부분의 활동과 우리가 아이에게 요구하는 많은 것들은 너무나 진지하며 구조화되어 있다. 장애가 있는 아이가 치료나 다른 교육을 받고 있을 때 이런 경향이 더 심하게 나타난다. 이런 진지한 활동을 상상력으로 가득 찬 게임으로 바꾼다면 같은 활동이라도 더 재미있게 할 수 있을 뿐만 아니라 아이에게 더 큰 효과를 나타낼 수 있다. 이는 아이의 경험에 가벼움과 즐거움과 흥미를 가져다준다. 이로써 아이는 상상력을 발휘하는 과정에 좀 더 적극적으로 참여하게 될 것이다. 또한 이는 실제로 뇌의 조직화 능력을 향상시키고 뇌의 상상력을 깨우는 역할을 한다.

## ● 아이와 함께 상상해본다(Co-Imagine with Your Child)

아리의 사례에서 살펴보았듯, 현재 아이에게 상상하는 능력에 제약이 있을 수도 있다. 이런 경우에는 아이와 함께 상호작용을 하면서 상상 속의 아이디어나 제안을 하는 것으로 시작하는 것이 좋다. 그 과정에서 아이도 함께 참여하려 하는지 잘 살펴보아야 한다. 아이가 말을 할 수 있다면, 아이가 하는 말을 귀 기울여 듣고 아이가 제안하는 것을 당신이 만들어낸 이미지나 이야기 혹은 게임으로 통합시킨다. 아리가 기차 이야기에 어떻게 새로운 요소를 덧붙였는지 기억할 것이다. 아리는 토마스가 괴물과 싸우러 갔다고 말하며 상상력을 발휘했다. 아이가 이야기하는 요소를 바꾸거나 고치려고 해서는 안 된다. 처음에 말이 좀 안 되더라도 혹은 잘못된 방식으로 제시를 하더라도 걱정할 필요는 없다. 그것은 아이의 첫 번째 시도일 뿐이며, 그 자체로 보호받고 인정받을 필요가 있다. 그리고 이 모든 것이 어쨌든 상상에서 나온 것이다. 틀린 사람은 아무도 없다.

아이가 아직 말을 못 하거나 스스로 의사 표현을 제대로 하지 못하지만, 참여하려는 의지를 가지고 있는 것처럼 보인다면 아이에게 '네' 혹은 '아니오'라고 답할 수 있는 질문을 아주 아주 많이 던져보자. (예를 들면, 눈을 깜박거리는 것은 '네', 검지를 조금 움직이는 것은 '아니오'를 가리키는 것이라고 이야기해줄 수 있다.) 그리곤 이렇게 말해보는 것이다. "(상상 속의 이야기에서) 그래서 그 토끼는 이제 자러 갔어?" "아직 자기 오빠랑 놀고 있어?" 그런 다음 아이의 답변을 기다리고 아이의 선택에 따라 아이가 만들어낸 이야기를 자신과 함께 지어낸 이야기와 합쳐볼 수 있다.

### ● 아이가 무슨 공상을 하고 있는지 알아본다(Discover the Dream)

주의를 기울이거나, 경청하거나, 혹은 지시를 따라야 하는 순간에 아이가 만약 멍 때리고 있는 것을 발견했다면, 잠시 물러서 있는 것이 좋다. 아이가 자신이 만든 공간 속에 머물 수 있게 내버려두는 것이다. 만약 아이가 아주 어리다면, 아이를 잠깐 동안 혼자 있도록 내버려두었다가 아이가 다시 돌아오길 기다려주는 것이다. 만약 아이가 부모의 요구를 충분히 이해할 정도로 컸다면, 아주 부드럽게 그리고 상냥하고 사랑스러운 목소리로 아이에게 어느 정도 시간을 준 뒤에 이렇게 말해준다. "지금 무슨 생각하고 있는지 너무 궁금해. 엄마에게 말해줄래?" 아이가 이해하는 것 같지 않다면, 아이와 함께 공유할 수 있는 당신만의 상상의 이야기를 만들고 아이에게도 같이 나눠볼 이야깃거리가 있는지 물어본다. 대부분의 아이들이 이를 알아차리고 아주 빨리 협조할 것이다. 나이가 더 많은 아이라면, 아이가 어떤 공상을 했는지 적어보라고 할 수도 있고, 아니면 엄마가 아이를 위해 그 이야기를 적는 동안 아이에게는 그것을 말해달라고 할 수도 있다.

명심해야 할 것은 아이를 조종하는 데 아이의 몽상을 사용해서는 안 된다는 점이다. 즉, 아이가 했으면 하고 당신이 바라는 것, 혹은 아이가 해낼 수 있을 것이라고 당신이 희망하는 것을 아이의 몽상 속에 집어넣어 조종하려고 해서는 안 된다. 예를 들어 아이가 청소기에서 나는 소리를 무서워한다고 해서, '너는 청소기를 무서워하지 않는다'는 몽상을 만들어내서는 안 된다. 또는 아이가 뛰지 못한다고 해서 아이가 걷거나 뛰어다니는 당신의 상상을 아이에게 이야기해서는 안 된다. 아이가 스스로 자신만의 상상과 꿈을 만들어내야 한다는 것을 잊어서는 안 된다.

### ● 아이와 함께 공상을 펼치며 휴식한다(Take a Co-Daydream Break)

아이가 당신이 시키는 것을 거부하거나 약간 힘들어하고 곤란해한다면, 하던 활동을 멈추고 같이 공상에 잠기며 휴식 시간을 갖는 것이 좋다. 아마도 여러 번 비슷한 경험이 있을 것이다. 아이를 진정시키기 위해 혹은 그 당시 아이가 진행 중인 활동에 계속해서 집중할 수 있도록 하기 위해, 아이가 좋아하는 무언가를 말하며 나중에 아이와 함께할 거라고 설명해준 적이 있다면, 그것이 바로 의도적으로 공상을 활용한 것이며 아이와 함께 상상의 나래를 펼친 것이다.

그런 경우에 아이에게 이렇게 말해볼 수 있다. "좋아, (숙제를 하고 있다가) 여기서 잠깐 멈추고, 지금 가고 싶은 곳이 어디인지 생각해보자." 아이가 어디에 가고 싶은지 말한 뒤에 그 장소를 조금 꾸며보는 것이다. "밖에 나가서 정글짐에 올라가고 싶나 보구나. 오! 타이어로 만든 그네도 타고 싶고." 그리고 더 자세한 상황을 꾸며 이야기해보자. 현실에는 없는 가상의 존재나 물건에 대해 이야기해도 좋다.

그리고 아이에게 지금 우리가 묘사한 곳에 네가 있다면 뭘 하고 있을지 설명해달라고 한다. 아이의 생각에 따라 당신도 아이와 함께 그 장소에 있을 수도 있고 없을 수도 있다. 그 꿈에 움직임도 넣어보고 음악도 넣어볼 수 있다. 노래를 부르거나 춤동작을 제시해볼 수도 있다. 이런 이야기를 나누면서 아이가 얼마나 활기를 띠는지 확인해보자. 경우에 따라서 함께 몽상에 잠길 때 사용하는 내용을 아이가 어려움을 겪고 있는 상황과 연계해도 된다. 혹은 아이가 관심을 가지고 있는 주제라면 어떤 것이든 이용해서 함께 상상의 나래를 펼쳐볼 수도 있다. 그리고는 이전에 어려워하던 문제를 아이가 어느새 풀 수 있는지 확인해보자.

## ● 마음껏 이야기를 만들어내게 한다(Story Telling)

스토리텔링은 상상하고 공상에 잠기는 궁극적인 방법 중 하나다. 아이가 엄마에게 자신의 이야기, 자신이 꿈꾸고 있는 것을 말하도록 격려하고 심지어 아이를 위해 그 이야기를 받아써서 다른 날 아이에게 다시 읽어주는 것이다. 꿈을 혹은 꿈의 일부를 행동으로 표현해보는 것도 좋다. 아이에게 제약이 있을지라도, 상상력을 가지고 아이와 함께하는 것이다. 혹은 아이에게 하나의 시나리오를 상상하게 하고 상당한 시간 동안 그 시나리오대로 행동하게 해보자. 늘 사용하던 물건을 소품으로 활용해서 이야기를 몸으로 표현해보자. 그것들을 적어놓았다가 나중에 또 다른 이야기를 추가해볼 수도 있다. 당신의 표현 속에서 이야기가 살아나게 해야 한다. 이는 아이의 뇌를 깨워 새로운 연결과 가능성을 만들어내는 데 큰 도움이 된다.

## ● 아이의 꿈을 존중한다(Honor Your Child's Dreams)

꿈은 우리의 미래가 우리에게 지저귀는 속삭임이다. 우리가 꾸고 있는 꿈이 우리 뇌를 체계화한다. 또한 그 꿈이 우리 날개 아래에서 바람을 불어넣어 가장 높은 성취를 향해 날아갈 수 있도록 한다. 누구든 꿈을 갖는 것은 너무나 중요하다. 크든 작든, 우리가 얻으려고 노력하는 것이든, 사명이라고 느껴서 이미 그 꿈을 이루기 위한 여정에 있든 상관없다. 꿈을 갖는 것 자체가 중요할 뿐이다. 우리 아이들 또한 꿈이 있다. 하지만 그것은 아이의 꿈이며 당신의 꿈이 아니라는 점을 기억해야 한다. 아이의 꿈은 당신이 아이를 위해 꾸는 꿈과 소망이 아니다. 아이의 꿈에 관심을 가지고, 존중해야 한다. 꿈은 원래 이성적이지 않고 정당화될 수 있는 것도 아니다. 꿈은 그 자체로 그냥 꿈이다. 이는 아이가 자라면서 같이 자라고 종종 바뀌기도 한다.

아이의 꿈은 당신이 아이를 위해 꾸는 꿈과 소망이 아니다.

그렇게 심하지 않은 뇌성마비가 있는 십대 소녀와 작업한 적이 있다. 그 소녀의 꿈은 댄서가 되는 것이었다. 이 소녀가 전문 댄스 부원으로 뽑히지 않을 가능성이 더 높았지만, 그 아이와 함께한 모든 활동은 아이가 춤을 춘다는 가능성을 염두에 둔 것이었다. 그리고 실제로 이 소녀는 춤을 추었다. 이 소녀는 꽃처럼 피어났다. 자신의 제약에도 불구하고 자신의 몸을 사랑하며 성장했다.

### ● 자유롭게 상상하고 발명하게 한다(Free to Invent)

'상상력과 꿈'의 원칙을 사용할수록 당신은 물론이고 아이도 이 원칙을 자신의 삶에 적용하는 자신만의 방식을 찾아낼 것이다. 아이를 가장 잘 아는 사람은 바로 당신이다. 힘을 내라. 새로운 가능성을 발견해가는 여정을 즐겨라.

# 자각한다

## : 생각이 너무 빠른 엄마와 ADHD 딸에게 필요했던 것

한 송이 꽃이 피어나는 기적을 제대로 볼 수 있다면,
우리 삶 전체가 바뀔 것이니.

**_붓다**

이 일을 하면서 나는 아이가 자신에게 중요한 특정 자질을 드러내어 보일 수 있으며, 그렇게 하도록 도와야 함을 깨달았다. 이러한 자질을 나는 "제 집에 왔구나There's someone home"라는 말로 표현한다. 아이가 마땅히 있어야 할 그곳에서 자신의 모습을 드러낼수록, 아이들은 더 놀라운 변화를 보이곤 했다. 이 자질은 각성, 주의, 안전, 편안함, 몰두 등과는 달랐다. 물론 이런 자질들도 필수적이기는 하다. 하지만 아이가 혁신적인 변화를 이루어내려면 아주 중요한 추가 재료가 하나 더 필요했다.

시간이 흐르면서 나는 이 '비밀 재료'가 무엇인지 깨달았다. 그것은 바로 아이가 스스로에 대해 '자각Awareness'하는 것, 즉 자신의 주변을 '자각'하고, 자신의 내면에서 무슨 일이 일어나고 있는지 그리고 주변에서는 무슨 일이 일어나고 있는지를 깨닫는 것이었다. 이는 아이가 관찰자가 되는 것을 의미하는 것으로, 적극적으로 신체 여러 부위 간의 관계를 이해하는 것이다. 또한 자기가 어떤 활동을 했는지, 무슨 일이 자기한테 일어난 것인지, 자신이 무엇을 느끼는지 인식하며, 그것들 간의 관계까지도 이해하는 것을 말한다. 뿐만 아니라, 자신이 예상할 수 있는 혹은 만들어낼 수 있는 결과를 이해하는 것이다. 자신이 관찰한 것으로부터 아이는 이전에는 겪어보지 못했던 새로운 상황은 물론이고, 심지어 결과도 예측할 수 있게 된다.

자각을 하는 순간 아이의 뇌는 자기 자신과 자신을 둘러싼 세계를 이해할 수 있는 수준으로 발전한다. 이외의 방법으로는 이와 같은 이해를 얻을 수 없다. 자각은 아이의 진화하고 있는 지능 이면에 있는데, 이는 무질서와 혼돈으로 가득 찬 감각의 소용돌이에 질서를 부여하는 과정이라고 할 수 있다. 이 모든 것이 내가 처음에 '제 집에 왔구나'라고 표현했던 그 특별한 자질이라고 할 수 있다.

자각을 하는 순간 아이의 뇌는 자기 자신과 자신을 둘러싼 세계를 이해할 수 있는 수준으로 발전한다.

나는 아이에게 "자각하고 있구나Awaring"라고 말한다. (나는 여기서 자각하고 있는 행동에 초점을 맞추기 위해 Awaring이라는 단어를 동사적 의미로 쓰고 있다. 'Awaring(자각하고 있다)'이라는 단어가 아이의 행동이 정적인 것이 아닌 역동적이고 계속 진행 중인 하나의 활동이라는 이미지를 불러일으키기 때문이다. 사람들은 보통 'Awareness(자각)'라는 단어를 사용하는데, 이 단어는 명사다. 그래서 이 단어의 의미에 '행동'이 포함되어 있음에도 불구하고 'Awareness'[14]라고 쓰면, '자각하다(Awaring)'라는 것을 정적인 의미로 생각하게 된다.)

　아이들과 함께하기 전에는 신생아와 아기, 그리고 어린이가 '자각'을 만들어내는 능력을 가지고 있는지 아닌지에 대해 깊이 생각해본 적이 없었다. 이 개념이 내 관심을 끈 것은 펠덴크라이스 박사님과 대화를 나눌 때였다. 그때 박사님은 이렇게 말했다. "아기들도 잘 알고 있어(Babies are highly aware). 자각 없이 이 아기들은 제대로 성장할 수 없지." 박사님의 말에 나는 놀랐다. 그 당시에 나는 '자각'이라는 개념을 아기들과 연관지어 생각하지 못하고 있었다. 옹알이를 해대는 이 작고 사랑스러운 생명체가, 할 줄 아는 것도 거의 없는 이 생명체가 어른들이 가지고 있는 '자각'이라는 능력을 가지고 있을 리 없어 보였다. 시간이 많이 흘러 경험을 쌓게 된 후에 나는 초반의 내 믿음이 틀렸다는 것을 알게 되었다. 아기들은 '자각'할 수 있고 또 '자각'이라는 행위를 한다.

---

**14** 'awareness'는 명사로, 영어에 이 단어의 동사형은 존재하지 않는다. 그러나 저자는 자각하는 것을 적극적인 행위나 행동으로 본다. 따라서 정적인 '자각'의 의미에서 더 나아가 '자각하다(awaring)'라는 동작 혹은 행위의 의미를 강조하기 위해 이런 표현을 사용하고 있다.

## 🌿 재채기를 따라하는 하이 🌿

올리버는 태어난 지 5주 즈음에 나에게 왔다. 올리버는 관절굽음증 Arthrogryposis이라는 선천적 질환으로 고통받고 있었다. 이로 인해 팔꿈치 관절이 온전히 형성되지 않았고 팔을 구부리는 이두박근 자리에 결합 조직이 자리 잡고 있었다. 팔은 안쪽으로 돌아가 있었으며 무기력해서 움직이는 법이 없었다. 심지어 어깨 관절과 팔목, 손, 손가락조차도 움직이지 않았다. 나에게 오기 전에 사람들이 올리버의 팔을 운동시키려 할 때마다 올리버는 고통으로 울부짖었다.

올리버는 나와 함께 작업할 때 반응이 좋았고 그만큼 상태도 빨리 향상되었다. 팔을 움직이기 시작했으며 손가락과 손도 움직이기 시작했다. 올리버는 나의 레슨을 즐기는 듯했다. 갓난아기였기 때문에 레슨을 하는 도중에도 젖을 먹기도 했는데, 태어난 지 9주가 되자 젖을 먹지 않을 때에는 엄마에게 안겨 있지 않고 테이블에 누워 나와 작업해도 괜찮을 만큼 나와의 수업에 안정감을 느꼈다. 어느 날 올리버는 등을 대고 누워 있었고 나는 여러 방식으로 올리버를 섬세하게 움직여보고 있었는데, 갑자기 재채기가 나오려고 했다. 나는 올리버에게서 손을 떼고 재채기가 나오길 기다렸다. 몇 초 뒤 재채기가 곧 나오겠다는 것을 느꼈다. 나는 숨을 크게 들이쉬었다가 뱉으며, "하… 헤, 하… 헤, 하… 헤" 하고 소리를 냈다.

올리버가 나를 골똘히 쳐다보았다. 눈을 커다랗게 뜨고 깜박이지도 않았다. 그리고 나는 크게 재채기를 했다. "에에-취!" 올리버는 얌전히 누워 내가 느끼기에 꽤 오랜 시간 동안 나를 뚫어져라 쳐다보았다. 여전히 눈도 깜박거리지 않았다. 지금 이 아이에게 무슨 일이 일어나고 있는지 궁금해하며 나는 올리버에게 말했다. "맞아, 방금 내가 재채기했어." 그러자 아주 놀랍게도 올리버는 방금 내가 한 것과 아주 비슷하게 숨을 쉬기 시작했다. "하… 헤, 하… 헤, 하… 헤." 나는 올리버도 곧 재채기를 할 것이라 확신했다. 아니나 다를까, 올리버가 마지막으로 크게 가짜 재채기 소리를 냈다. "에에-취!"

그 순간 뇌리를 스치듯 든 생각은 "어머나, 올리버가 생각할 수 있잖아!"였다. 나는 태어난 지 9주가 된 신생아들이 실제로 보고, 듣고, 느낄 수 있다는 것을, 그리고 뭔가를 관찰한다는 것을 알지 못했다. 아기들이 자신이 관찰한 것을 내적으로 처리하여 자신이 이해한 것을 의도적으로 보여줄 수 있다는 것도 생각하지 못했다. 올리버가 내면에 자리한 '자신의 집에 있게' 된 것이다. '자신'이라는 집 밖에서 벌어지는 일을 관찰하고 거기에 관심을 가질 수 있었다. 또한 내 재채기를 흉내 낸 것에서 증명되었듯, 내 재채기에 대한 반응으로 자신의 행동을 구성해낼 정도로 올리버는 충분히 자각하고 있었다. 어린 올리버가 '자각하고 있다'는 것에 의심의 여지가 없었다.

## ❦ 자각하는 것은 행동이다 ❦

우리가 '자각'을 하나의 행동으로 생각할 때, 아이의 삶에서도 우리의 삶에서도 '자각'이 하는 역할이 더욱 분명해진다. 자각은 우리가 가질 수 있는 물건이나 특정한 상태가 아니다. 걷기, 생각하기, 말하기가 어떤 상태가 아닌 우리의 행동을 의미하는 것처럼 '자각' 또한 특정한 상태가 아닌 우리의 행동, 즉 우리의 움직임을 나타내는 것이라고 할 수 있다. "나 걷고 있어, 나 요리하고 있어, 혹은 아이랑 놀고 있어"라고 말할 수 있듯, "나는 자각하고 있어"라고 말해야 한다. 또한 우리 아이가 지금 '자각하고 있다' 혹은 아이가 지금은 '자각하지 않고 있다'라고 말할 수 있어야 한다. 일단 '자각'을 하나의 행동으로 생각하기 시작한다면, 아이가 언제 자각하고 있는지, 혹은 언제 자각하지 않고 있는지 구별하는 법을 배울 수 있다.

자각은 아이가 현재 있는 지점에서 그다음 단계로 비약적인 도약을 할 수 있도록 해준다.

아이가 자각하고 있는 중이라면, 아이는 자신의 놀라운 뇌가 지닌 엄청난 능력을 사용하고 있는 것이다. '자각'은 조직과 창조에 관여하는 좀 더 높은 수준의 능력으로, 뇌를 향상시킨다. 자각하는 것은 아이가 현재 있는 지점에서 그다음 단계로 비약적인 도약을 할 수 있도록 해준다. 자각함으로써 아이는 자신의 움직임, 사고, 감정, 그리고 행동을 자각Aware하는 것에 더욱 능숙해진다. 종종 기적이라고밖에 볼 수 없는 방식으로 아이가 바뀌는 것이다.

아이가 스스로를 관찰하고 자신이 무엇을 하는지 알 때, 또한 자신이 지금 하고 있는 것을 계속해서 할 수 있으며 다른 방식으로도 할 수 있다는 것을 알게 될 때, 하고 있던 활동을 바꾸거나 아니면 모두 그만 둘 수도 있다는 것을 깨달을 때, 그럴 때마다 아이는 자각하고 있는 것이다. 언어를 구사하기 훨씬 전부터 아이는 자각하는 행위를 시작할 수 있다. 자각하는 것은 다른 기술과 마찬가지로 성장하고 진화한다. 시간이 지나면서 아이가 자신의 자각 능력을 많이 적용해볼수록, 자각하는 데 더욱 능숙해질 것이다. 이렇듯 자각할 줄 아는 능력이 향상되면 자신의 난관을 극복하는 데에도 크게 도움이 될 수 있다.

## 🌿 자기 내면의 관찰자를 깨워라 🌿

우리는 모두 '자각'이라는 능력을 가지고 있다. 자각에 의해 우리는 스스로를 관찰하고, 인지하고 또한 변화시킬 수 있다. 올리버의 사례에서도 봤듯이, 9주 밖에 안 된 아기도 명백히 자각이라는 행위를 하고 있었다. 자각할 줄 아는 능력 덕분에 올리버는 내가 재채기를 하는 것을 보고 거짓 재채기를 따라할 수 있었다. 또한 자각할 줄 아는 능력은 자신의 팔을 자각하고 창의적으로 팔을 쓰는 법을 배우는 것에서도 매우 중요한 역할을 한다. 태어났을 당시 올리버가 앞으로 겪을 제약이라고 여겨졌던 모든 예측을 비웃듯 말이다.

자각한다는 행위는 모든 아이의 성공적인 발달에 필수적인 요소다. 아이가 자각하는 기술을 많이 사용하면 할수록, 그 능력은 더더욱 향상되고 강력해지며 저 깊은 곳에서 뇌가 작동하는 데 좀 더 중요한 역할을 하게 된다. 자각의 중요한 특징 중 하나는 자각하는 행위는 기계적, 강압적 행동이나 행위와는 정반대의 속성을 지니고 있다는 점이다. '자각'은 자유의 원천이다. '자각'은 발견과 선택을 할 수 있는 수준으로 뇌의 역량을 끌어올린다. 기계적 반응을 하거나 자동조종장치 모드가 되게 하지 않는다. 아이가 장애를 가지고 있다면 그 아이가 어려움을 겪고 있는 부분에 강박과 자동적인 반응이 계속된다는 것을 알게 될 것이다. 자신이 가진 한계를 넘어서 자유롭게 움직이고 생각하며 활동하는 것이 거의 혹은 전혀 불가능한 것처럼 보이기도 한다. 하지만 자각하는 행위는 아이가 현재 겪고 있는 제약이라는 감옥에서 빠져나오는 문을 열어준다.

자각하기 위해서는 가상의 '내적 관찰자Internal Observer'가 반드시 필요하다. 이는 마치 아이가 빛을 비춰주어 이전에는 보지 못하고 깨닫지 못했던 것이 드러나는 것과 같다. '자각'은 우리가 초반에 자세히 살펴보았던 '집중Attention'과는 다르다. 아이는 느끼거나, 듣거나, 보거나, 생각하거나, 자신이 현재 하고 있는 일에 집중하며 주의를 기울일 수 있다. 하지만 그 순간 자신이 무엇을 하는지에 대해 '자각Aware'하고 있는 것은 아니다. 달리 말하면, 집중하는 것은 자신의 모습과 자신의 행위를 바라보는 아이의 내적 관찰자가 활성화되는 것과는 다르다. 매우 집중하며 TV 프로그램을 볼 때, 아이는 완전히 거기에 빠져들어 이따금 신이 난 나머지 손뼉을 치기도 하고, 심지어는 화면 속의 주인공을 향해 말을 걸기도 한다. 하지만 아이는 자신이 이 모든 것을 하고 있다는 사실을 전혀 알지 못한다.

난동을 부리는 아이는 자신이 무엇을 하고 있는지, 그래서 자신의 행동이 자신과 다른 사람에게 어떤 영향을 미치고 있는지를 전혀 자각하지 못할 가능성이 매우 크다. 하지만 아이를 지켜보는 사람들은 그런 사실을 모르고 있다. 난동을 부리는 그 순간 아이의 내적 관찰자는 그 자리에 존재하지 않는다. 아이의 뇌는 자동조종장치 모드로 바뀌어 있고 자신의 행동을 끝까지 완수하는 것 말고는 다른 선택은 하지 못한다. 자각이 거의 혹은 아예 안 되는 상태에서 선택권도 자유도 없이 뇌가 저기능 모드로 작동하고 있는 것이다.

만약 외부 관찰자의 도움으로 그 순간 아이의 내적 관찰자가 깨어난다면, 그래서 아이가 자각이라는 행위를 시작할 수 있다면 아이의 행동에 즉각적인 변화가 일어날 것이다. 이때 반드시 기억해야 할 것은 내적 관찰자는 그 자체로 중립적이라는 사실이다. 내적 관찰자는 말 그대로 '관찰'을 한다. 판단하거나, 회유하거나, 조작하거나 혹은 벌을 내리지 않는다. 그래서 나는 '인자한 관찰자'라고 부르는 것을 좋아한다. 일단 관찰자가 깨어나면, 자각 행위 또한 즉각적으로 시작되며 그와 동시에 엄청난 변화가 찾아온다. 아이를 위한 변화, 다른 방법으로는 불가능했을 변화가 시작되는 것이다.

만약 외부 관찰자의 도움으로 그 순간 아이의 내적 관찰자가 깨어난다면, 그래서 아이가 자각이라는 행위를 시작할 수 있다면 아이의 행동에 즉각적인 변화가 일어날 것이다.

## ✌ 자각하는 이들이 가져온 나비효과 ✌

자각 능력이 현저히 뛰어나 자기 자신은 물론이고 그 누구보다 자신의 주변을 확실히 좀 더 잘 자각하는 사람과 함께하는 행운을 경험한 적이 있는가? 나는 그런 사람으로 달라이 라마가 생각난다. 테레사 수녀, 마하트마 간디, 그리고 위대한 영적 스승들도 떠오른다. 누구나 그런 사람을 생각하면 떠오르는 이들이 있을 것이다. '이 선생님에게서 배울 수 있다니, 너무 영광이야'라는 생각이 드는 분 말이다. 나에게 그런 사람은 나의 스승인 펠덴크라이스 박사님이다.

그런 사람과 함께 있으면 일시적이라도 자신이 바뀌고 있음을 느낄 수 있다. 그런 사람이 곁에 있다는 것만으로도 자신이 발휘할 수 있는 최고의 능력을 끌어내거나, 이전에는 깨닫지 못했던 것을 깨달을 수 있는 기회가 찾아오기도 한다. 그런 사람과 함께하면서 좀 더 명확하게 사고하고 감정적으로 더욱 차분해지며 균형을 잡아가는 것이다. 또한 좀 더 관대해지고 인자해지며, 인정이 생긴다. 한 사람이 큰 그릇의 자각 능력을 가지고 있으면 그 영향력이 주변 사람들에게도 미쳐 그들의 자각 능력도 향상된다. 마찬가지로, 당신의 자각이 향상되면 아이의 수준도 올라가고, 아이의 뇌를 크게 변화시키는 데 도움이 되기도 한다. 잠에서 깨어난 당신의 관찰자의 영향력은 정말로 놀라울 정도다. 때로는 도미노 효과가 일어나며 온 가족이 바뀌고, 모든 이들의 스트레스가 줄고, 결속력은 올라가고, 모두에게서 더 자주 최고의 모습을 발견할 수도 있다.

한 사람이 큰 그릇의 자각 능력을 가지고 있으면 그 영향력이 주변 사람들에게도 미쳐 그들의 자각도 올라간다.

## 🌿 너무 빨리 생각하는 엄마의 '자각' 🌿

줄리아는 의사였다. 자신도 직업적으로 매우 성공했을 뿐만 아니라 남편 역시 성공가도를 달리는 사람이었다. 몇 년 전 그녀는 자신의 딸 셰일라를 나에게 데려왔는데, 셰일라는 심한 주의력결핍 과잉행동장애가 있다는 진단을 받았고 모든 영역에서 발달 지연이 있었다. (걸을 수 있기는 했지만) 운동 영역과 언어, 그리고 인지 영역에서 모두 발달이 늦었다.

첫 번째 수업이 끝나고, 줄리아는 셰일라의 신발을 다시 신기려고 했다. 셰일라는 그런 엄마의 의도와 노력을 전혀 눈치 채지 못하는 듯 보였다. 엄마가 있는 힘껏 목소리를 내며 이리로 와서 앉자고 애원해도 셰일라는 계속 뛰어다니기만 했다. 줄리아가 하는 말의 강도가 올라가고 말하는 속도가 빨라질수록, 셰일라는 더욱 흥분해 한시도 가만히 있지 못했으며 과잉행동은 더욱 심해졌다. 똑똑하면서도 A형 성격[15]을 다분히 가진 줄리아는 길고 정교한 문장을 아주 빨리 내뱉고 있었다. 내가

---

**15** 영미권에서 A형 성격이라고 하면 보통 시간 관리가 철저하고, 매우 조직적이며, 경쟁적이고 야망 있는 사람을 묘사할 때 쓰인다. B형 성격은 상대적으로 스트레스를 덜 받으며 A형에 비해 시간 개념이 관대하고 좀 더 느긋한 경향이 있다고 여긴다.

보기에 그 순간 줄리아의 내적 관찰자는 잠들어 있음이 확실했다. 줄리아는 완전히 자동조종장치 모드로 행동하고 있었다. 명석한 줄리아였지만, 자신이 무엇을 하고 있는지 혹은 자신의 급박한 목소리와 길고 복잡한 문장이 딸에게 어떤 영향을 미치고 있는지에 대해 전혀 알지 못하고 있었다. 줄리아의 마음속에는 빨리 셰일라에게 신발을 신겨야 한다는 생각만이 가득 차 있었다. 그래야 집으로 갈 수 있기 때문이었다.

나는 줄리아를 마주 보고 앉아 내가 코치를 해줘도 괜찮겠냐고 물어보았다. 줄리아는 바로 그렇게 해달라고 했다. 그 순간 나는 줄리아의 인자한 관찰자 역할을 맡았다. 나는 줄리아에게 매우 똑똑하다고 말해주었다. 줄리아는 칭찬해줘서 고맙다고 했다. 나는 줄리아에게 칭찬을 하려는 것이 아니라 줄리아가 자각했으면 하는 것을 알려주고 싶다고 했다. 그러고 나서 나는 줄리아에게 그녀가 매우 '빨리 생각하는 사람Fast Thinker'이며 아주 정교한 문장으로 아주 빨리 말한다는 것을 알려주었다. 줄리아는 놀라는 듯했다. 줄리아도 몰랐던 사실이었다. 줄리아는 자신을 그런 식으로 생각해본 적이 한 번도 없었던 것이다. 나는 줄리아가 계속해서 아주 강렬한 어조와 어려운 문장으로 그렇게 빠른 속도로 셰일라에게 말한다면, 셰일라는 이해하지 못할 것이라고 말해주었다. 나는 셰일라도 꽤 똑똑한 아이지만 지금은 셰일라의 뇌가 처리하기에 엄마의 말이 너무 빠르고, 강렬하고, 어렵다는 것을 알려주었다.

줄리아와 이런 대화를 하는 동안 나는 천천히 말했고 줄리아는 나를 쳐다보며 내 말을 경청했다. 그리고 나는 줄리아에게 스스로를 관찰해볼 것을 제안했다. 그러면 줄리아가 말하는 속도를 줄일 수 있을 것이며, 좀 더 단순한 문장으로 말하고, 좀 더 천천히 움직일 수 있을 것이라고 했다. 또한 셰일라와 함께 있을 때마다 많은 행동을 하지 않으려 노력해야 한다는 사실도 알려주었다. 줄리아는 자신의 불안을 자각해야 하며, 자신이 불안하다고 느낀다면, 그 순간 멈춰서 스스로를 안정시킬 시간을 가져야 한다고 이야기해주었다.

그리고 나서 바로, 줄리아는 매우 천천히 말하기 시작했다. 훨씬 부드러운 목소리로 쉬운 문장을 써서 셰일라에게 이리 와서 앉으라고 하면서 그래야 신발을 신을 수 있다고 말했다. 그러고는 줄리아는 모든 것을 멈추고 셰일라가 반응을 보이길 기다렸다. 시간이 좀 걸렸고 엄마의 메시지가 셰일라에게도 닿은 듯했다. 셰일라는 엄마를 향해 몸을 돌리더니 의자로 걸어와 앉았으며 엄마가 자신에게 신발을 신겨주는 동안 차분히 있었다.

몇 주가 지나고 줄리아는 자신의 A형 성격에서 비롯된 행동을 더 잘 자각하게 되었으며, 이를 통해 자신이 변하게 되었고 집안 분위기도 이전과는 달라졌다고 말해주었다. 얼마 지니자 않아 셰일라는 조금 빠르거나 복잡하더라도 줄리아가 하는 말을 잘 이해하게 되었다. 하지만 줄리아는 지금도 현재에 온전히 머물며 자각하는 방식을 쓴다. 자신의 그런 상태를 더 선호하게 되었기 때문이다. 특히 셰일라와 함께 있을 때는 더욱 '자각'하는 상태를 유지하려 노력한다.

## 자각이 놀라운 변화를 가져오는 이유

'자각'을 연구하는 과학자들은 자각을 조사하는 것뿐만 아니라 '자각' 이 무엇인지 정확하게 정의하는 것 또한 매우 어려운 문제임을 깨달았 다. 많은 이들이 '의식Consicousness'과 '자각'이라는 용어를 구별 없이 쓴 다. 이와 관련해서, 모든 동물은 어느 정도의 의식을 가지고 있다. 의식 이 없으면 동물은 삶에 기본적으로 필요한 것들을 구할 수 없을 것이 다. 문 옆에서 주인의 서류 가방을 보거나 주인이 목줄을 꺼내며 산책 을 하자고 말하면 개는 앞으로 무슨 일이 일어날지를 깨닫는다.

이 책에서 내가 말하는 '자각'이라는 개념은 '의식'과 같지 않으며 '의 식'과 혼용해서 쓰일 수도 없다. 나는 스스로를 관찰하고 자각하는 비 범한 능력을 의미하려는 목적으로 '자각Awraeness'을 사용한다. 이는 당 신이 알고 있다는 것을 아는 능력을 의미한다. 우리는 거울을 보며 자 신이 지금 거울을 보고 있다는 것을 알고 있다. 또한 당신과 내가 다르 다는 것을 안다.

철학자들은 이러한 능력을 '메타 의식Meta-Consciousness' 혹은 '메타 자각Meta-Awareness'이라고 말한다.[1] 이는 자각하고 있다는 것을 자각 하고 있는 상태, 혹은 우리의 생각, 욕구, 감정, 믿음에 대해 생각할 수 있는 능력이 우리에게 있음을 의미한다. 인간은 대부분의 다른 동물들 이 갖고 있는 본능적인 능력을 갖고 있지 않다. 대신에 우리는 우리 자 신을 자각하는 것에 의존한다. 또한 우리를 둘러싼 세상과의 관계를 자 각하는 것에 의존하며 살아간다. 자각을 통해 학습과 새로운 신경 패턴

　　　　　　　　PART 2 ｜ 아이들 수천 명의 삶을 바꾼 아홉 가지 원칙

의 즉각적인 통합이 이루어진다.

자각하는 것이 뇌의 형성은 물론이고 뇌의 체계화와 학습 능력 향상에 기여한다는 것을 고려할 때, 7개월 된 아기들도 어느 정도는 자각하는 능력을 보여주었다는 연구 결과도 그리 놀랍지만은 않다.[2] 아그네스 코바치Agnes Kovács와 그의 동료 연구진들은 7개월 된 아기들이 다른 사람의 관점을 고려할 수 있다는 것을 발견했다. 이는 한때 네 살 즈음에나 처음으로 나타난다고 여겨졌던 능력으로, 이런 능력을 얻기 위해서는 자신과 다른 사람에 대한 자각이 필수적이다. 코바치는 이 아기들이 다른 사람의 신념을 이해할 수 있다는 것을 발견했으며, 자신의 신념이 과제 수행에 영향을 미치듯 다른 사람의 신념도 주어진 과제를 수행하는 데 영향을 미친다는 것을 발견했다. 그들은 또한 어떤 사람이 눈앞에서 사라지고 난 후에도 그 사람의 신념이 아기의 행동에 계속 영향을 미쳤다는 사실도 발견했다.

MIT의 과학자들은 12개월 된 아기들이 자신이 가진 지식을 사용하여 새로운 상황이 어떻게 펼쳐질지에 대해 놀랍도록 정교하게 예측한다는 사실을 밝혀냈다.[3] 과학자들은 태어난 지 몇 달밖에 되지 않은 아기들이 물리적 세상에 대한 기본적인 규칙을 견고히 이해하고 있으며, 앞으로 상황이 어떻게 전개될지를 이성적이고도 정확하게 예측할 수 있다는 것을 보여준다.

잠시 시간을 내서 '자각'하는 행위에 대해 생각해보자. 그러면, 인간의 성공적인 발달을 위한 근본적이고도 핵심적인 역할을 하는 자각 행위가 삶이 시작될 때부터 존재하는 것임이 이해하게 될 것이다. 그리고 다른 모든 기술이 그렇듯 자각하는 행위 또한 시간이 지나면서 계속 발전을 거듭한다.

## 🌿 더 능숙하게 자각하는 법 🌿

비약적으로 아이를 변화시키는 아이만의 고유한 자각 행위가 지니는 영향력을 과소평가해서는 안 된다. 마찬가지로 아이의 뇌가 자각 능력을 발휘하도록 하는 데 당신의 자각 행위가 중요한 역할을 한다는 사실 또한 절대 과소평가해서는 안 된다. 다음은 당신과 당신의 아이가 이토록 놀랍고도 필수적인 인간의 능력을 깨우치는 데 도움이 되는 방법들이다.

### ● 나에게 먼저 '자각하기'를 적용해본다(Awaring Beings with You)

우리가 '자각'이라고 부르는 이 능력은 현상이라기 보다는 하나의 행위이며 그래서 '자각한다Awaring'라고 하는 것임을 기억해두면 도움이 된다. 아이가 자각하는 능력을 개발하고 이로부터 더욱 온전히 혜택을 누리기 위해서는 먼저 자신의 자각 능력을 발달시켜야 하고, 이를 의도적으로 사용해야 한다. 걷거나 달리기를 통해 운동 연습을 하듯, 자각하기를 훈련하거나 연습해볼 수 있다. 우리 모두 매일 자연스럽게 가끔씩 자각한다. 아침에 일어났는데 어쩐지 등이 뻣뻣하다고 느낄지도 모른다. 그러고는 그 전날 무거운 짐을 들어서 등이 뻣뻣한가 하고 생각할 수도 있다. 잠시 이를 자각하고 난 후에, 우리는 이렇게 깨닫는다. "나는 맨날 모든 걸 나 혼자 해야 한다고 생각하고 있어." 그러고는 다음번에는 새로운 방식으로 행동하며 다른 사람에게 도움을 청할 수 있음을 깨닫는다.

이 방법으로 '즉흥적 자각하기'에서 '의도적 자각하기'의 수준으로 올라갈 수 있다. 슈퍼마켓에서 줄을 서고 있는 중에도 자각하기로 결심할 수도 있다. 내가 지금 서두르고 있으며 내 앞사람에 바짝 붙어 서서 조금이라도 빨리 계산대에 가려는 헛된 시도를 하고 있다는 것을 자각하게 될지도 모른다.

또한 살면서 자각하게 될 특정 상황을 미리 선택할 수도 있다. 의도적으로 당신의 생각과 움직임과 감정과 행동을 자각해보는 것이다. 일상생활에서 발생하는 이런저런 일들을 경험하고 있으며, 생각하고 행동하고 있다는 것을 깨닫는 것만으로도 자각하는 기술을 연마하고 있는 셈이다. 일상의 활동과 사건들은 자각해볼 수 있는 무한한 기회가 된다. 이는 훈련을 통해 근육이 단련되는 것처럼 자각 기술이 새로운 차원의 수준으로 성장하는 데 도움이 될 것이다.

자각하는 기술이 향상되면 이를 감정적이나 인지적으로 좀 더 복잡하고 어려운 상황에 차차 적용해본다. 예를 들면, 이전에 한 번도 해보지 않았던 새롭고 도전적인 것을 할 때 점진적으로 자각 기술을 심화해서 사용해보는 것이다. 자각하는 것에 점점 능숙해진다는 느낌이 들고 자각하고 있다는 사실까지 '자각'하고 있다는 느낌이 든다면, 이 기술을 아이와의 상호작용에 적용할 준비가 된 것이다.

## ● 아이 곁에서 '자각하기'를 실천해본다(Awaring with Your Child)

자각하는 기술을 어느 정도 연습했고, 의도적으로 그 능력을 불러내 쓸 수 있겠다는 느낌이 든다면, 그 기술을 가져와 아이와의 상호작용에 접목해보자. 처음에는 당신에게도 아이에게도 스트레스가 덜한 상황이나 활동을 선택하는 것이 좋다. 예를 들면, 함께 비디오를 보는 것도 괜찮다. 이따금 영화 말고 아이를 관찰하는 것이다. 아이에게서 무엇을 자각할 수 있겠는가? 어쩌면 아이가 영화에 푹 빠져들 때마다 아이의 자세가 변한다는 것을 자각하게 될 수도 있다. 아이가 이전에는 짓지 않았던 얼굴 표정을 하고 있다는 것을 자각할 수도 있다. 아니면 아이가 행복할 때, 슬플 때, 혹은 놀랐을 때 아이의 얼굴에 드러나는 표정을 알아차리게 될 수도 있다.

그런 다음에 관심을 돌려 자신을 관찰해보자. 그 순간 자신이 무엇을 느꼈는지, 어떤 생각이 들었는지, 그 순간 어떤 욕구가 떠올랐는지 그것을 자각할 수 있었는지 살펴보는 것이다. 지금 어떤 자세를 취하고 있는지, 편안함을 느끼는지, 아이와 가까이 앉아 있는지, 그런 상태가 좋은지 자각해보는 것이다.

난이도가 낮은 상황에서 자각하기를 먼저 연습하고 며칠이 지나면, 아이에게도 당신에게도 조금은 어려운 상황이나 상호작용에서 자각하기를 시작해보자. 홈 테라피를 하는 동안일 수도 있고, 아이의 숙제를 도와주거나 운동장에서 아이가 어려워하는 행동을 다루는 경우일 수도 있다. 아이에게 어떤 활동을 시작하기 전에 잠깐 멈추고 자신이 무엇을 느끼고 있는지 자각하는 상태가 되도록 해보자. 혼란스러운가?

당신이 책임을 져야 한다고 느끼고 있는가? 차분한가? 놀랐는가? 압도되었는가? 피곤한가? 희망이 보이는가? 가망이 없다고 느끼는가? 그 순간 아이가 사랑스럽다고 느끼고 있는가? 짜증이 나는가? 자신은 지금 무엇을 생각하는가? 그 순간 필요로 하는 것은 무엇인가? 만족스럽고 충만하며 통제권을 가지고 있다고 느끼는가 아니면 스스로 도움이 좀 필요하다고 느끼는가?

이 과정에서 자기 자신을 검열하려고 해서는 안 된다. 여기서 옳고 그름이란 없다. 그저 자각하는 행위에 집중하고 있을 뿐이다. 그 사실만이 존재한다. 당신을 행동하게 하는 것은 무엇인지 자각할 수 있어야 한다. 이런 활동에는 많은 시간이 필요하지 않다. 자각하는 행위를 몸 안에서 작동하는 아주 빠른 스캐너라고 생각해보자. 자각 행위를 하고 있을 때는 기계적인 행동을 하거나 기계적 반응을 하지 않는다. 더불어 아이와 어떻게 지내고 아이와 무엇을 할지에 관한 새롭고 창의적인 아이디어를 찾아낼 수 있는 더 많은 자유를 주고 무엇을 할지에 대한 더 많은 선택권을 가져다준다.

### ● 정말 아이를 위한 행동인지를 자각한다(What Am I Doing It For?)

아이가 곁에 있어도 자각 행위를 할 수 있게 되었다면, 자각하기를 아이에게 발휘해보자. 아이와 할 수 있는 활동으로 무엇이 떠오르는가? 다음번에 아이와 무엇을 하고 싶은지 결정해보자. 아이를 혼자 남겨두고 그냥 아이를 계속 지켜봐야겠다는 결정도 여기에 포함된다. 하지만 아이와 함께하는 활동을 시작하기 전에 스스로에게 물어보자. 나는 누구를 위해 이런 활동을 하는가? 우리 아이를 위해서인가, 아니면 나를 위해서인가? 아니면 아이와 나 모두를 위해서인가? 당신에게 떠오른 대답에 아마 아주 놀랄 것이다.

자각하고 난 뒤에 많은 부모들은 자신의 행동이 사실은 아이를 위한 것이 아니었음을 깨닫는다. 부모의 행동은 경우에 따라 자신의 불안을 줄이기 위한 것일 수도 있다. 혹은 우리가 감히 의문을 제기할 수 없는 권위자의 지시를 따르는 것일 수도 있다. 어쩌면 우리는 진짜 아이가 재미있어 하는 것인지 확인해보지도 않은 채 아이가 좋아하기 때문이라고 철석같이 믿으며 그런 행동을 하는 것일 수도 있다. 그리고 어떤 경우에는 그저 자동조종장치 모드가 되어 기계적으로 그런 행동을 하기도 한다.

당신이 하겠다고 결정한 것이 무엇이든, 당신이 자각하고 있다는 사실만으로도 아이에게 무엇을 해주어야 하고 무엇을 하지 말아야 할지 선택할 수 있다. 무엇을 자각하든 당신이 자각하는 행위는 아이의 잠재력을 향상시키며, 당신의 영향을 통해 아이 또한 스스로에 대해 자각한 상태에서 움직이게 된다. 그리고 이는 결국 아이가 겪고 있는 어려움을 아이의 뇌가 성공적으로 해결할 수 있도록 도와주는 것이다.

당신이 자각하고 있다는 사실만으로도 아이에게 무엇을 해주어야 하고 무엇을 하지 말아야 할지 선택할 수 있다.

## ● 아이 내면에 잠든 내적 관찰자와 천재성을 깨운다
(Awaken the Observer and Genius in Your Child)

아이가 깨어 있는 상태에서는 당신이 아이에게 하는 모든 것 혹은 아이가 깊이 집중하고 있는 모든 활동이 아이가 자신의 자각 기술을 활용할 수 있도록 안내해주는 기회가 된다. 아이한테 이는 대부분 놀이처럼 일어나는 현상일 것이다. 일단 자각하기 능력이 깨어나면, 자각하기는 어디에나 활용할 수 있는 핵심 기술이 된다. 다시 말하지만, 아이에게도 당신에게도 가장 쉬운 지점에서 시작하는 것이 중요하다. 분유를 먹이거나 젖을 먹이는 것과 같은 아이가 좋아하거나 편안해하는 활동이나 상황을 선택한다.

만약 아이가 아직 신생아라서 직접 젖병을 쥐고 우유를 먹여야 하는 상황이라면 젖병을 아이에게 바로 가져가 젖꼭지를 아이 입에 물려 아이가 무심코 젖병을 빨게 하지 말고 잠깐 멈추는 것이다. 젖병을 아이 얼굴 앞에 대고 손가락으로 젖병을 톡톡 쳐본다. 두세 번 톡톡 젖병 치는 소리를 내서 아이의 관심을 끈다. 아니면 젖병 바닥을 아이의 배나 맨발바닥에 부드럽게 갖다 대본다. 그렇게 하다 보면 아이가 관심을 갖게 된다.

일단 아이가 관심을 갖게 되면, 젖병을 아이 얼굴에 더 가까이 가져간다. 하지만 아직 아이 입에다가 젖꼭지를 물리지는 않는다. 그저 가볍게 아이 입술에 살짝 댔다가 다시 살짝 떼고는 조금 기다린다. 아이는 깨어나 자신이 기계적으로 예상했던 바가 충족되고 있지 않다는 것을 알아차리게 된다. 그 순간 젖병을 아이의 시선이 있는 곳에 가져가서 아이가 쉽게 젖병을 볼 수 있게 한다. 다시 손가락으로 젖병을 가볍게 톡톡 치고는 이렇게 말해본다. "젖병. 우유. 먹고 싶어?"

아이가 자신의 머리를 움직이거나 아이의 시선이 젖병으로 향하는 순간 젖꼭지를 아이의 입술에 대고 물려준다. 다음번에 아이에게 젖을 줄 때, 젖병을 톡톡 치는 것으로 시작해보자. 아이가 금방 깨어나 온전히 젖병을 자각하는지 확인해보자. 아이가 자각하는가? 자신이 무엇을 기대하고 있는지 아이도 알고 있는가? 그리고 자신이 예상한 일이 일어나기를 적극적으로 기대하는가?

### ● 질문하기의 힘을 깨닫는다(The Power of Asking Questions)

질문은 아이의 자각하는 능력을 일깨우는 엄청난 도구다. 질문 하나면 '네' 혹은 '아니오'라는 두 가지 선택지가 생긴다. 어떤 질문은 정해진 답이 없을 수도 있다. 여러 가지 선택지가 있을 수 있다. 예를 들면 "오늘 뭐하고 싶어?", "샌드위치 먹을래? 아니면 오렌지? 사과? 감자튀김? 뭐 먹을래?"와 같은 질문을 하는 것이다.

질문은 우리가 선택지를 자각하고, 결정을 내리며, 자신이 저것 말고 이것을 선택한다는 것을 인지하게끔 만든다. 선택을 내려야만 한다는 것은 자각의 부재와 자동성과는 정반대의 성질을 지닌다. 질문을 통해서 아이의 자각 능력을 일깨우고 강화할 수 있는 무수히 많은 방법과 기회가 있다. 아이의 뇌를 깨워 결정을 내리게 할 수 있는 일상적인 질문을 찾아보자. 이는 아이의 자각 능력을 즉각 발동시킬 것이다.

질문을 통해서 아이의 자각 능력을 일깨우고 강화할 수 있는 무수히 많은 방법과 기회가 있다.

예를 들면, 무독성 마커를 사용해서 아이의 오른쪽 손바닥에는 고양이를 그리고 왼쪽 손바닥에는 강아지를 그려볼 수 있다. 그리고 만약에 아이가 공원에서 정글짐을 오르고 있는데 아이도 당신도 그 활동에 매우 집중하고 있다면, 아이에게 이렇게 물어볼 수 있다. "강아지가 저 봉을 먼저 잡을 거야, 아니면 고양이가 먼저 잡을 거야?" 그 순간 아이는 자신의 손바닥을 알아차리고 두 손바닥 중에서 하나를 선택할 수 있다는 사실 또한 알아차린다. 아이의 주의가 환기된 것이다. 아이의 왼발에는 오리 그림을, 오른발에는 꽃을 그려볼 수도 있다. 아이와 공 잡기 놀이를 하면서 물어보는 것이다. "공은 누가 잡는 거야? 고양이? 강아지? 오리랑 꽃이 잡으려나?"

아이가 만약 작은 주먹으로 방바닥을 치고 소리를 내지르며 소란을 피우고 있다면, 당신에게는 이 행동이 매우 눈에 거슬리더라도 아이는 그 순간 자신의 행동을 자각하지 못하는 경우가 대부분이라는 것을 기억하길 바란다. 이렇게 성질을 부리는 행동의 속성이 원래 그렇다. 이럴 경우, 아이에게 질문을 던져서 아이의 자각 기능을 일깨우고 이 기계적인 행동에서 벗어나게 해줄 수 있는지 살펴보자. 가령 아이에게 다음과 같이 물어볼 수 있다. "지금 소리 지르고 있는 거야? 나는 잘 모르겠는데. 더 크게 소리 지를 수 있어?" 그러고는 몇 초간 기다렸다가 아이가 실제로 더 크게 소리를 지르는지 확인한다. 만약 아이가 실제로 더 크게 소리를 지른다면 "어, 목소리가 더 커졌어. 이제 더 잘 들린다"라고 말해주면서 아이가 자신이 소리지르고 있다는 사실을 인지하게 한다. 아이가 소리를 더 크게 냈다는 것은 자신이 소리를 낸다는 사실을 자각하고 있다는 표시다. 지금 기분이 안 좋으냐고 묻지 말고, 아이가 식별할 수 있도록 그저 굳건한 태도로 함께 있어주는 것이 좋다. 아이의 행동을 해석하려 해서는 안 된다.

아이가 만약 더 크게 소리를 지르지 않는다면, 그건 그렇게 두고 당신의 관심을 바닥을 내리치는 아이의 주먹으로 돌린다. 종이 한 장을 아이 손 근처에 두고 아이에게 종이를 오른손으로 칠 것인지, 왼손으로 칠 것인지, 아니면 양손으로 칠 것인지 물어본다. 이런 식의 자각하기로 아이의 행동이 바뀌는지 확인해보자.

당신의 감정과 행동뿐만 아니라 아이에 대한 섬세한 관찰과 관심에서 우러나온 독창적 질문이 아이가 자신만의 고유한 '자각'이라는 내적 천재성에 접근하는 데 큰 도움이 된다. 그리고 당신의 그런 능력이 아이가 배우고 성장하는 데 얼마나 큰 영향을 미치는지 알게 되면 놀라지 않을 수 없을 것이다.

자각하는 행위와 당신이 자각하고 있는 것에 대해 선택을 하는 것은 놀라운 방식으로 뇌를 깨운다. 그렇게 되면, 차이점을 식별해내는 뇌의 능력이 매우 활발해진다. 이는 마치 아이의 뇌 속에 놀라운 변화를 가져올 새로운 가능성의 불을 켜서 지금까지 존재하지 않았던 새로운 조합을 만들어 드러내 보이는 것과 같다.

# 한계를 뛰어넘은 아이들이
# 알려준 것

한계를 넘어서 가능성을 확인했을 때만
가능성의 한계를 논할 수 있다.

_아서 C. 클라크

나는 아이의 제약을 넘어서 생각하라는 의미에서 부모들에게 "응원합니다"라고 말하곤 한다. 하지만 이는 아이의 제약이 진짜가 아니라는 것을 의미하는 것이 아니다. 장애 유무와 상관없이 모든 아이는 자신의 한계를 뛰어넘을 능력을 가지고 있다. 그 능력이 무엇이든 말이다. 이제 4개월 된 아이의 발에 롤러블레이드를 신겨 끈을 묶어주고는 아이에게 롤러블레이드를 타보라고 하지는 않는다. 영화나 만화책에 나오는 슈퍼맨처럼 날면 어떨까 하고 공상에 빠지는 것을 좋아하는 아이들이 있긴 하지만, 그렇다고 그 아이들이 실제로 날지는 않는다. 분명 인간으로 태어났기 때문에 갖는 제약이 있다. 아이에게 장애가 없더라도 배우고 성장하는 과정은 그 자체로 어렵다. 아이에게 장애가 있을 때 배움과 성장의 과정에서 필요한 것이 기하급수적으로 늘어난다. 그런데도 나는 왜 힘내라고, 제약을 넘어서 생각하라고 말하는 걸까?

첫 번째로, 아이들이 가진 제약이 계속해서 바뀌고 있다는 것을 상기시켜주기 위해서다. 과학의 발견과 장애를 바라보는 사람들의 사회적 인식 변화 덕분에, 또한 장애를 가지고 태어난 사람들에게 애정을 느끼며 그들에게 도움을 주기 위해 헌신한 분들의 새로운 발견 덕분에 장애를 가진 이들의 한계가 불변의 상태로 그대로 정체되어 있지는 않다. 말하자면 장애를 지닌 사람들이 겪는 제약의 범위가 계속해서 줄어들고 있는 것이다. 고개만 돌리면 제약을 지닌 채 사는 방법뿐만 아니라 제약을 지니고 있으면서도 충만한 삶을 사는 방법을 안내하는 새로운 사례와 새로운 영웅이 어디에나 있음을 알 수 있다. 심지어 그들을 제약했던 장애를 비웃듯 비범한 삶을 사는 경우도 찾아볼 수 있다.

앞에서 언급했던 엘리자베스를 생각해보자. 지금도 "엘리자베스와 같은 증상이라면 삶에 아주 많은 제약이 있어야 하는 게 맞는데…"라고 말하는 전문가도 있다. 하지만 엘리자베스는 서른 살의 나이로 두 개의 석사학위를 받았으며, 결혼하여 자신의 사업체를 운영하고 있고, 자신의 표현대로 "삶의 열정을 찾았다." 엘리자베스는 충만한 삶을 살고 있다. 우리와 함께했던 많은 아이들이 그들에게 예측된 가능성보다 훨씬 충만하고 만족스러운 삶을 살고 있으며, 그런 삶을 살 수 있을 만큼 성장했다.

물론 엘리자베스를 비롯한 그 아이들이 지금의 위치에 혼자 갈 수 있었던 것은 아니다. 그들에게 헌신하고, 그들을 사랑하며, 아이의 미래에 대한 암울한 예측을 받아들이지 않고 희망을 잃지 않았던 부모들이 있었다. 이 아이들은 또한 우리와 함께 작업함으로써 엄청난 혜택을 보기도 했다. 우리는 그 아이들이 가진 명백한 제약에도 불구하고 그 제약에 초점을 맞춰 수렁에 빠지지 않았다. 우리는 아이의 가능성을 보고 나아갔다. 이를 통해 우리는 아이가 자신의 타고난 능력을 발전시키고 쌓아 올릴 수 있게 도울 수 있었다. 제약은 없다는 것과 새로운 가능성이 끊임없이 나타난다는 것을 굳게 믿고자 했던 부모와 과학자, 치료사, 의사, 건강 요원, 돌보미, 장애가 있는 아이들과 성인들의 헌신이 한데 모여 그 한계의 범위를 계속해서 좁혀나가고 있다.

개인적 가치뿐만 아니라 변화를 거듭하는 사회적 가치에 의해 제약은 없다는 사실이 여러 방식으로 드러나고 있다. 팔이나 다리를 잃은 사람들이 달리기를 하고, 스키를 타고, 수영을 하며 여러 운동 경기에 참여해 서로 경쟁한다. 이처럼 우리 곁에는 친근한 모습을 한 영웅들이 존재한다. 그들의 성취는 한계를 뛰어넘어 생각하는 것이 얼마나 가치 있는 것인지를 증명해준다.

카일 메이나드Kyle Maynard는 팔, 다리 없이 태어나 레슬링 챔피언과 유명한 동기 부여 연설가가 되었다. 스티븐 호킹Stephen Hawking은 스물한 살에 근위축성 측색경화증(루게릭 병)ALS, amyotrophic lateral sclerosis을 진단받았고 의사들은 이 병으로 그가 5년밖에 살지 못할 것이라 예상했다.

하지만 그는 진단을 받고 50년 이상 세계에서 가장 저명한 물리학자로 활발하게 활동했다. 바브 게라Barb Guerra는 양쪽 팔 없이 태어났지만 결혼을 하고, 세 자녀를 키웠으며, 쇼핑도 하고, 자신의 차를 직접 운전도 할 뿐만 아니라, 자신의 정기적인 에어로빅 프로그램의 일환으로 매일 달리기를 한다. 또한 세계에서 가장 큰 운동 경기 중 하나인 스페셜 올림픽에 150개가 넘는 국가에서 지적 장애를 가진 300만 명 이상의 운동선수들이 참여한다.

의사, 변호사, 과학자, 연구원, 전업주부 등 다른 사람들은 어떤가? 제약을 넘어선 그들의 삶은 자신들의 장애에 대한 모든 예측에 도전장을 내민다.

아이가 장애라는 난관에 맞닥뜨리게 되면, 그런 아이를 가진 부모, 치료사, 선생님, 돌보미, 의사들은 어려움은 대체 무엇인지 정의를 내리고 우리가 사랑하고 보호해야 할 아이들을 가장 잘 도울 수 있는 방법을 찾아야 하는 과제에 직면하게 된다. 이 책을 통해서 나는 아이의 풍부한 잠재력에 접근하는 방식을 밝혔고 그것을 설명하려 노력했다. 나는 또한 제약을 넘어서는 것이 무엇을 의미하는지, 장애를 가진 아이들과 그 부모들을 응원한다는 것이 무슨 의미인지, 문제에 대한 해결책은 언제나 있다는 것을 깨닫는 것은 무슨 의미인지를 생각해 볼 수 있는 방법도 제안했다.

30년이 넘는 세월 동안 장애를 가진 아이들과 함께해오며, 나는 몇 번이고 계속해서 이 책에서 설명한 '아홉 가지 핵심 원칙'이 어떤 식으로 아이들에게 새로운 기회가 되는지를 직접 목격했다. 아이의 장애가 그들에게 영향을 미치는 방식을 바꾸는 기회, 이 아이들이 자신의 한계를 넘어서 나아갈 수 있도록 도움이 되는 기회를 이 '아홉 가지 핵심 원칙'이 어떻게 제시하는지를 말이다. 그 핵심에는 장애의 여부와 관계없이 아이들이 가진 무한한 능력을 깨우고 그 능력에 접근하는 도구와 가이드 라인을 제시했다.

'아홉 가지 핵심 원칙'의 핵심은 아이들의 뇌가 가진 기적에 있다. 아이들의 뇌가 제 역할을 제대로 수행하도록 도움을 줄 수 있는 방법을 제시하는 것이 이 핵심 원칙의 핵심 역할이다.

'아홉 가지 핵심 원칙'으로 우리는 아이의 뇌가 가치를 매길 수 없을 만큼 소중한 방식으로 변화할 수 있는 기회를 줄 수 있다. 즉 언제나 더 많이 차이점을 식별해냄으로써 움직임, 생각, 감정, 그리고 행동에 있어서 좀 더 정밀하게 움직임을 조절할 수 있다. 아이들은 언제나 더욱 능숙해질 수 있으며, 계속해서 성장할 수 있다.

장애를 지닌 우리 아이를 위한 한 가지 공통 목표가 있다면, 아마도 그것은 모든 아이들을 위해 우리가 지닌 목표와 다르지 않을 것이다. 바로 아이가 온전하고 유의미한 삶을 사는 것이다. 템플 그랜딘Temple Grandin의 말처럼 "부모님과 선생님은 아이에게 붙은 라벨이 아니라 아이를 봐야 한다. … 아이에게 기대를 걸 때 현실적이어야 하되, 천재성을 발휘할 수 있는 잠재력을 간과해서도 안 된다. 그 잠재성은 그 모습을 드러낼 기회를 그저 기다리며 조용히 내면에서 숨어 있을지도 모른다."[1]

## 아낫 바니엘 메서드에 관해 자주 묻는 질문들

이 책의 형식에 딱 들어맞지 않는 독자 여러분의 질문이 있을 것이라 예상한다. 상담이나 워크숍에서 부모님들이 내게 던진 질문들을 떠올려보며, 독자 여러분이 어떤 질문을 던졌을지 추측해보았다. 추가 질문이 생긴다면, 내 웹사이트(www.anatbanielmethod.com)를 확인하기 바란다. 부모님과 아이들을 대상으로 한 실제 세션을 담은 비디오도 웹사이트에서 찾을 수 있을 것이다.

**Q.** **어떤 증상에 아낫 바니엘 메서드(ABM)가 도움이 될 수 있나요?**

아낫 바니엘 메서드는 뇌에 집중하고 뇌가 가진 조직 능력에 집중하기 때문에, 특정 진단 그 자체가 성장하고 발전할 수 있는 아이의 능력에 관한 결정적 요인이 거의 되지 않습니다. 나를 비롯한 나의 동료들은 다양한 진단과 증상을 가진 아이들과 성공적으로 작업해오고 있습니다. 우리가 아이의 '학습 스위치'를 켜서 뇌가 움직임과 행동에 관한 새롭고도 좀 더 성공적인 패턴을 만들어낼 수 있도록 도울 수만 있다면 우리는 어떤 아이와도 함께 수업할 수 있습니다.

**Q.** **아홉 가지 핵심 원칙을 사용한다면,
우리 아이가 완전히 정상적인 아이가 될 수 있을까요?**

그렇다고 말할 수 있었으면 좋겠습니다. 하지만 내가 분명하게 말할 수 있는 것은 지속적으로 아홉 가지 핵심 원칙을 아이에게 적용한다면, 아이는 변화하고 향상되기 시작할 것이며, 점점 더 많은 것을 할 수 있게 될 것이라는 점입니다.

아낫 바니엘 메서드에 관해 자주 묻는 질문들

**Q.** 내가 아홉 가지 핵심 원칙을 쓸 줄 알아도,
우리 아이가 임상전문가에게 레슨을 받아야만 할까요?

아낫 바니엘 메서드의 전문가에게 수업을 받는다면 언제나 아이에게 도움이 됩니다. 아낫 바니엘 메서드 임상전문가는 갈고 닦은 전문 지식과 경험을 사용하여 아이에게 변화가 일어나는 과정을 세심히 다듬어 촉진할 수 있습니다. 임상전문가와 당신이 파트너가 된다면, 집에서 아이를 위해 핵심 원칙을 사용하면서 더욱 든든하다는 느낌을 받을 수 있을 것입니다. 임상전문가의 소개를 통해 장애를 지닌 아이가 있는 가정들이 서로 알게 되는데, 이는 서로를 더욱 지지할 수 있는 원천이 되고 있습니다.

**Q.** 아이가 몇 살 정도 되었을 때,
전문가에게 데려가는 것을 추천하나요?

30년 동안 나는 아낫 바니엘 메서드를 가능한 한 빨리 시작하라고 추천하고 있습니다. 다른 전문가들도 이제 나의 의견을 지지합니다. 우리는 태어난 지 5일이 된 신생아와도 수업을 했습니다. 아이의 뇌는 아주 어릴 때 가장 빠른 속도로 자라고 형성됩니다. 아이의 뇌가 체계를 더 잘 잡고 더 나은 방식으로 작동하도록 더 일찍 도움을 줄 수 있다면 아이도 더 쉽게 발전해나갈 것입니다.

**Q.** 뇌 가소성에 대한 연구가 더 많아지면서 이제는 뇌가 모든 연령대에서 재배선이 이루어진다고 합니다. 좀 더 나이가 든 어린이들에게 아낫 바니엘 메서드의 효과는 어떤지 듣고 싶습니다. 아낫 바니엘 메서드가 효과가 없는 나이가 있나요?

모든 연령대에서 뇌는 스스로 변할 수 있습니다. 아낫 바니엘 메서드의 혜택을 받기엔 아이가 이미 너무 커버렸다고 생각했던 시절도 있었지만, 다행히도 그것이 틀렸다는 것이 증명되었습니다. 몇 년 전에, 우리는 심한 불수의 운동형 뇌성마비가 있는 여덟 살 소년과 작업했습니다. 이 아이는 바로 앉을 수도 없는 상태였지만 우리와 함께하고 3개월 뒤 걷게 되었습니다. 명심해야 할 것은 장애가 심할수록, 아이가 나이를 더 많이 먹었을수록, 아이의 뇌 또한 더 많은 패턴을 만들어나간다는 점입니다. 여기에는 제약을 지닌 패턴도 포함되는데, 이것은 그 자체로 우리 아이만이 극복해야 할 어려움입니다. 우리도 아이가 얼마나 좋아질지 미리 알 수 없습니다. 하지만 분명한 사실은 만약 우리가 아무것도 하지 않는다면, 혹은 아이가 지금까지 해왔던 방식과 다른 무언가를 하지 않는다면, 아이는 더 좋아지지 않을 것이라는 점입니다. 궁극적으로, 삶의 질에 대한 의문이 있을 수 있습니다. 휠체어를 타는 아이는 비록 앞으로 결코 걸을 수 없을지라도, 더 쉽게 움직이고, 더 잘 호흡하고, 더 만족스러운 느낌을 가질 수 있는 법을 배울 수 있다면 삶을 더욱 즐기며 온전히 만족스러운 삶을 살 수 있습니다. 아낫 바니엘 메서드는 아이가 혹은 청소년이 활용할 수 있는 능력을 더욱 발전시키고 세심하게 다듬어나갑니다. 그리고 이는 삶의 경험을 나날이 향상시킵니다.

## Q. 만약 임상전문가에게 가보기로 결심했다면, 레슨은 어떻게 이루어지나요?

첫 번째 세션은 아이와 임상전문가가 잘 맞는지, 당신과도 잘 맞는지 판단하기 위한 평가가 있습니다. 부모님이 계속 진행하기로 결정을 내리면, 우리는 아이가 몇 주마다 집중 수업을 받을 것을 권합니다. 우리 센터에서는 일반적으로 5일 동안 10번의 수업을 합니다. 이런 식으로 작업했을 때, 아이에게 큰 변화가 일어나고 더 좋은 발전이 이루어진다는 것을 확인했기 때문입니다. 집중 수업을 받는 동안에는 두세 번 정도의 레슨으로도 뇌가 변합니다. 그러나 레슨을 띄엄띄엄 받으면 집중 수업을 할 때만큼 뇌 변화를 기대하기가 어렵습니다. 도움이 된다는 느낌이 들면, 주말에만 쉬며 가끔은 몇 주 동안 계속해서 아이와 수업을 하기도 합니다. 아이가 좋아지는 것이 보이면, 수업이 더 이상 필요 없을 때까지 점점 수업 회수가 줄어듭니다.

## Q. 언제쯤 아이가 변하는 모습을 볼 수 있을까요?

대부분의 아이들이 첫 번째 수업을 하는 동안 어느 정도 바뀝니다. 나는 부모님에게 변화를 보려면 세 번에서 다섯 번 정도의 수업을 받으라고 말하며, 그렇게 하고 나서 그 변화가 우리와 작업을 이어나갈 만큼 가치가 있는지를 결정하라고 합니다. 그 변화란 평소 치료를 받는 동안 언짢아하고 치료를 거부하던 아이가 우리와의 수업을 즐기는 것일 수도 있습니다. 혹은 아이가 우리와의 수업 이후 더 잘 먹고 더 잘 자는 것일 수도 있습니다. 그러고는 부모님이 바라던 명백한 변화가 생깁니다. 아이의 움직임이 더 좋아진다거나 말을 더 잘한다거나 대인 간 접촉과 의사소통이 나아진다거나 혹은 더 명확한 사고를 하는 등의 변화가 나타납니다. 물론 이 책에서 제시하는 핵심 원칙을 직접 사용해본다면 아이에게서 변화를 목격할 수 있을 것입니다.

## Q. 언제 그만둬야 할지는 어떻게 알 수 있나요?

그 문제에 관해서라면 아이에게 혹은 여러분의 삶에 아홉 가지 핵심 원칙을 적용하는 것을 절대로 멈추지 마십시오. 이 핵심 원칙들은 마치 뇌에 필요한 음식과도 같습니다. 아홉 가지 핵심 원칙은 삶 전반에 걸쳐서 계속해서 성장하고 진화할 수 있도록 새로운 정보를 가지고 뇌에 계속해서 영양분을 제공합니다. 대부분의 경우, 사람들은 재빨리 아홉 가지 핵심 원칙을 그들의 일상생활에 통합시킬 수 있다는 것을 알게 됩니다. 아홉 가지 핵심 원칙은 사람들이 원래 해오던 것을 더 쉽고, 더 생산적이고, 그리고 좀 더 즐겁게 만들어주기 때문이죠. 개인 레슨의 경우, 아이가 충분히 기능적으로 잘 해내고 학교에 다니며 다른 아이들처럼 삶을 살아가는 등 계속해서 좋아진다면, 수업을 그만두어도 좋은 때입니다.

아낫 바니엘 메서드에 관해 자주 묻는 질문들

가끔은 아이가 레슨을 몇 번 더 받아서 도움을 받았으면 좋겠다고 느낄 때도 있을 것입니다. 보통은 아이가 급격한 성장기를 거치고 난 뒤, 사춘기를 겪는 동안, 많이 아프고 난 후, 혹은 다른 동네로 이사를 가거나, 가정에서 큰 변화를 겪거나, 가족 중 한 명이 죽거나 아니면 새로운 생명이 태어나는 등 중요한 삶의 전환점을 거치는 동안 이러한 느낌을 받습니다.

## Q. 다른 치료법이나 다른 치료법의 개입에 대해서 어떻게 생각하시나요?

다른 치료법이나 특정 치료사에 대해 가늠할 때, 그 치료법이나 치료사가 의도적이든 의도치 않든 아홉 가지 핵심 원칙을 따르고 있는지 아닌지를 눈여겨보았으면 좋겠습니다. 아홉 가지 핵심 원칙을 존중하는 한, 아이와 하는 어떤 것이든 아무 문제가 없으며 틀림없이 도움이 될 겁니다. 만약 아홉 가지 핵심 원칙을 무시하고 진행한다면, 그 치료를 핵심 원칙을 따르는 것으로 수정하거나 그만두었으면 합니다. 아홉 가지 핵심 원칙은 아이의 생물학적 요구에 대한 응답이라는 것을 기억하십시오. 즉, 뇌가 잘 기능하기 위해서 뇌가 필요로 하는 것을 제공해주는 데 도움을 주고, 아이가 최선을 다할 수 있는 환경을 만들어주는 것이 핵심 원칙의 목적입니다.

보조기나 다른 기구를 사용하는 것에 대해서 결정을 내릴 때 아홉 가지 핵심 원칙을 근거로 삼았으면 좋겠습니다. 아이는 모두 다르고, 상황도 모두 다릅니다. 예를 들어, 다리 보조기는 발과 종아리 부분에서 일어나는 움직임과 감각을 느끼고 '주의를 기울이는 움직임'과 '다양성'을 경험하는 데 방해가 됩니다. 손이나 등에 채우는 보조기 또한 마찬가지입니다. 몇 년 동안 다리에 보조기를 착용한 아이들은 자기 발을 온전히 느끼는 감각을 상실하게 됩니다. 이 영역에 관련된 뇌 지도가 대부분 사라져버린 겁니다. 다리에 채우는 보조기는 또한 뇌성마비가 있는 아이에게서 전형적으로 보이는 굽은 무릎과 구부정한 자세의 원인이라는 것이 드러나고 있습니다. 하지만, 특정 외과 수술을 받았을 경우처럼 보조기가 필요한 때도 있습니다. 보통 일시적 착용이 되겠지만요. 또한 보조기는 그 자체로 더 많이 움직이거나 혹은 덜 움직이게 설계될 수 있습니다. 신체를 더 많이 가리거나 좀 덜 가리게 설계될 수도 있습니다. '다양성'을 추가해주기 위한 수단으로, 짧은 시간 동안 보조기를 사용할 수도 있습니다. 보조기 사용에 대한 결정을 내릴 때 이 모든 요소들을 고려할 필요가 있습니다. 그리고 가장 중요한 것은 보조기를 신었을 때 아이의 반응입니다. 따라서 최종 결정을 내릴 때 이를 눈여겨보십시오.

## Q. 보조기구에 대해서는 어떻게 생각하시나요?

보조기 사용에 관한 생각이 보조기구를 사용하는 것에도 똑같이 적용됩니다. 워커나 휠체어와 같은 보조기구가 필요한 때가 있습니다. 하지만 예를 들어, 다른 종류의 워커에 대해서도 고려해보고 싶을 수도 있습니다. 뿐만 아니라 언제 그리고 얼마나 자주 보조기구를 쓸 것인가에 대해서도요. 이 모든 질문을 아홉 가지 핵심 원칙에 비추어 고려할 필요가 있습니다. 예를 들면, 백 워커가 점점 더 인기를 얻고 있지만 저는 부모님들에게 백 워커는 쓰지 말라고 부탁합니다. 그 이유는 아이가 백 워커를 한 상태에서는 실제로 서는 것이 아니라, 그저 등을 기댄 것일 뿐이고 가끔은 그대로 주저앉기 때문입니다. 백 워커를 한 상태에서는 아이가 서 있기 위해 등의 힘을 사용하는 동안 다리로 자신을 자세를 조직하는 것이 아니라 팔의 힘을 사용하게 됩니다. 아홉 가지 핵심 원칙의 상당 부분이 백 워커 사용과 결을 같이 하지 않습니다. 아이는 움직임의 '다양성'을 잃게 되고, '섬세함'보다는 너무 많은 힘을 주게 되며, 일어서서 걸어야 한다는 엄격한 목표가 아이의 진짜 능력보다 우선시 되어버립니다. 그 결과 뇌는 아이가 결코 독립적으로 서거나 걸을 수 없다는 것을 더 확실하게 하는 패턴을 채택하게 될 것입니다. 이와는 반대로 아이가 자기 스스로 프론트 워커(등 받침이 없는 워커Front Walker)를 잡고 일어설 수 있다면, 그때에는 독립 보행을 향한 과도기적 수단으로 프론트 워커를 사용하는 것은 좋은 생각입니다.

391

**Q.** 아낫 바니엘 메서드와 병행해도 되는 추천할 만한 다른 치료법이 있나요?

네, 있습니다! 아래 소개하는 방법이 유용하며 아낫 바니엘 메서드와도 조화를 잘 이룬다고 생각합니다.

재활 승마 치료(말 모양 기구가 아니라 실제 말을 타면서 재활치료를 하는 방법), 시기능 발달 치료Developmental Vision Therapy, 접골 요법Psteopathy, 패스트 포워드Fast ForWord, 동종 요법Homeopathy(질병과 비슷한 증상을 일으키는 물질을 극소량 사용하여 병을 치료하는 방법), 음악 치료Music Therapy, 무술 치료Adaptive Marshal arts(태권도, 합기도, 유도 등 무기를 사용하지 않는 동양 무술을 활용한 치료법), 그리고 아이가 좋아하고 아홉 가지 핵심 원칙과 조화를 이루는 활동이면 어떤 것이든 추천합니다.

어떤 것이 아이에게 가장 효과가 좋은지 찾아보길 바랍니다. 우리는 또한 괜찮은 영양사와 협업 하는 것 또한 중요하다는 것을 알게 되었습니다. 문제가 될 수 있는 과민한 신체적 반응 현상이 없는지 찾아내고 증상을 유발할 수 있는 음식은 먹지 않음으로써 아이의 삶에 큰 차이를 만들어낼 수 있습니다.

**Q.** 수술이나 다른 의료적 개입에 대해서는 어떻게 생각하나요?

의료적 개입의 중요성과 가치는 이루 말할 수 없이 중요합니다. 우리와 작업하는 많은 아이들이 현대 의학이 아니었다면 살아남지 못했을 것입니다. 아이에게 의료적 진찰을 받게 하는 것을 강력히 권하며, 그래야 부모가 아이의 상태와 장애에 대해 가능한 많은 것을 알 수 있습니다. 동시에 외과 수술과 같은 돌이킬 수 없는 의료적 개입이 필요하다는 권유를 받게 된다면, 결정을 내리기까지 시간을 가지고, 장단기적으로 아이에게 영향을 미치는 것에 대해 모두 조사하고 공부하십시오. 수술을 하기에 앞서 큰 그림을 보세요. 물론, 수술이 생과 사를 결정하는 문제라면 충분히 조사를 할 시간이 없을 수도 있습니다. 하지만 그렇다 할지라도 이미 당신이 결정을 내리는 데 도움을 주고 있는 사람에게 어느 정도 의지할 수는 있습니다. 의료적 개입이 무엇이든 그것에 대해 결정을 내릴 때, 아이가 겪게 될 수도 있는 고통, 그 정서적, 사회적 영향도 반드시 고려해야 하며, 수술이 뇌에 미치는 효과와 이것이 아홉 가지 핵심 원칙을 얼마나 잘 반영하고 있는지도 유념해야 합니다.

## Q. 아이가 다닐 학교는 어떻게 선택하는 것이 좋을까요?

선생님들이 아이의 잠재력과 가능성을 보고, 아이가 가진 장애로 겁먹지 않는 학교를 찾아보십시오. 아홉 가지 핵심 원칙과 뜻이 맞는 접근법을 취하는 학교와 선생님을 찾으세요. 아이가 만약 휠체어나 워커를 사용한다면, 아이가 자유롭게 다닐 수 있도록 시설이 갖추어져 있는지도 중요합니다. 아이가 움직임에만 제약이 있다면, 일과 시간 동안 얼마간이라도 아이가 휠체어에서 나와 바닥에 있는 것이 가능한지도 알아보십시오. 학교에 있는 편의 시설을 보기에 앞서 아이가 관심을 보이는지가 가장 우선이므로 그런 학교를 찾아보십시오.

## Q. 어떤 장난감이나 도구가 아이에게 유용할까요?

아이를 위한 장난감이나 도구를 고를 때도 아홉 가지 핵심 원칙을 생각해 보십시오. 예를 들어, 점퍼루는 아이를 일종의 서는 자세로 만들어줍니다. 아이가 혼자 서는 법을 알아차리기 훨씬 전에 말입니다. 이는 아이의 신체를 제한하여 아이가 '주의를 기울이는 움직임'을 경험하지 못하게 합니다. 점퍼루는 또한 '다양성', '섬세함', '천천히' 원칙을 제한함으로써 뇌가 앞으로 사용할 기술을 형성하는 데 필요한 아주 많은 정보 조각을 얻지 못하도록 합니다.

## Q. 의사나 다른 전문가가 우리 아이는 절대로 걸을 수 없다고, 말할 수 없다고, 혹은 다른 능력을 발달시킬 수 없을 것이라고 저에게 말한다면 어떡하죠?

의사의 말이 맞을 수도 있습니다. 하지만 틀렸을 수도, 아주 많이 틀렸을 수도 있습니다. 의사의 예측은 현재 아이가 보이는 제약의 정도를 기반으로 하여 이루어집니다. 의사나 다른 전문가들은 보통 아이의 현재 제약이 계속 지속되거나 아니면 시간이 지날수록 더욱 악화된다고 가정하고 있습니다. 이러한 예후가 놓치고 있는 것은, 알맞은 조건만 주어진다면 뇌는 변할 수 있는 엄청난 잠재력이 있다는 점이지요. 더욱이 이러한 예측에는 아직 알려지지 않는 것들이 있다는 점, 인간 지식의 한계가 얼마나 지속적으로 변화하고 있는지, 또한 우리는 언제나 새로운 발견을 앞두고 있다는 것에 대한 이해가 빠져 있습니다. 현재의 제약이 미래의 가능성까지 제약하도록 내버려두시 마십시오. 확실히 아는 사람은 아무도 없다는 전제를 가지고 시작하십시오. 가능성의 장을 항상 열어두고 나아가십시오.

## Q. 아낫 바니엘 메서드가 정상 발달을 하는 아이에게도 도움이 될 수 있을까요?

네, 물론입니다. 아홉 가지 핵심 원칙은 모든 인간 뇌에 적용됩니다. 건강한 아이의 뇌는 아홉 가지 핵심 원칙이 제시하는 최적의 조건을 활용할 수 있습니다. 건강한 아이와 한 우리의 수업은 너무나 강력해서 부모님들이 우리에게 모든 아이들을 위해 이런 수업을 해달라고 요청했습니다. 하지만 여러분은 기다릴 필요가 없습니다. 이 책에서 여러분이 읽은 모든 내용이 당신의 건강한 아이에게 적용될 수 있고 이는 아이의 삶을 신체적으로, 인지적으로, 정서적으로 향상시켜줄 것입니다. 또한 많은 부모님들이 아홉 가지 핵심 원칙을 그들의 일상에 적용하는 법을 배우고 나서 말했습니다. 아홉 가지 핵심 원칙은 인생을 마주하는 기술이자 방식이라고요. 모든 이의 삶의 질을 올려줄 수 있다고 말입니다.

# 감사의 말

무엇보다 우리를 믿고 아이들을 우리에게 데리고 왔던 세계 각국의 많은 부모님들에게 감사하다는 말을 전하고 싶다. 아이가 건강하고 행복하기를 소망하는 부모님들의 깊은 사랑과 헌신을 보면 언제나 경외심이 든다. 아이를 위하는 이분들의 간절한 마음은 주류 치료법을 벗어나 새로운 것을 시도하는 추진력으로 작동한다. 기꺼이 새로운 사고방식을 배워 아이와 함께 시도해보고자 하는 부모님들의 의지를 존경하며, 무엇보다 아이들의 삶에 변화를 일으킬 수 있는 기회를 준 것에 너무나 감사하다.

나의 위대한 스승이자 멘토이며 나중에는 막역한 동료가 되었던 모세 펠덴크라이스 박사님을 언급하지 않을 수 없다. 어린아이일 때부터 나는 펠덴크라이스 박사님을 만나 그의 작업을 경험할 수 있었다. 이후 나 자신도 알아채지 못했던 내 안의 모습을 알아본 사람은 바로 펠덴크라이스 박사님이었다. 그는 어려움을 지닌 아이들과 연결될 수 있는 나의 능력을 알아봐주었다. 나를 온전히 믿어준 그분의 믿음이 내가 이미 용인된 규범에 의문을 제기할 수 있는 용기를 주었다. 그리고 박사님이 나에게 가르쳐준 것을 넘어서 깨달음과 배움에 대한 이해를 계속 발전시켜나갈 수 있도록 해주었다.

나와 함께 교육을 담당하고 있으며, 이제는 나의 동료가 된 선생님들께도 감사의 인사를 전하고 싶다. 장애를 가진 아이를 돕는 이들의 헌신은 놀랍다.

지난 수십 년 동안 뇌 연구에 대한 관심이 급증하는 것을 지켜보았다. 이 분야에 대한 연구는 계속해서 확장되고 있다. 뇌의 작동 원리와 미스터리를 밝히기 위해 지치지 않고 연구 중인 수많은 과학자들에게 감사의 마음을 전한다. 그들의 발견으로 내가 아이들과 작업하며 깨우친 것이 증명되면서 나는 더 담대하게 앞으로 나아갈 수 있었다. 과학이 새로운 것을 밝힐 때마다, 아이를 도울 수 있는 더 많은 방법을 발견할 수 있는 기회의 문이 열린다.

뛰어난 과학자인 마이클 머제니치 박사를 발견하고 만나게 되어 얼마나 영광인지 모르겠다. 그는 실험실의 지식을 사람들이 더 나은 삶을 살아가는 데 적용하기 위해 헌신적으로 노력하고 있다.

효과적인 대체 치료법이 주류 관행에 들어올 수 있도록 힘쓰는 모든 의사 선생님, 치료사 분들, 선생님들께도 진심으로 감사하다는 말을 전하고 싶다.

## 첫 번째 이야기. '지금 할 수 있는 작은 것'에서부터 기적이 시작된다

1. 18년이 흐른 후에야 지금의 진단 방식에 따라 엘리자베스의 소뇌의 3분의 1이 손실되었다는 것이 밝혀졌다. 엘리자베스의 공식 진단명은 소뇌 형성부전이다.

## 두 번째 이야기. 아이를 고치려는 생각을 버릴 때 아이는 변화한다

1. 뇌는 궁극적으로 스스로 조직하고 구성하는 체계로 작동한다. Thompson E, Varela FJ. 2001. Radical embodiment: Neural dynamics and consciousness. *Trends in Cognitive Sciences* 5: 418-25. Lewis MD, Todd RM. 2005. Getting emotional—A neural perspective on emotion, intention and consciousness. Journal of Consciousness Studies 12(8-10): 213-38.

2. Coq J-O, Byl N, Merzenich MM. 2004. Effects of sensorimotor restriction and anoxia on gait and motor cortex organization: Implications for a rodent model of cerebral palsy. *Neuroscience* 129(1): 141-56.

3. 지금까지의 연구는 보통은 효과가 거의 없음을 보여준다. 그 이유는 어느 정도는 최종 결과에 초점을 맞추었기 때문일지도 모른다. Damiano DL. 2009. Rehabilitative therapies in cerebral palsy: The good, the not as good, and the possible. *Journal of Child Neurology* 24(9): 1200-04. See also Plamer FB, Shapiro BK, Wachtel RC, et al. 1988. 물리치료가 뇌성 마비에 미친 효과. 강직성 양측 마비가 있는 신생아를 대상으로 한 통제 실험. *New England Journal of Medicine* 318(13): 803-08. Butler C, Darrah J. 2001. Effects of neurodevelopmental treatment (NDT) for cerebral palsy: An AACPDM evidence report. *Developmental Medicine & Child Neurology* 43(11): 778-90. Wiart L, Darrah J, Kembhavi G. 2008. Stretching with children with cerebral palsy: What do we know and where are we going? *Pediatric Physical Therapy* 20(2): 173-78. Dreifus L. 2003. Commentary: Facts, myths and fallacies of stretching. *Journal of Chiropractic Medicine* 2(2): 75-77.

4. "[T]he realization that the adult brain retains impressive powers ⋯ to change its structure and function in response to experience": Begley S. 2007, How the brain rewires itself. Time, January 19. See also Doidge N. 2007. *The Brain That Changes Itself*. New York: Viking.[노먼 도이지 지음, 김미선 옮김, 《기적을 부르는 뇌》, 지호, 2008].

5. "Experience coupled with attention leads to physical changes in the structure and functioning of the nervous system": Decharms RC, Mezenich M. 1996. Neural representations, experience and change. In Llinás R, Churchland PS, eds. *The Mind-Brain Continuum*. Cambridge, MA: MIT Press.

6. 이러한 발달 단계표가 존재한다는 것을 아는 학자들의 상당수는 이를 의심의 여지가 없는 교리가 아니라 발달 과정의 참고 지표 정도로 여긴다. Gesell A. 1940. *The First Five Years of Life: A Guide to the Study of the Pre-School Child*. New York: Harper & Brothers.

**세 번째 이야기. 아낫 바니엘 메서드로 뇌 지도를 바꾸다**

1. 자극이 주어지지 않은 상황에서도 활동의 크기 면에서 자극에 의해 유발된 활동에 견줄 만한 활동이 대뇌피질에서 계속해서 일어나고 있음을 보여주는 증거도 있다. Murphy BK, Miller KD. 2009. Balanced amplification: A new mechanism of selective amplification of neural activity patterns. *Neuron* 61: 635-48. Lewis MD. 2005. Self-organizing individual differences in brain development. *Developmental Review* 25: 252-77.

2. 이제 막 태어난 신생아도 스스로를 차별화된 독특한 개체라고 인식한다는 증거가 있다. Rochat P, Hespos SJ. 1997. Differential rooting response by neonates: Evidence for an early sense of self. *Early Development and Parenting* 6(2): 150.1-.8. Rochat P. 2003. Five levels of self-awareness as they unfold early in life. Consciousness and Cognition 12:717-31.

3. 생리학적으로 볼 때, 모든 감각을 인식할 수 있는 이유는 기본적으로 그 감각들 간에 차이점이 존재하기 때문이다. Physiologically, the basis of all sensory perception is contrast. Guyton AC. 1981. *Textbook of Medical Physiology.* Philadelphia: Saunders.[John E. Hall 지음, 의학계열 교수 32인 옮김, 《Guyton and Hall 의학생리학》, 범문에듀케이션, 2012].

4. UCSF의 머제니치 박사와 그의 팀은 머제니치 박사가 '무작위적 움직임(randomized movements)'이라고 명명한 이 움직임의 중요성을 보여주기 위한 실험을 하고 있다. Coq. J-O, Byl N, Merzenich MM. 2004. Effects of sensorimotor restriction and anoxia on gait and motor cortex organization; Implications for a rodent model of cerebral palsy. *Neurosicence* 129(1): 141-56.

5. 우리가 경험을 쌓을수록 좀 더 세밀하고 정확한 방식으로 근육을 사용하게 되면서 근육에 대한 통제력 또한 얻게 된다. 이러한 과정이 뇌에서 실제로 나타나고 있다. Jenkins WM, Merzenich MM, Ochs MT, et al. 1990. Functional reorganization of primary somatosensory cortex in adult owl monkeys after behaviorally controlled tactile stimulation. Journal of *Neurophysiology* 63(1): 82-104. Nudo RJ, Milliken GW, Jenkins WM, Merzenich MM. 1996. Use-dependent alterations of movement representations in primary motor cortex of adult squirrel monkeys. *Journal of Neurophysiology* 16(2): 785-807.

6. 차별화 과정은 모든 생명체에 내재되어 있는 근본적인 과정이다. Prasad KN. 1980. *Regulation of differentiation in mammalian nerve cells.* Plenum, NY. 차별화 과정이 뇌에서 일어나는 동안 과학자들은 그 과정을 측정하고 추적할 수 있다. Hebrew University of Jerusalem. 2007. Scientist observes brain cell development in "Real Time." SienceDaily, May 29. Mizrahi A. 2007. Dendritic development and plasticity of adult-born neurons in the mouse olfactory bulb. Nature Neuroscience 10(4): 444-52.

7. 복합적이고 역동적인 체계라는 측면에서 발달을 설명하는 연구를 찾는다면 다음을 참고할 것. Smith LB, Thelen E. 2003. Development as a dynamic system. *Trends in Cognitive sciences* 7(8): 343-48. Thelen E, Smith LB. 1996. *A Dynamic Systems Approach to the Development of Cognition and Action. Cambridge,* MA, MIT Press.

**핵심 원칙 1. 자신의 움직임에 주의를 기울인다(Movement with Attention)**

1. "뇌 변화를 결정짓는 변수는 … 그 동물의 주의 집중 상태에 달려 있다." Schwartz J, Begley

S. 2002, rpnt 2003. *The Mind and the Brain: Neuroplasticity and the Power of Mental Force*. New York: HarperCollins. Recanzone G.H, Merzenich MM, Jenkins WM, et al. 1992. Topographic reorganization of the hand representation in cortical area 3b of owl monkeys trained in a frequency discrimination task. *Journal of Neurophysiology* 67: 1031-56. Nudo RJ, Milliken GW, Jenkins WM, Merzenich MM. 1996 Use-dependent alterations of movement representations in primary motor cortex of adult squirrel monkeys. *Journal of Neuroscience* 16: 785-807. See Doidge N. 2007. The Brain That Changes Itself: New York: Viking/Penguin.[노먼 도이지 지음, 김미선 옮김, 《기적을 부르는 뇌》, 지호, 2008].

2.  The more often one nerve cell excites another the more likely they are to fire together in the future, or "Cells that fire together wire together." Hebb DO. The Organization of Behavior. New York: Wiley. 1949. McClelland JL. How far can you go with Hebbian learning, and when does it lead you astray? Available at www.psych.standford.edu/~jlm/papers/McClellandIPHowFar.pdf.

3.  모세 펠던크라이스 박사님은 움직임을 통해 자각(awareness)을 높였고, 이는 사람들이 기능하는 수준을 올리는 데 도움이 되었다. 보통은 아주 놀랄 만큼 좋아졌다. 그는 학생들의 기능을 향상시키기 위한 한 가지 방법으로, 학생들이 움직이는 동안 그 움직임에 세심한 주의를 기울이도록(pay close attention) 했다. 하지만 그가 '주의를 기울이는 움직임(Movement with Attention)'을 하나의 핵심 원칙으로 공식화한 것은 아니다. 즉, '아낫 바니엘 메서드'의 첫 번째 핵심 원칙인 '주의를 기울이는 움직임(Movement with Attention)'은 '자각(awareness)'과는 구별되는 개념이다.

4.  성인 뇌 속의 총 시냅스 수는 줄잡아도 100조나 된다. 시냅스는 예를 들면 임신 7주째 접어드는 기간에 대뇌피질에서 형성되기 시작하여 유년기에 이르기까지 계속해서 잘 형성된다. 가장 활발할 때에는 뉴런 하나당 평균 1만 5,000개의 연결을 만들어낸다고 추정된다. See Gopnik A., Meltzoff AN, Kuhl PK. 1999. *The Scientist in the Crib: Minds, Brains and How Children Learn*. New York: William Morrow.[엘리슨 고프닉, 앤드류 N. 멜초프, 패트리샤 K. 쿨 지음, 곽금주 옮김, 《요람 속의 과학자》, 소소, 2006]. Eliot L. 1999. *What's Going on in There? How the Brain and Mind Develop in the First Five Years of Life*. New York: Bantam.[리즈 엘리엇 지음, 안승철 옮김, 《우리 아이 머리에선 무슨 일이 일어나고 있을까》, 궁리, 2004]. Ratey JJ. 2000. A User's Guide to the Brain. New York: Pantheon. 2000.[존 레이터 지음, 김소희 옮김, 최준식 감수, 《뇌 1.4킬로그램의 사용법》, 21세기북스, 2021].

5.  Gerber M, ed. 1979. *The RIE Manual for Parents and Professionals*. Los Angeles: Resources for Infant Educarers. See also Rochat P. 2003. Five levels of self-awareness as they unfold early in life. *Consciousness and Cognition* 12: 717-31.

6.  목표가 방해를 받으면 아이의 감정이 고정되고 그에 따라 더 주의를 집중하게 되는데, 이는 학습이 일어나기 위한 일련의 풍부한 환경을 제공한다. Lewis MD, Todd RM. 2005. Getting emotional—A neural perspective on emotion, intention and consciousness. *Journal of Consciousness Studies* 12(8-10): 213-38.

7.  새로운 것을 학습할 때 전전두엽 피질에서 매우 높은 수준의 활동이 일어난다는 것이 뇌 스캔을 통해 확인되었다. 하지만 그것이 일상적인 일이 되자 높은 수준의 활동이 감지되지 않았다. Jueptner M, Stephan K, Frith CD, et al. 1997. Anatomy of motor learning. I. Frontal Cortex and attention to Action. *Journal of Neurophysiology* 77(3): 1313-24. Johansen-Berg H,

Matthews PM. 2002. Attention to movement modulates activity in sensori-motor areas, including primary motor cortex. *Experimental Brain Research* 142(1): 13-24.

8. 무질서에서 질서를 만들어내는 일은 카오스 이론과 복합성을 연구하는 과학의 주요 관심사다. Edelmann G.M, Tononi, G. 2000. *A Universe of Consciousness: How Matter Becomes Imagination.* New York: Basic Books.[제럴드 M. 에델만, 줄리오 토노니 지음, 장현우 옮김, 《뇌의 식의 우주: 물질은 어떻게 상상이 되었나》, 한언, 2020].

9. 아이에게 학습이 일어나면, 새로운 요소들이 합쳐져 완전히 새롭고 놀라운 변화가 일어날 것이다. Levels of constructions of movements. Latash ML, Tuvey MT, eds. *On Dexterity and Its Development.* Translated by ML Latash. Mahwah, NJ: Lawrence Erlbaum. Bernstein NA. 1996b. On exercise and Motor Skill. See also Thelen E, Smith LB. 1996. *A Dynamic Systems Approach to the Development of Cognition and Action.* Cambridge, MA: MIT Press.

10. Siegel, D. The Science of mindfulness. Available at http://mindful.org/the-science/medicine/the-science-of-mindfulness. 행위로서의 자각(awareness)은 수세기 동안 많은 사람들이 불교 전통에서 수련을 하면서 발전해왔으며, 이제는 철저한 과학적 검토의 대상이 되는 주제이다. Barinaga M. 2003. Studying the well-trained mind: Buddhist monks and Western scientists are comparing notes on how the mind works and collaborating to test insights gleaned from meditation. Science 302(5642): 44-46. Lutz A. Greischar LL, Rawlings NB, Davidson R. 2004. Long-term meditators self-induce high-amplitude gamma synchrony during mental practices. *Procceedings of the National Academy of Sciences,* USA 16: 16369-73.

11. Siegel DJ. The science of mindful awareness and the human capacity to cultivate mindsight and neural integration. Available at www.instituteofcoaching.org/images/ARticles/Mindful%20Awareness.pdf. 최근 과학적 발견은 마음챙김(mindfulness)이 삶의 여러 영역에 긍정적인 영향을 미친다는 사실을 밝혀내고 있다. See Hanson R. Mendius R. 2009. Buddha's Brain: The Practical Neuroscience of Happiness, Love & Wisdom. Oakland, CA: New Harbinger.[릭 핸슨, 리처드 멘디우스 지음, 장현갑 옮김, 《붓다 브레인: 행복 사랑 지혜를 계발하는 뇌과학》, 불광출판사, 2010]. Siegel D. 2010. *Mindsight: The New Science of Personal Transformation.* New York: Bantam.

12. Recanzone, G.H, Merzenich MM, Jenkins WM, et al. 1992. Topographic reorganization of the hand representation in cortical area 3b of owl monkeys trained in a frequency discrimination task. *Journal of Neurophysiology* 67: 1031-56. Nudo RJ, Milliken G.W, Jenkins WM, Merzenich MM. 1996. Use-dependent altertations of movement representations in primary motor cortex of adult squirrel monkeys. *Journal of Neuroscience* 16: 785-807.

13. Merzenich MM, deCharms RC. 1996. Neural representations, experience and change." In Llinás R, Churchland PS, eds. *The Mind-Brain Continuum.* Cambridge, MA: MIT Press.

14. Play contribute to the growth and development of the brain. Byers JA, Walker C. 1995. Refining the motor training hypothesis for the evolution of play. *American Naturalist* 146(1): 25-40. Play actually shapes the brain. Gordon NS, Burke S, Akil H, Panksepp J. 2003. Socially-induced brain "fertilization": Play promotes brain derived neurotrophic

factor in the amygdala and dorsolateral frontal cortex in juvenile rats. Neuroscience
Letters 341: 17-20. See also Pellis SM, Pellis VC. 2010. *The Playful Brain: Venturing to the Limits of Neuroscience.* Oxford: Oneworld.

15. The novelty that accompanies play sparks exploration and learning. Bunzeck N, Duzel E.
2006. Absolute coding of stimulus novelty in the human substantia nigra/VTA. Neuron
51: 369-79. See also Anonymous. 2006. Pure novelty spurs the brain. *Medical News Today,* August.

16. 자유롭고 상상력으로 가득 찬 놀이는 우리의 행복뿐만 아니라 정상적인 사회성 발달, 정서 발달, 인
지 발달에도 중요하다. 자유로운 놀이의 부재는 심각한 결과를 초래한다. Wenner M. 2009. The
serious need for play. *Scientific American Mind,* February March: 22-29.

17. 아이들의 '발화(speech)'가 어떻게 발달하는지 생각하게 해줄 연구를 찾는다면, Bronson P,
Merryman A. 2009. *Nurthureshock: New Thinking About Children.* New York. Twelve/
Hachette Book Group을 보라.

18. 정상적인 사회적 경험이나 엄마와의 접촉이 제대로 이루어지지 않는 것은 아이의 여러 영역에
해로운 영향을 끼친다. 이처럼 결핍이 커질 경우 그로 인한 피해 또한 더욱 커진다. Harlow HF,
Suomi SJ. 1971. Social recovery by isolation-reared monkeys. *Proceedings of the National
Academy of Science,* USA 68(7): 1534-38.


## 핵심 원칙 2. 천천히 배운다(Slow)

1. See Libet B, Gleason CA, Wright EW, and Pearl DK. 1983. Time of conscious intention to
act in relation to onset of cerebral activity (readiness potential): The unconscious intention
of a freely voluntary act. *Brain* 106: 623-42.

2. 그러고 난 뒤에 우리는 성공적으로 속도를 낼 수 있고 심지어 그 영역에서 강력한 직관을 키울 수
도 있다. Kahnman D. 2003. A perspective on judgement and choice: Mapping bounded
rationality. *American Psychologist,* 58: 697-720

3. 감정은 우리의 생존을 보장하고 우리가 사고하도록 하는 데 매우 중요하다. Eakin E. 2003. I feel
therefore I am. New York Times, April 19. Damasio AR. 1994. *Descartes' Error: Emotion,
Reason, and the Human Brain.* New York: Grosset/Putnam.[안토니오 다마지오 지음, 김린 옮
김, 《데카르트의 오류》, 중앙문화사, 1999].

4. 과학적 연구에 따르면, 우리는 0.25초 혹은 그보다 더 짧은 시간 안에 자동적으로 반응하거
나, 0.5초 혹은 그보다 긴 시간 이후에 의식적인 행동을 하며 지연된 반응을 보인다고 한다. See
Norretranders T. 1998. *The User Illusion: Cutting Consciousness Down to Size.* New York:
Viking/Penguin. Norrentranders's writings are based on an interview with Libet that took
place on March 26-27, 1991, in San Francisco. See Libet B, Gleason CA, Wright EW, and
Pearl DK. 1983. Time of conscious intention to act in relation to onset of cerebral activity
(readiness potential): The unconscious intention of a freely voluntary act. *Brain* 106: 623-
42.

5. 어떤 기술이 되었든 그것을 학습한다는 것은 이전에 다른 무언가를 배우면서 형성된 다른 요소들을
합치는 과정을 포함한다. 천천히 해본다는 것은 이미 존재하는 레퍼토리 안에서 무엇이 유용할지 뇌
가 알아낼 수 있도록 해주며 이를 통해 새로운 기술이 그 모습을 드러낼 수 있게 해준다. Bernstein

NA. 1996. On exercise and motor skill, In Latash ML, Tuvey MT, eds. *On Dexterity and Its Development*. Translated by ML Latash. Mahwah, NJ: Lawrence Erlbaum. See also Thelen E, Smith LB. 1996. *A Dynamic Systems Approach to the Development of Cognition and Action*. Cambridge, MA: MIT Press.

6. 패스트 포워드(Fast ForWord) 프로그램을 개발할 때, 마이클 머제니치 박사는 언어와 학습 장애가 있는 아이들이 지닌 기저 문제를 신호와 소음 중 하나로 보았다. 즉, 이 아이들의 문제를 자극의 부족 그 자체로 본 것이 아니라 배경 자극으로부터 유의미한 정보를 걸러내거나 생성하는 능력이 부족한 것으로 보았다. Merzenich MM, Tallal P, Miller SL, et al. 1996. Language comprehension in language-learning impaired children improved with acoustically modified speech. *Science* 271(5245): 81-84.

7. 많은 신생아가 터미타임으로 괴로워한다는 사실에도 불구하고, 배를 바닥에 대고 자는 아기들과 유아 돌연사 증후군(sudden infant death syndrome, SIDS) 간의 연관성을 발견한 이후에는 아기들이 깨어 있을 때 배를 바닥에 댄 채 엎드린 상태로 두어야 한다는 조언이 생겨났다. Anonymous. 1992. Positioning and SIDS AAP Task Force on Infant Positioning and SIDS. Pediatrics 89: 1120-26. Anonymous. 1996. Positioning and sudden infant death Syndrome (SIDS): Update—Task Force on Infant Positioning and SIDS. *Pediatrics* 98: 1216-18. Davis BE, Moon RY, Sachs HC, and Ottolini MC. 1998. Effects fo sleep position on infants motor development. *Pediatrics* 102(5): 1135-40.

8. Gould SJ. 2007. *Ever Since Darwin*. Rev. ed. New York: W. W. Notron.[스티븐 제이 굴드 지음, 홍욱희, 홍동선 옮김, 《다윈 이후》, 사이언스북스, 2009]. See also, Krogman WM. 1972. Child Growth. Ann Arbor. MI: University of Michigan Press.

9. 이 부분에서 참고한 자료는 다음과 같다: Chevalier-Skolnikoff. 1983. Sensorimotor development in orangutans and other primates. *Journal of Human Evolution* 12: 545-61. Domingo Balcells C, Veà Baró JJ. 2009. Developmental stages in the howler monkey, subspecies *Alouatta palliata mexicana*: A new classification using age-sex categories. *Neotropical Primates* 16(1): 1-8. Gerber M, ed. 1979. The RIE Manual for Parents and Professionals. Los Angeles: Resources for Infant Educarers. Gesell A. 1940. *The First Five Years of Life: A Guide to the Study of the Pre-School Child*. New York: Harper & Brothers. Eisenberg A. Murkoff H, Hathaway S. 1989. *What to expect the First Year*. New York: Workman.[하이디 머코프, 샤론 마젤, 알렌 아이젠버그, 샌디 해서웨이 지음, 서민아 옮김, 이창연 외 감수, 《The Bible. 2:육아 소아과 수업(0-12개월)》, 다산사이언스, 2014]. Reynolds V. 1967. *The Apes: The Gorilla, Chimpanzee, Oranutan and Gibbon: The History and Their World*. London: Cassell. Schaller GB. 1963. *The Mountain Gorilla; Ecology and Behavior*. Chicago: University of Chicago Press. Schultz AH. 1969. *The Life of Primates*. New York: Universe Books. Vam Lawick-Goodall J. 1971. In the Shadow of Man. Boston: Houghton Miffin.[제인 구달 지음, 최재천 외 옮김, 《인간의 그늘에서:제인 구달의 침팬지 이야기》, 사이언스북스, 2001]. Watts ES. 1985. Adolescent growth and development of monkeys, apes and humans. In Watts ES, ed. *Nonhuman Primate Models for Human Growth and Development*. New York: Alan R. Liss.

10. Gould SJ. 1977. *Ever Since Darwin*. New York.: W. W. Norton.[스티븐 제이 굴드 지음, 홍욱희,

홍동선 옮김,《다윈 이후》, 사이언스북스, 2009].

11. "한 가지 기능에서 선형적인 증가가 아니라 성숙으로 나아가는 점진적 패턴을 봐야 한다. 변하지 않는 절대적인 것을 바라서도 안 된다. 그 어느 것도 절대적이지 않기 때문이다. 모든 것은 진행 중이다." Gesell A. 1940. *The First Five Years of Life: A Guide to the Study of the Pre-School Child.* New York: Harper & Brothers.

12. Merzenich MM, Tallal P, Miller SL, et al. 1996. Language comprehension in language-learning impaired children improved with acoustically modified speech. *Science* 271(5245): 81-84.

13. 심각한 언어 장애를 겪고 있던 자폐 진단을 받은 아이들이 패스트 포워드(Fast ForWord)를 통해 일반적인 수준으로 빨리 좋아졌다는 것을 보여주는 연구도 있다. Merzenich MM, Saunders G, Jenkins WM, et al. 1999. Pervasive developmental disorders: Listening training and language possibilties. In Broman SH, Fletcher JM, eds. *The Changing Nervous System: Neurobehavioral Consequences of Early Brain Disorders.* New York: Oxford University Press. 100명의 자폐 아동을 대상으로 한 또 다른 시험적 연구는 패스트 포워드(Fast ForWord)가 이 아이들의 자폐 증상에 커다란 영향을 끼쳤다는 것을 보여주었다. Melzer M, Poglitsch G. November 1998. 자폐 스펙트럼을 진단받은 100명의 아이들이 패스트 포워드(Fast ForWord)를 한 후 기능적 변화가 있었다는 것이 보고되었고, 샌프란시스코의 '미국 언어 청각 협회(American Speech Language and Hearing Association, ASHA)'에서 논문으로 발표되기도 했다. See also Tallal P, Merzenich M, Miller S, Jenkins W. 1998. Language learning impairment: Integrating research and remediation. *Scandinavian Journal of Psychology* 39: 197-99. Rubenstein JL, Merzenich MM, et al. 2003. Model of autism: Increased ratio of excitation/inhibition in key neural systems. *Genes, Brain and Behavior* 2: 255-67.

## 핵심 원칙 3. 다양성을 열어둔다(Variation)

1. Gould SJ. 1997. *Ever Since Darwin.* New York: W. W. Norton.[스티븐 제이 굴드 지음, 홍욱희, 홍동선 옮김,《다윈 이후》, 사이언스북스, 2009].

2. "따라서 우리가 할 가장 중요한 이야기는 다음과 같다. 아주 단순하고 단조로운 움직임에 관여하는 운동 기능도 하나의 정해진 움직임 공식이 될 수 없다. … 그것은 여러 범주의 다양성을 거쳐 해결책을 찾을 수 있는 능력이다." Berstein NA. 1996. On exercise and motor skill. In Latash ML, Tuvey MT eds. *On Dexterity and Its Development.* Tranlated by ML Latash. Mahwah, NJ: Lawrence Erlbaum. 더욱이, 특정 기술을 연습한다고 해서 그것을 바로 배울 수 있는 사람은 아무도 없다. "인간이 어떤 움직임을 배우기 시작하는 이유는 그 움직임을 수행할 수 없기 때문이다. … 운동의 본질과 목적은 움직임을 향상시키기 위함이다. 즉, 그 움직임에서 변화를 만들어내기 위한 것이다. 따라서 사실 올바른 운동은 반복 없는 반복이다(이는 한 치의 오차도 없는 기계적 반복이 아니라 손 올리기와 같은 하나의 움직임을 여러 번 반복하는 것을 말한다. 우리는 손을 올리는 동작을 할 때 결코 이전과 완전히 똑같은 방식으로 움직이지 않기 때문이다-옮긴이)." Ibid.

3. 다양성의 부재가 가지는 영향력은 너무나 커서 독방에 감금된 죄수들, 의사소통이 단절된 난민들, 그리고 귀가 잘 들리지 않는 사람들에게서 편집증적인 정신병이 생긴다는 것이 보고되었다. Ziskind E. 1964. A second look at sensory deprivation. *Journal of Nervous and Mental Disease* 138: 223-32. 거의 아무것도 보이지 않고, 거의 아무것도 들리지 않는 상황이 15분 정도

만 지속되어도 여러 부분에서 정신 이상이 있는 것과 같은 경험이 증가한다는 것이 최근 연구를 통해 알려졌다. Mason O. Brady F. 2009. The psychotomimetic effects of short-term sonsory deprivation. *Journal of Nervous and Mental Disease* 197(10): 783-85.

4. 이 증상과 이 증상에 대한 외과적 치료에 대해 더 많은 정보를 얻고 싶다면, 스탠포드대학 산하 Lucile Packard Children's Hospital의 웹사이트 www.stanfordchildrens.org를 참고할 것.

5. 팔이나 다리를 절단한 사람들은 '환상 사지'라 불리는 현상을 경험하는데, 이들은 사라진 팔이나 다리가 여전히 존재함을 느끼며 많은 경우 사라진 부위에서 고통을 느끼기도 한다. 사지 절단을 하지 않았더라면 평범했을 이들에게 이러한 환상을 만들어내는 것은 상대적으로 쉽다. 또한 실험에 따르면, 의족과 같은 보조기구가 신체의 일부로 동화될 수도 있음을 보여준다. Ramachandran VS, Hirstein W. 1998. The perciption of phantom limbs. *Brain* 121: 1603-30.

6. Black JE, Isaacs KR, Anderson BJ, et al. 1990. Learning causes synaptogenesis, whereas motor activity causes angiogenesis, in cerebellar cortex of adult rats. *Proceedings of the National Academy of Science,* USA 87: 5568-72.

7. Schilling, MA, Vidal P, Ployhart RE, Marangoni A. 2003. Learning by doing something else: Variation, relatedness, and the learning curve. *Management Science* 49(1): 39-56.

## 핵심 원칙 4. 섬세하게 접근한다(Subtlety)

1. 베버-피히너의 법칙은 배경 감각의 강도가 세질수록, 변화를 감지하는 것이 더 어려워진다는 것을 보여준다. See Uppsala University. 2004. The Weber Fechner law. Available at www.neuro.uu.se/fysiologi/gu/nbb/lectures/WebFech.html. Guyton AC. 1981. Textbook of Medical Physiology. Philadelphia: Saunders.[John E. Hall 지음, 의학계열 교수 32인 옮김, 《Guyton and Hall 의학생리학》, 범문에듀케이션, 2012].

2. Merzenich M. April 2009. Lecture on brain plasticity to students in the Anat Baniel Method Professional Training Program. Anat Baniel Method Center, San Rafael, CA.

3. 6개월 된 아기들도 베버-피히너의 법칙에 따라 수(number)의 차이를 식별한다. Lipton JS, Spelke ES. 2003. Origins of number sense: Large-number discrimination in human infants. *Psychological Science* 14(5): 396-401. 후속 연구는 수, 공간, 시간을 포함하여 많고 적음의 순서로 개념화될 수 있는 모든 정보는 뇌 속에서 표상적 메커니즘(representational mechanisms)을 공유할 수도 있음을 시사한다. 수, 공간, 시간 외에도 속도, 소리의 세기, 밝기, 또한 뇌 속에서 표상적 메커니즘을 공유할 수 있는 것으로 보고 있으며, 심지어 감정적 표현과 같이 출처의 확실성이 다소 떨어지는 정보도 여기에 해당된다. Lourenco SF, Longo MR. 2010. General magnitude representation in human infants. Psychological Science 21(6): 873-81.

## 핵심 원칙 5. 열의를 잃지 않는다(Enthusiasm)

1. '열의'는 우리의 경험을 증폭시키며, 그것은 많은 생물학적 시스템이 가지는 특징이다. Guyton AC. 1981. Textbook of Medical Physiology. Philadelphia: Saunders.[John E. Hall 지음, 의학계열 교수 32인 옮김, 《Guyton and Hall 의학생리학》, 범문에듀케이션, 2012]. Murphy BK, Miller KD. 2009. Balanced amplification: A new mechanism of selective amplification of neural activity patterns. Neuron 61: 635-48. Lewis MD. 2005. Self-organizing individual

differences in brain development. Developmental Review 25: 252-77.

2. 1980년대 초반 리촐라티와 그의 동료들은 타인의 행동을 관찰할 때 함께 발화되는 한 유형의 뇌 세포를 확인했다. Rizzolatti G, Fadia L, Gallese V, Fogassi, L. 1996. Premotor cortex and the recognition of motor actions. Cognitive Brain Research 3: 131-41. 최신 연구는 거울 신경세포가 언어학습 뿐 아니라 감정이입과 감정을 학습하는 데에도 핵심 역할을 한다고 제안한 다. Craighero L, Metta C., Sandini G., Fadiga L. 2007. The mirror-neurons system: Data and models. Progress in Brain Research 164(3): 39-59. 하지만 정확히 어느 정도로 관여하는가와 아직 알려지지 않은 메커니즘으로, 다른 어떤 것이 관여하는가는 여전히 논쟁의 대상이다. Debes R. 2009. Which empathy? Limitations in the mirrored "understanding" of emotion. Synthese 175(2): 219-39. Oberman LM, Ramachandran VS. 2007. The simulating social mind: The role of the mirror neuron system and simulation in the social and communicative deficits of autism spectrum disorders. Psychology Bulletin 133: 310-27. Singer T, Seymour B, O'Doherty J, et al. 2004. Empathy for pain involves the affective but not the sensory components of pain. Science 303(5661): 1157-62. Singer T. 2006. The neuronal basis and ontogeny of empathy and mind reading. Neuroscience and Biobehavioral Reviews 30(6): 855-63. Niedenthal P. 2007. Embodying emotion. Science 316(5827): 1002-05. Gallagher H, Frith C. 2003. Functional imaging of "theory of mind." Trends in Cognitive Sciences 7: 77-83. See Hanson R, Mendius R. 2009. Buddha's Brain: The Practical Neuroscience of Happiness, Love & Wisdom. Oakland, CA: New Harbinger.[릭 핸슨, 리처드 멘디우스 지음, 장현갑 옮김, 《붓다 브레인: 행복 사랑 지혜를 계발하는 뇌과학》, 불광출판사, 2010].

3. "Blakeslee S. Cells that read minds. 2006. New York Times, January 10.

4. 새로운 무언가를 할 때 즉흥적으로 생기는 흥분감은 뇌가 현재 만들어지고 있는 관련 연결을 선택하여 더 강화하게 만든다. LeDoux J. 2002. Synaptic Self: How Our Brains Become Who We Are. New York: Viking/Penguin.[조지프 르두 지음, 강봉균 옮김, 《시냅스와 자아》, 동녘사이언스, 2005]. 감정적 고조는 신경 자극을 증가시키고 시냅스 변화를 통합시킴으로써 학습을 촉진한다. Lewis MD. 2005. Self-organizing individual differences in brain development. Developmental Review 25: 252-77.

5. Seigel D. 2003. Parenting from the Inside Out. New York: Tarcher/Penguin.

6. 우리 주변 사람이 행동하는 방식은 우리가 거기에 온전히 주의 집중하지 않아도, 혹은 의도적인 시각적 자극이 없어도 우리에게 직접적인 영향을 미친다. Sinke CBA, Kret ME, de Gelder B. 2001. Body Language: Embodied perception of emotion. In Berglund B, Rossi GB, Townsend JT, Pendrill LR, eds. Measurement with Persons: Theory, Methods and Implementation Areas. Abingdon, Oxfordshire, UK: Psychology Press/Taylor & Francis. Kret Me, Sinke CBA, de Gelder B. 2011. Emotion perception and health. In NyKlicek I, Vingerhoets A, Zeenber M, eds. Emotion Regulation and Well-Being. New York: Springer.

7. 현재 연구와 이론은 그 어느 때보다 명확하게 우리의 감정과 학습하고자 하는 뇌의 능력 및 경향이 연관되어 있음을 밝히고 있다. Ikemoto S, Panksepp J. 1999. The role of nucleus accumbens dopamine in motivated behavior: A unifying interpretation with special reference to reward-seeking. Brain Research Review 31(1): 6-41.

8. See Seligman M, 2006. *Learned Optimism: How to Change Your Mind and Your Life*. New York: Free Press.[마틴 셀리그만 지음, 우문식, 최호영 옮김, 《낙관성 학습: 어떻게 내 마음과 삶을 바꿀까 긍정심리학의 행복가이드》, 물푸레, 2012].

9. Yang E, Zald DH, Blake R. 2007. Fearful expressions gain preferential acess to awareness during continuous flash suppression. *Emotion* 7(4): 882-86.

10. Jiang Y, He S. 2006, Cortical responses to invisible faces: Dissociating subsystems for facial-information processing. *Current Biology* 16: 2023-29.

11. LeDoux J. 2002. *Synaptic Self: How Our Brains Become Who We Are*. New York: Viking/Penguin.[조지프 르두 지음, 강봉균 옮김, 《시냅스와 자아》, 동녘사이언스, 2005].

12. 과도한 코르티솔은 뇌 시상하부의 수용체, 편도체, 그리고 전전두엽 피질을 손상시킬 수 있다. 또한 기분과 기억에도 영향을 미치며 스트레스에의 과다반응으로 이어질 수 있다. Fogel A. 2009. *The Psychophysiology of Self-Awareness: Rediscovering the Lost Art of Body Sense*. New York: W. W. Norton. Lewis MD. 2005. Self-organizing indiviual differences in brain development. *Developmental Review* 25: 252-77.

13. 도파민과 옥시토신(유대감 호르몬)은 강한 즐거움에 영향을 주어 사랑에 빠지는 것과 같은 상황에 보상을 제공한다. 또한 뇌가 스스로에 대한 신경적 모델을 확장시킬 수 있도록 한다. Nicolelis M. 2011. *Beyond Boundaries: The New Neurocscience of Connecting Brains with Machines—And How it Will Change Our Lives*. New York: Times Books.[미켈 니콜라스 지음, 김성훈 옮김, 《뇌의 미래》, 김영사, 2012]. Young L, Zouxin W. 2004. The neurobiology of pair bonding. *Nature Neuroscience* 7(10): 1048-54.

14. 무언가를 자각한 상태로 오랫동안 그것이 지속될수록, 그리고 그것이 감정적으로 자극이 되는 것일수록, 더 많은 신경 세포가 발화하며 함께 배선되고 기억에 더 강한 흔적을 남기게 된다. Lewis MD. 2005. Self-organizing individual differences in brain development. *Developmental Review* 25(3-4): 252-77. Hanson R, Mendius R. 2009. *Buddha's Brain: The Practical Neuroscience of Happiness, Love & Wisdom*. Oakland, CA: New Harbinger.[릭 핸슨, 리처드 멘디우스 지음, 장현갑 옮김, 《붓다 브레인: 행복 사랑 지혜를 계발하는 뇌과학》, 불광출판사, 2010].

## 핵심 원칙 6. 목표를 유동적으로 설정한다(Flexible Goals)

1. 이 이야기는 1975년 제이미 유이스(Jamie Uys)가 각본, 제작, 감독을 맡아 만든 다큐멘터리 영화 <동물은 아름다운 인간이다(Animals Are Beautiful People)>에 소개되어 있다.

2. 과학과 과학기술의 발전 덕분에 우리는 이제 한 아이가 실제로 발화를 배우는 과정을 보고 들을 수 있다. Deb Roy: The Birth of a word [TED]. Available at https://www.youtube.com/watch?v=eeYkGsWtUVY

3. Didion J. 1970. *Play It as It Lays*. New York: Farrar Straus & Giroux.

4. 터미 타임의 대상이 되는 아기들이 실제로 발달 단계표상의 초기 발달에 조금 더 빨리 도달한다는 것은 사실이다. Dudek-Shriber L, Zelazny S. 2007. Learning causes synaptogenesis, whereas motor activity causes angiogenesis, in cerebellar cortex of adult rats. *Pediatric Physical Therapy* 19(1): 48-55.

5. Kuo YL, Liao HF, Chen PC, et al. 2008. The influence of wakeful prone positioning on motor development during the early life. *Journal of Developmental and Behavioral*

*Pediatrics* 29(5): 367-76. See also Davis BE, Moon RY, Sachs HC, Ottolini MC. 1998. Effects of sleep position on infant motor development. *Pediatrics* 102(5): 1135-40.

6. Monterosso L, Kristjanson L, Cole J. 2002. Neuromotor development and the physiologic effects of positioning in very low birth weight infants. *Journal of Obstetric Gynecologic and Neonatal Nursing* 31(2): 138-46.

7. Strassburg HM, Bretthauer Y, Kustermann W. 2006. Continuous documentation of the development of infants by means of a questionnaire for the parents. *Early Child Development and Care* 176(5): 493-504. See also Pikler E. 1988. *Lasst mir Zeit: die sebstaendige Bewegungsentwicklung des Kindes bis zum freien Gehen* (Give me time: The independent movement development of a child up to free walking). Munich: Pflaum-Verlag. Pikler E. 1997. *Miteinander vertraut werden* (To gain trust with one another). Freiburg/Breisgau: Herder-Vertlag. Pikler E. 1999. *Friedliche Babys, zufriedene Muetter* (Peaceful baies, contented mothers). Freiburg/Breisgau: Herder-Vertlag.

8. Pikler E. 1968. Some contributions to the study of gross motor development of children. *Journal of Genetic Psychology* 113: 27-39.

9. Pikler E. 1972. Data on gross motor development on the infant. *Early Child Development and Care* 1: 297-310.

10. Pikler E. 1968. Some contributions to the study of gross motor development of children. Journal of Genetic Psychology 113: 27-39. Strassburg HM, Bretthauer Y, Kustermann W. 2006. Continuous documentation of the development of infants by means of a questionnaire for the parents. Early Child Development and Care 176(5): 493-504.

## 핵심 원칙 7. 학습 스위치를 켠다(the Learning Switch)

1. "우리 모두 뇌가 학습 모드이거나 비학습 모드가 될 수 있다는 것을 안다. 우리는 그저 거기에 작동하는 메커니즘을 제대로 이해하지 못할 뿐이다." Mark Latash, personal communication, 2007. Latash is the author of *Neurophysiological Basis of Human Movement* (Champaign, IL: Human Kinetics, 1998) and distinguished professor of kinesiology at the Pennsylvania State University.

2. 유년기에 특징적으로 나타나는 특정 패턴이 성인들에게는 줄어들게 되지만 꿈을 꾸거나, 창의성이 올라오는 상태이거나, 명상 중일 때에는 그 특정 패턴이 관찰된다. Oken B, Salinsky M. 1992. Alertness and attention: Basic science and electrophysiologic correlates. *Journal of Clinical Neurophysiology* 9(4): 480-94.

3. 기대감은 지각에 영향을 미칠 수 있다. 집중의 방향성을 정함으로써 우리를 둘러싼 환경에서 우리가 인지할 대상을 바꿀 수도 있다. Kanwisher N, Downing P. 1998. Separating the wheat from the chaff. *Science* 282(5386): 57-58.

4. 언어 학습 면에서 도움을 주고자 고안된 '패스트 포워드' 프로그램이 정신적 처리 과정에 전반적인 향상을 제공하고 있는 것으로 드러났다. Merzenich MM, Saunders G, Jenkins WM, et al. 1999. Pervasive developmental disorders: Listening training and language possibilities. In Broman SH, Fletcher JM, eds. *The Changing Nervous System: Neurobehavioral Consequences of Early Brain Disorders.* New York: Oxford University Press. Fast ForWord

has also had a significant impact on autistic symptoms. Melzer M, Poglitsch G. November 1998. 자폐 스펙트럼을 진단받은 100명의 아이들이 패스트 포워드로 훈련을 받은 뒤 기능적 변화가 생겼음이 보고되었다. Paper presented to the American Speech Language and Hearing Association, San Francisco. See Doidge N. 2007. *The Brain That Changes Itself.* New York: Viking.[노먼 도이지 지음, 김미선 옮김, 《기적을 부르는 뇌》, 지호, 2008].

5. 충분한 자극이 주어지면 뇌는 자극에 반응하게 되며 학습이 일어날 수 있다. LeDoux J. 2002. *Synaptic Self: How Our Brains Become Who We Are.* New York: Viking/Penguin.[조지프 르두 지음, 강봉균 옮김, 《시냅스와 자아》, 동녘사이언스, 2005]. 감정적 고조는 신경 자극을 증가시키고 시냅스 변화를 통합시킴으로써 학습을 촉진한다. Lewis MD. 2005. Self-organizing individual differences in brain development. *Developmental Review* 25: 252-77. 전뇌 자극과 자극 조절은 새로운 학습 경험에 반응하는 청각 피질의 재구조화를 조절한다고 알려져 있다. Kilgard MP, Merzenich MM. 1998. Cortical map reorganization enabled by nucleus basalis activity. *Science* n.s. 279(5377): 1714-18; 연구 결과는 감정적으로 중요하지 않은 사건은 학습이 일어날 만큼 각성 정도나 주의 집중을 충분히 오래 유지하지 못할지도 모른다는 것을 시사한다. Lewis MD. 2005. Bridging emotion theory and neurobiology through dynamic systems modeling. *Behavioral and Brain Sciences* 28: 169-245.

6. 신경조절물질은 뇌간과 시상하부에서 만들어지는 신경전달물질과 신경펩티드로, 이들이 생겨나는 부위에서 멀리 떨어진 지점에서 다량의 시냅스 연결과 동시다발적으로 대량으로 분출된다. Izquierdo I. 1997. The biochemistry of memory formation and its regulation by hormones and neuromodulators. Psychobiology 25: 1-9. 신경조절물질은 지엽적이라기보다 전반적으로 영향을 미친다. 이는 주요 메커니즘을 제공하는데, 이 메커니즘에 의해 동기 부여와 관련된 사항이 인지 및 지각 처리에 영향을 미치고 따라서 학습에도 영향을 미친다. Lewis MD. 2005. Bridging emotion theory and neurobiology through dynamic systems modeling. *Behavioral and Brain Sciences* 28: 169-245.

7. 일반 인지와 특정 상황에 대한 주의 집중은 정서적 관련성에 의해 영향을 받는다고 추정 된다. Isen AM. 1984. Toward understanding the role of affect in cognition. In Wyer, RS, Srull TK, eds. *Handbook of Social Cognition.* Hillsdale, NJ: Erlbaum. Dodge KA. 1991. Emotion and social information precessing. In Garber J, Dodge KA, eds. *The Development of Emotion Regulation and Dysregulation.* Cambridge, UK: Cambridge University Press. Renninger KA, Hidi S, Krapp A. 1992. *The Role of Interest in Learning and Development.* Hillsdale, NJ: Erlbaum. See Lewis MD. Todd RM. 2005. Getting emotional—A neural perspective on emotion, intention and consciousness. *Journal of Consciousness Studies* 12(8-10): 213-38.

8. Fogel A. 2009. *The Psychophysiology of Self-Awareness: Rediscovering the Lost Art of Body Sense.* New York: W. W. Norton.

9. 위협에 대한 스트레스 반응은 코르티솔의 영향을 받는다. 이는 뇌 수용체에 손상을 입힐 수 있으며 기분과 기억, 그리고 스트레스 과다반응에 영향을 미칠 수 있다. Fogel A. 2009. *The Psychophysiology of Self-Awareness: Rediscovering the Lost Art of Body Sense.* New York: W. W. Norton. Lewis MD. 2005. Self-organizing indiviual differenes in brain development. Developmental Review 25: 252-77.

10. Isen AM. 1990. The influence of positive and negative affect on cognitive organization:

Some implications for development In Stein N, Leventhal B, Trabasso T, eds. *Psychological and Biological Precesses in the Development of Emotion.* Hillsdale, NJ: Erlbaum. Conversely, anxiety narrows attention to specific themes or perceptions. Mathews A. 1990. Why worry? The cognitive function of anxiety. *Behavior Research and Therapy* 28: 455-68.

11. 연구를 통해 수업 이후에 학생들이 화학 정보를 얼마나 기억해내는지 평가해 보았다. Ralph A. May 22-25, 1985. 기억력에 영향을 미치는 정보 요인과 영향력. Paper presented at the Seventh Annual National Conference on Teaching Excellence and Conferene of Administrators, Austin, TX.

## 핵심 원칙 8. 상상력과 꿈을 존중한다(Imagination and Dreams)

1. "정신적 수련만으로도 운동 신경에 있어 가소적 변화를 이끌어냈다. 이는 반복적인 물리적 연습으로 얻은 기술로 인해 발생한 가소적 변화와 똑같은 것이었다. … 정신적 수련만으로 초기 단계의 운동 기능 학습과 관련된 신경 회로의 변화를 촉진하는 데 충분한 것으로 보인다." Pascual-Leone A, Nguyet D, Cohen LG, et al. 1995. Modulation of muscle responses evoked by transcranial magnetic stimulation during the acquisition of new fine motor skills. Journal of Neurophysiology 74: 1037-45. See also Pascual-Leone A, Amedi A, Fregni, F, Merabet LB. 2005. The plastic human brain cortex. *Annual Review of NeuroScience* 28: 377-401.

2. 랜드의 연구는 1960년에 후반에 시작되었다. 그의 연구는 NASA 엔지니어와 과학자들이 행한 창의적인 작업이 지닌 잠재력을 측정하기 위해 NASA에서 사용되었던 8개의 테스트를 반복적으로 시행했다. Land G, Jarman, B. 1998. *Breakpoint and Beyond: Mastering the Future Today.* Scottsdale, AZ: Leadership 2000.

3. 알랭 베르토즈(Alain Berthoz)는 인식의 발달이 결정적으로 움직임과 움직임이 제공하는 정보에 얼마나 의존하는지에 대해 설명한다. Decety J, Jeannerod M, Prablanc C. 1989. The timing of mentally represented actions. *Behavioral Brain Research* 34: 35-42. Berthoz A. t2000. *The Brain's Sense of Movement.* Translated by G Weiss. Cambridge, MA: Havard University Press.

4. 자신에 대한 안정적인 내적 모델은 시각, 자기수용감각, 청각 등 다양한 감각기관으로부터 나온 정보 조각들에 의해 만들어진다. Ramachandran VS, Hirstein W. 1998. The perception of phantom limbs. Brain 121: 1603-30. Dawkins, R. 1996. *Climbing Mount Improbable.* New York: W. W. Norton.[리처드 도킨스 지음, 김정은 옮김, 《리처드 도킨스의 진화론 강의》, 옥당, 2016].

5. 1972년 5월, 4살 즈음으로 추정되는 한 사내아이가 인도 술탄푸르(Sultanpur)에서 20마일 정도 떨어진 무사피르 카나(Musafir Khana) 숲에서 발견되었다. 이 아이는 늑대 새끼와 놀고 있었다. Wallechinsky D, Wallace A, Basen I, Farrow J, eds. 2004. *The Book of Lists: The Original Compendium of Curious Information.* Toronto: Knopf Canada.

6. 연구자들은 높은 수준의 정신 집중력을 요하는 일을 수행 중인 사람들의 뇌 활동을 관찰했고, 그 결과를 사람들이 공상에 잠겼을 때의 뇌 활동과 비교했다. Mason MF, Norton MI, Van Horn JD, et al. 2007. Wandering minds: The default network and stimulus-independent thought. Science 315(5810): 393-95. Jones H. 2007. Daydreaming improves thinking. *Cosmos*

*Online*, January 19.

7. Lynn SJ, Rhue JW. 1988. Fantasy proneness. Hypnosis, developmental antecedents, and psychopathology. *American Psychologist* 43(1): 35-44.

8. Crum AJ, Langer EJ. 2007. Mind-set matters: Exercise and the placebo effect. *Psychological Science* 18(2): 165-71.

9. 상상의 놀이는 15개월에서 6세 사이의 아이들에게서 전형적으로 나타난다. Piaget J. 1951. *Play, Dreams and Imitation in Childhood.* London: Heinemann. Smith PK. 2005. Social and pretend play in children. In Pellegrini A, Smith PK, eds. 2005. *The Nature of Play: Great Apes and Humans.* New York: Guilford Press.

## 핵심 원칙 9. 자각한다(Awareness)

1. 메타 자각(Meta-awareness)은 자각 그 자체를 주의 집중의 한 대상이 될 수 있음을 보여주는 개념이다. Schooler JW. 2001. Discovering memories in the light of meta-awareness. *Journal of Aggression, Maltreatment and Trauma* 4: 105-36. 정신적 방랑에 대한 연구는 지식과 정보와 학습을 처리하는 능력에 방해가 되는 것은 정신적 방랑 그 자체가 아니라 정신적 방랑에 대한 자각의 부족이라는 것을 보여준다. Winkielman P, Schooler JW. 2011. Splitting consciousness: Unconscious, conscious, and metaconscious processes in social cognition. *European Review of Social Psychology* 22(1): 1-35.

2. Kovács ÁM, Téglás E, Endress AD. 2010. The social sense: Susceptibly to others' beliefs in human infants and adults. *Science* 330(6012): 1830-34. Bryner J. 2010. 7-month-old babies show awareness of others' viewpoints. Available at www.livescience.com/10924-7-month-babies-show-awareness-viewpoints.html.

3. 연구 결과에 의하면, 관련 과거 경험이 여의치 않다면, 아기들은 머릿속으로 가능한 시나리오를 돌려보고, 몇 가지 물리적 법칙에 근거하여 어떤 결과가 가장 가능성이 있을지를 헤아려 봄으로써 추론한다. Téglás E, Vul E, Girotto V, et al. 2011. Pure reasoning in 12-month-old infants as probabilistic inference. *Science* 332(6033): 1054-59.

## 마지막 이야기. 한계를 뛰어넘은 아이들이 알려준 것

1. Grandin T. 2011. *The Way I See it.* Arlington, TX: Future Horizons.

**옮긴이 김윤희**

선생님이 되고 싶었고, 실제로 영어 선생님이 되어 고등학교에서 아이들을 가르치고 있다. 아들 시현이가 '상세불명의 편마비'라는 진단을 받은 후 아이를 치료하기 위해 다양한 방법을 알아보던 중 아낫 바니엘 메서드를 알게 되었다. 이 책의 영문판을 읽고 스스로 공부하며 기존의 재활치료 대신 아낫 바니엘 메서드를 시도하기로 결심했다. 이후 온라인 레슨을 받으며 아낫 바니엘 메서드의 효과와 가능성을 직접 경험했고, 자신과 같은 고민을 하는 많은 부모들에게 이 방법을 알리기 위해 이 책을 직접 번역했다. 앞으로 아낫 바니엘 메서드의 전문가가 되기 위한 교육 과정을 밟아서 '특별한' 도움이 필요한 아이들을 위한 '특별한' 선생님이 되려는 계획을 가지고 있다.

**감수자 백성이**

전(前) 오하이오주 신시네티대학 교수. 서울대학병원 신경과, 재활의학과 등에서 간호사로 근무했다. 이후 미국으로 건너가 위스콘신 발달장애센터에서 임상간호사 및 행정 간호 감독으로 근무했다. 위스콘신대학 메디슨 캠퍼스에서 석사학위를 받고 동대학교 간호대학과 의과대학에서 지역사회 정신건강 및 예방의학으로 박사학위를 받았다.

**기적의 아낫 바니엘 치유법**

**초판 1쇄 발행** 2022년 6월 27일
**초판 3쇄 발행** 2022년 10월 4일

**지은이** 아낫 바니엘
**펴낸이** 정덕식, 김재현
**펴낸곳** (주)센시오

**출판등록** 2009년 10월 14일 제300-2009-126호
**주소** 서울특별시 마포구 성암로 189, 1711호
**전화** 02-734-0981
**팩스** 02-333-0081
**메일** sensio@sensiobook.com

**편집** 오순아
**디자인** Design IF

**ISBN** 979-11-6657-072-8 13590

소중한 원고를 기다립니다. sensio@sensiobook.com